"十三五"国家重点出版物出版规划项目
卓越工程能力培养与工程教育专业认证系列规划教材
（电气工程及其自动化、自动化专业）

开关电源技术

主　编　张卫平

副主编　张晓强　毛　鹏

参　编　张　懋　刘元超

U0277477

机械工业出版社

本书为普通高等教育"'十三五'国家重点出版物出版规划项目",系统论述了开关电源的基本原理、基本方法、基本建模技术与仿真技术等。主要内容包括：开关变换器、功率开关器件的应用基础、基本的开关变换电路、隔离变换器、开关变换器的低频小信号模型、直流变换器控制器设计、Psim 仿真技术、磁性器件设计、PFC 电路及其 EMC。

全书贯彻"学以致用""用电学基础理论与先进技术提升我国电源产业竞争力"的治学理念，采用了深入浅出、由简到繁、循序渐进的方法，介绍的理论体系较为完善，能够引导学生及工程技术人员系统地学习开关电源的相关知识。

本书可作为高等工科院校自动化专业、电子信息工程专业、电气工程及其自动化专业以及其他相关专业的本科生、研究生教材，也可作为以电力电子技术为基础的工程技术人员和研究人员的参考书和工具书。

图书在版编目（CIP）数据

开关电源技术/张卫平主编. —北京：机械工业出版社，2021.6
（2025.1 重印）

"十三五"国家重点出版物出版规划项目　卓越工程能力培养与工程教育专业认证系列规划教材. 电气工程及其自动化、自动化专业

ISBN 978-7-111-68203-5

Ⅰ.①开…　Ⅱ.①张…　Ⅲ.①开关电源-设计-高等学校-教材

Ⅳ.①TN86

中国版本图书馆 CIP 数据核字（2021）第 087045 号

机械工业出版社（北京市百万庄大街 22 号　邮政编码 100037）
策划编辑：王雅新　责任编辑：王雅新　王　荣
责任校对：郑　婕　责任印制：李　昂
北京中科印刷有限公司印刷
2025 年 1 月第 1 版第 4 次印刷
184mm×260mm · 15.25 印张 · 376 千字
标准书号：ISBN 978-7-111-68203-5
定价：49.00 元

电话服务　　　　　　　　　　网络服务
客服电话：010-88361066　　机 工 官 网：www.cmpbook.com
　　　　　010-88379833　　机 工 官 博：weibo.com/cmp1952
　　　　　010-68326294　　金 书 网：www.golden-book.com
封底无防伪标均为盗版　机工教育服务网：www.cmpedu.com

序

　　工程教育在我国高等教育中占有重要地位，高素质工程科技人才是支撑产业转型升级、实施国家重大发展战略的重要保障。当前，世界范围内新一轮科技革命和产业变革加速进行，以新技术、新业态、新产业、新模式为特点的新经济蓬勃发展，迫切需要培养、造就一大批多样化、创新型卓越工程科技人才。目前，我国高等工程教育规模世界第一。我国工科本科在校生约占我国本科在校生总数的1/3。近年来我国每年工科本科毕业生占世界总数的1/3以上。如何保证和提高高等工程教育质量，如何适应国家战略需求和企业需要，一直受到教育界、工程界和社会各方面的关注。多年以来，我国一直致力于提高高等教育的质量，组织并实施了多项重大工程，包括卓越工程师教育培养计划（以下简称卓越计划）、工程教育专业认证和新工科建设等。

　　卓越计划的主要任务是探索建立高校与行业企业联合培养人才的新机制，创新工程教育人才培养模式，建设高水平工程教育教师队伍，扩大工程教育的对外开放。计划实施以来，各相关部门建立了协同育人机制。卓越计划要求试点专业要大力改革课程体系和教学形式，依据卓越计划培养标准，遵循工程的集成与创新特征，以强化工程实践能力、工程设计能力与工程创新能力为核心，重构课程体系和教学内容；加强跨专业、跨学科的复合型人才培养；着力推动基于问题的学习、基于项目的学习、基于案例的学习等多种研究性学习方法，加强学生创新能力训练，"真刀真枪"做毕业设计。卓越计划实施以来，培养了一批获得行业认可、具备很好的国际视野和创新能力、适应经济社会发展需要的各类型高质量人才，教育培养模式改革创新取得突破，教师队伍建设初见成效，为卓越计划的后续实施和最终目标的达成奠定了坚实基础。各高校以卓越计划为突破口，逐渐形成各具特色的人才培养模式。

　　2016年6月2日，我国正式成为工程教育"华盛顿协议"第18个成员，标志着我国工程教育真正融入世界工程教育，人才培养质量开始与其他成员达到了实质等效，同时，也为以后我参加国际工程师认证奠定了基础，为我国工程师走向世界创造了条件。专业认证把以学生为中心、以产出为导向和持续改进作为三大基本理念，与传统的内容驱动、重视投入的教育形成了鲜明对比，是一种教育范式的革新。通过专业认证，把先进的教育理念引入我国工程教育，有力地推动了我国工程教育专业教学改革，逐步引导我国高等工程教育实现从以教师为中心向以学生为中心转变、从以课程为导向向以产出为导向转变、从质量监控向持续改进转变。

　　在实施卓越计划和开展工程教育专业认证的过程中，许多高校的电气工程及其自动化、自动化专业结合自身的办学特色，引入先进的教育理念，在专业建设、人才培养模式、教学内容、教学方法、课程建设等方面积极开展教学改革，取得了较好的效果，建设了一大批优质课程。为了将这些优秀的教学改革经验和教学内容推广给广大高校，中国工程教育专业认证协会电子信息与电气工程类专业认证分委员会、教育部高等学校电气类专业教学指导委员会、教育部高等学校自动化类专业教学指导委员会、中国机械工业教育协会自动化学科教学委员会、中国机械工业教育协会电气工程及其自动化学科教学委员会联合组织规划了"卓越工程能力培养与工程教育专业认证系列规划教材（电气工程及其自动化、自动化专业）"。本套教材通过国家新闻出版广电总局的评审，入选了"十三五"国家重点图书。本套教材密切联系行业和市场需求，以学生工程能力培养为主线，以教育培养优秀工程师为目标，突出学生工程理念、工程思维和工程能力的培养。本套教材在广泛吸纳相关学校在"卓越工程师教育培养计划"实施和工程教育专业认证过程中的经验和成果的基础上，针对目前同类教材存在的内容滞后、与工程脱节等问题，紧密结合工程应用和行业企业需求，突出实际工程案例，强化学生工程能力的教育培养，积极进行教材内容、结构、体系和展现形式的改革。

经过全体教材编审委员会委员和编者的努力，本套教材陆续跟读者见面了。由于时间紧迫，各校相关专业教学改革推进的程度不同，本套教材还存在许多问题，希望各位老师对本套教材多提宝贵意见，以使教材内容不断完善提高。也希望通过本套教材在高校的推广使用，促进我国高等工程教育教学质量的提高，为实现高等教育的内涵式发展贡献一份力量。

卓越工程能力培养与工程教育专业认证系列规划教材
（电气工程及其自动化、自动化专业）
编审委员会

前　言

飞速发展的电子技术改变了世界。电子技术大致可划分为信息电子技术和电力电子技术（国外也称之为功率电子技术）。电力电子技术起源于20世纪50年代晶闸管的发明，到20世纪70年代达到了规模化发展，在20世纪90年代基本奠定了学科的基础理论，随后进入大规模应用与发展阶段。电力电子技术是一门关于电能变换与控制的学科，目前的主要应用领域有电力拖动、开关电源和电力系统的电力电子化。

电源被誉为电子设备的"心脏"，历来备受关注。电源技术是电类专业学生必备的基础知识。计算机与航空航天技术的发展，对电源提出了高效率、小体积和轻量化等要求，使人们的研究开发由模拟电源技术转向数字电源技术，即形成了开关电源技术。自20世纪80年代以来，开关电源是电力电子研究领域的重要内容之一，并已取得了许多成果，在理论方面基本接近完整，在工程实际应用方面也基本成熟，具备了进入高等工科院校课堂的基本条件。

在本书的编写过程中，编者力图贯彻"学以致用""用电学基础理论与先进技术提升我国电源产业竞争力"的治学理念。在此理念指导下，凡能用基本电学理论诠释的知识，编者尽量用电路、电子学、信号系统和经典控制论等基础理论解释，以培养学生和工程技术人员用基础理论解决复杂工程问题的能力。开关电源是一个完整的电力电子系统，可分为功率变换部分和控制部分，在大部分相关书籍中往往注重功率变换的论述，忽略控制部分的讲解。主要原因在于功率变换器是一个强非线性系统，建模比较困难，本书结合编者多年来对功率变换器建模与控制的研究成果，力图用通俗的语言和基本的电学理论介绍开关电源建模与控制的基础知识。在介绍功率变换时，本书力图避免"重稳态略瞬态"讲述开关变换过程的不足，侧重补充介绍开关过程的瞬态分析，使读者较为全面地理解高频开关过程这个物理现象。最后，开关电源的仿真技术已经到了接近实用的程度，成为电源工程师必备的基本技能，因此以本书引导学生使用开关电源的仿真技术达成更好的成果也是编者的期望。

基于上述编写意图，本书系统论述了开关电源技术的基本原理、基本方法、基本建模技术和仿真技术等，全书共分为9章。第1章为开关变换器，主要介绍PWM和开关电源的基本工作原理、线性电源和开关电源的主要区别。第2章为功率开关器件的应用基础，包括高频功率器件的电气特性、驱动技术和第三代功率半导体器件的发展与应用，并补充介绍了开关过程的瞬态分析。第3章为基本的开关变换电路，严格地讲，Buck和Boost变换器是开关变换器的两种基本拓扑结构，而其余变换器则是这两种基本变换器的组合，因此该章主要介绍这两种基本变换器。第4章为隔离变换器，主要讨论正激、反激、推挽、半桥、全桥和谐振变换器等常见的隔离变换器的拓扑结构。第5章为开关变换器的低频小信号模型，由于开关变换器是一个强非线性闭环控制系统，通常不能直接用传输函数描述其动态特性，也无法使用经典控制理论研究其稳定性，因此该章主要介绍开关变换器的低频交流小信号建模。第6章为直流变换器控制器设计，由于简单的负反馈不能保证系统的稳定性及相位裕量，必须在反馈环路中插入一个控制器，因此该章主要介绍的就是开关电源控制器的设计方法。第7章为Psim仿真技术，主要介绍基于Psim平台开发的开关电源仿真技术，它较好地解决了开关电源仿真与环路设计等难题。第8章为磁性器件设计，作为开关变换器的重要组成部分，磁性器件是影响开关变换器体积、质量和成本的重要因素，同时由于其设计方法和制作工艺也比较复杂，也是开关变换器设计的难点和核心之一，该章主要介绍开关变换器中磁性器件的基础知识及常见磁性器件的设计方法。第9章为 PFC 电路及其 EMC，主要介绍 PFC 电路及其紧密相关的 EMC 技术。

本书内容丰富、新颖，力图反映近年来国内外学术界、技术界、工程界在这个研究领域里取得的最新进展和主要研究成果。作为一本教材，编者力图兼顾其基础性和系统性。

参加本书编写工作的人员有：张卫平、张晓强、毛鹏、张懋、刘元超。张卫平负责制定本书的目录和编写大纲，并负责全书的统稿，张晓强和毛鹏主要负责全书的整理工作。本书第1、2、4章由张晓强编写，第3、6章由毛鹏编写；第5章由张卫平编写；第7章由张懋编写；第8、9章由刘元超编写。

在本书的策划和编写过程中，北方工业大学教务处和信息学院、机械工业出版社等单位给予了大力支持和帮助，在此致以衷心的感谢。

在本书末尾列出了参考文献以供查阅，在此对这些文献的作者表示感谢。

由于开关电源技术的发展十分迅猛，该研究领域里已取得的许多成果无法仅在一本书中囊括，因此难免挂一漏万，另外由于编者的水平有限，书中难免有不妥之处，恳请广大读者批评指正。

编　者

目　　录

第 1 章

开关变换器

1.1 简介

开关变换器是一种工作于开关模式的直流电能变换器。若无特殊说明，本书中的开关变换器特指 DC-DC 变换器，电源特指以 DC-DC 变换器为基础的直流稳压电源。20 世纪 50 年代，由于军事和航空领域对电源的体积、效率和可靠性的特殊要求，出现了以功率晶体管为基础的开关变换器，它显著提高了电源的效率。从 20 世纪 70 年代开始，随着现代功率器件的发展和普及，越来越多的电源采用开关变换器替代线性电源。依据功率调整管在输出特性上的工作区域，电源可分为线性电源和开关电源。线性电源是指功率调整管始终工作在输出特性曲线的放大区，负载为纯电阻性负载，负载的输出特性为一条直线。开关电源的开关管工作在输出特性曲线的饱和区或截止区，负载为 LC 低通滤波器，负载线为多条曲线。开关电源是数字化时代发展的必然产物，随着新型功率半导体器件（如功率 MOSFET，即金属氧化物半导体场效应晶体管）的发展，以及集成磁器件、新型拓扑和集控制与管理为一体的超大规模集成 PWM 控制电路的应用，开关变换技术不断进步，开关电源也向着高频、高速、高效、高功率密度和数字化等方向不断改进，其应用范围也不断拓宽。

电源被誉为电子系统的心脏。大数据运算的数据中心供电系统是它的一个典型应用，由于实现数据运算高速化的有效途径是降低供电电压（将高电平电压由 5V 降低到小于 1.5V），同时暴增的运算量也使得供电电流急剧增加，因此现在一些电子系统需要电源提供的电压为 2.5V、电流为 60A，或电压为 1.8V、电流为 60A，甚至电压为 1V、电流为 100A。在不久的将来，预计微处理器的供电电压会降到 0.5V，电流会增大到 400A。当电流在 75 ~ 100A 之间变化时，要求开关变换器的电流变化率为 100A/μs，输出电压的偏差小于 60mV。同时要求变换器在开始工作的 4μs 内恢复到输出电压的 ±1.5% 以内。集中式电源很难满足上述要求，于是分布式电源系统结构应运而生。

众所周知，大型电子系统采用了功能模块化结构，为分布式电源系统提供了方便。分布式电源系统是一种子母电源系统，母电源将交流电网的电能变为 24V 或 48V 等的直流电输入直流母线为所有的子电源供电，同时每个功能模块还需要配备一个子开关电源。各子开关电源从母电源汲取能量为功能模块供电，子开关电源还应具有电气隔离和增加负载动态响应性能的功能。

在 1999 年，5V 输出电压变换器的功率密度标准规定为 $25W/in^3$，到 2001 年，3.3V 输出电压的功率密度增加到 $33W/in^3$，现今功率密度可达到高于 $50W/in^3$，并向 $90W/in^3$ 功率密度进化。磁器件和无源元器件集成技术的不断发展对增加功率密度的意义重大。在低压变换器中，同步整流技术较大地提高了变换器的效率和功率密度。当同步整流技术与交错并联技术同时使用时，商用变换器的效率能够达到92%以上，而常规的变换器效率为85%。本书在第4章将详细介绍同步整流技术。

交错并联变换器是多重化技术在开关变换器中的应用。它有两层含义，其一是并联技术，它是指将多个小功率开关变换器并联使用，以增强功率处理能力和加快动态响应速度，这些小功率开关变换器工作时同频但不同相；其二是交错技术，它是指将一个开关周期等间距地划分为 n 个时间段，每个时间段的起点对应着一个小功率开关变换器控制的相位起始点。小功率变换器具有输入、输出电容上的电流纹波小，响应速度快，效率高的优点。当 n 个小功率变换器以开关频率 f_s 工作时，整个电源的等效开关频率扩大为原来的 n 倍，从而有效地减低无源元器件的体积与纹波电压。

目前，Si 材料半导体器件的性能已经接近其理论极限值，以碳化硅（SiC）和氮化镓（GaN）为代表的第三代功率半导体器件开始在诸多方面展示出良好的性能，如导通电阻低、寄生电容小、几乎不存在反向恢复特性等，使其可以工作在更高的开关频率，这将极大地促进开关电源的功率密度和效率的提高。

数字信号处理（DSP）技术的进步为开关变换器提供了数字化控制器，以替代原有模拟控制器，这样的开关电源称为数字化开关电源。数字化开关电源将控制、监控、通信等功能集成在一个 DSP 芯片中，既简化了设计又显著减少了元器件的数目，又利于电源研发的标准化。另外，功能强大的 DSP 芯片也可以为软开关（比如 ZVS，即零电压开关，或 ZCS，即零电流开关）提供精准的控制信号，以提高其效率和可靠性。

1.2 开关电源基本工作原理

1.2.1 线性电源基本工作原理

在模拟电子学中学习的串联稳压电源，其原理如图 1.1 所示。串联的含义是指电压输入端、电压调整管和负载组成了一个串联回路。稳压电源的含义是指无论输入电压 U_g 变化还是改变输出电流，输出电压 U 将维持恒定不变的值。例如，当输入电压增加，则电压调整管的 C、E 之间的电压也随 U_g 增加而增加，以维持输出电压不变。因此，串联稳压电源也被称为串联线性电压调节器。其中，线性的含义是电压调整管工作在其输出特性的线性区，即放大区。从反馈理论的观点看，图 1.1 所示电路为一个电压串联负反馈电路。电压反馈的作用是稳定输出

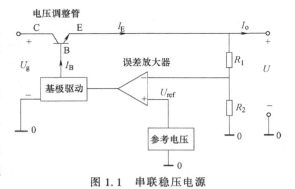

图 1.1 串联稳压电源

电压、降低输出电阻，使其输出特性更接近一个恒压源。下面用负反馈理论定性分析其稳压原理。

直流输出电压 U 通过采样电阻网络 R_1 和 R_2 后，得到采样电压。采样电压与参考电压 U_{ref} 分别加在反相误差放大器的反相端和同相端。误差放大器是一个电压控制的电流源，其

输出电流等于电压调整管的基极电流 I_B，串联稳压电源的输出电流 I_o 就是电压调整管的发射极电流 I_E，$I_o \approx I_E \approx \beta I_B$，其中，$\beta$ 是电流放大倍数，通常是一个常数。当输出电压 U 增加时，电阻 R_2 上的电压随之增加，反相误差放大器的输出电流随之减少，导致 I_B 和 I_E 同步减少。负载 R 上的电压 U（$U = I_E R$）也随之减少，使得输出电压维持不变。相反，当输出电压降低时，负反馈作用使得输出电压增加，以维持输出电压的稳定。

通常电路设计者会将这个电路设计为深度负反馈电路，使得采样电压近似等于参考电压 U_{ref}，则输出电压 U 近似表示为

$$U = \left(1 + \frac{R_1}{R_2}\right) U_{ref} \tag{1.1}$$

式（1.1）表明，改变参考电压 U_{ref} 或电阻采样网络中电阻 R_2 的阻值可以改变输出电压 U。

在电源的发展历史中，串联稳压电源的作用巨大，已经有种类繁多的线性集成电源芯片，称之为三端稳压电源。然而，串联稳压电源存在如下缺点：①因为电压调整管工作在放大区，使得 C、E 之间的电压至少应大于 2.5V，因此输出电压一定低于输入电压。②输入端为电压调整管的集电极（C），输出端为发射极（E），二者共用一个地，因此输入端与输出端无电气隔离，这限制了它的使用场合。③因为电压调整管工作在放大区，所以功耗大。

对于串联稳压电源，其内阻为 $1 \sim 3m\Omega$，负载电阻 R 为欧姆量级，采样电阻 R_1 和 R_2 为千欧姆量级，因此在计算功耗时往往忽略采样电阻上的电流。所以电压调整管的功耗 P 可表示为

$$P = (U_g - U) I_o \tag{1.2}$$

效率为

$$\eta = \frac{P_{in}}{P_o} = \frac{U I_o}{U_g I_o} = \frac{U}{U_g} \tag{1.3}$$

式中，P_{in}、P_o 分别是输入功率和输出功率（W）。

图 1.2 所示为输入电压和效率之间的关系曲线。为了使电压调整管可靠地工作在输出特性曲线的放大区，取 C、E 之间电压值为 2.5V，即输入与输出电压差等于 2.5V。令输出电压 $U = 5V$，对应的输入电压 $U_{in} = 7.5V$，由式（1.3）得电源的最大效率为 67%。当输入电压 $U_{in} = 10V$ 时，效率为 50%，当输入电压增加到 12V，则效率仅为 42%。显然，随着输入电压的增加，串联稳压电源的效率在不断降低。

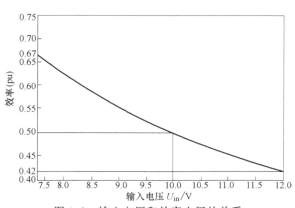

图 1.2　输入电压和效率之间的关系
（输出电压为 5V，最小电压差为 2.5V）

必须指出，串联稳压电源的输出纹波电压可以小于 1mV，而且没有高频噪声。因此，微弱信号的前置放大器仍需要这种电源供电。近年来，随着功率场效应晶体管的发展，新型线性稳压电源采用场效应晶体管作为电压调整管，使其工作在输出特性的可变电

阻区，通过改变栅极的电压，调整场效应晶体管的等效内阻，实现稳定输出的目的。新型线性稳压电源最高效率也可以接近 90%。

1.2.2 引入开关思想的钨丝灯开关调光电路

图 1.3 所示为钨丝灯开关调光电路及其波形。负载 R 表示钨丝灯，U_g 是直流电源，S 是一个理想开关。在 $[O, DT]$ 区间，开关 S 接通，输出电压 U 等于电源电压 U_g；在 $[DT, T]$ 区间，开关 S 断开，输出电压 U 为零。

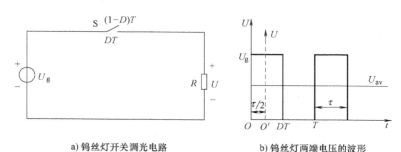

a) 钨丝灯开关调光电路　　　　　　b) 钨丝灯两端电压的波形

图 1.3　钨丝灯开关调光电路及其波形

（1）调光原理　负载 R 两端电压的平均值 U_{av} 为

$$U_{av} = \frac{1}{T} \int_0^{DT} U_g \mathrm{d}t = D U_g \tag{1.4a}$$

$$D = \frac{\tau}{T} \tag{1.4b}$$

式中，D 是占空比；τ 是开关 S 的接通时间（s），T 是开关周期（s）。

平均输出功率为

$$P_o = \frac{D U_g^2}{R} \tag{1.5}$$

因为钨丝灯有很大的热惯性效应，其亮度与平均功率有关，而与瞬时功率没有直接关系。由式（1.5）可知，改变占空比可以调节钨丝灯的平均功率及其亮度。

假定开关 S 为理想开关，接通后电阻为零，断开后电阻为无穷大。因此，当开关接通时，S 两端的电压等于零，功率损耗等于零；当 S 断开时，电流为零，消耗的功率也为零。所以开关 S 的平均损耗等于零，开关电路的效率近似等于理想值 100%。

钨丝灯开关调光电路是一个最简单的开关变换器，它为人们提供如下启示：①在电源与负载之间插入一个理想开关，通过改变开关的占空比，可以调节平均输出电压。②开关变换器的效率接近理想值。③如果负载含有一个大惯性环节，则通过改变占空比可以调节平均输出功率，即直流功率。

（2）输出电压的频谱　图 1.3b 所示的电压波形没有对称性，所以展开傅里叶级数后会同时含有正弦项和余弦项，给频谱分析带来诸多不便。根据傅里叶级数的时移特性，即将时域波形平移不改变其展开的频谱，将图 1.3b 所示的电压波形向后平移 $\frac{\tau}{2}$，图中虚线表示新的纵坐标。在新坐标下，在一个开关周期内，输出电压的表达式为

$$U = \begin{cases} U_{\mathrm{g}} & -\tau/2 \leqslant t \leqslant \dfrac{\tau}{2} \\ 0 & \text{其他} \end{cases} \tag{1.6}$$

平移后的波形具有偶对称性，展开式只有余弦项，即

$$U(\omega) = DU_{\mathrm{g}} + \frac{2U_{\mathrm{g}}}{\pi}\sum_{n=1}^{\infty}\frac{\sin\varphi_n}{n}\cos(n\omega_{\mathrm{s}}t - \varphi_n) \quad \varphi_n = n\pi D, D = \frac{\tau}{T}, \omega_{\mathrm{s}} = \frac{2\pi}{T} \tag{1.7a}$$

其中，系数的表达式为

$$A_n = \frac{2}{T_{\mathrm{c}}}\int_{-\tau/2}^{\tau/2}\cos n\omega_{\mathrm{o}}t\,\mathrm{d}t = \frac{2}{n\pi}\sin nD\pi \tag{1.7b}$$

由式（1.7b）可以绘制输出电压的频谱 $u(\omega)$，如图 1.4 所示。由图 1.4 可知，输出电压中含有直流分量 DU_{g}、基波分量和高次谐波分量。如果在开关与负载之间插入一个理想低通滤波器（LPF），则其频率特性如图中虚线表示；若 LPF 的截止频率 ω_{c} 远远小于开关频率 ω_{s}，则在负载

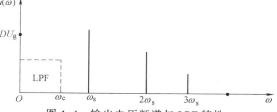

图 1.4　输出电压频谱与 LPF 特性

只能得到直流分量。由此引出的开关变换器的模型将在 1.2.3 节给予介绍。

1.2.3　开关变换器的原理模型

图 1.5 所示是开关变换器的原理模型。它是由输入直流电源 U_{g}、开关网络、LC 低通滤波器（LPF）和负载 R 组成。对照如图 1.3a 所示电路，在开关网络中，用单刀双掷开关 S 替代原单刀单掷开关，其原因是在开关工作模式中，电感 L 需要一个续流回路，否则在开关断开时会造成强大的反向高压并损坏开关。在 $[O, DT]$ 区间，开关处在位置 1，输出电压 $u_{\mathrm{s}}(t) = U_{\mathrm{g}}$；在

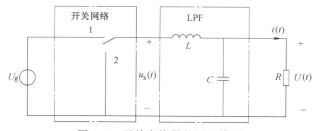

图 1.5　开关变换器的原理模型

$[DT, T]$ 区间，开关处在位置 2，$u_{\mathrm{s}}(t) = 0$，所以 $u_{\mathrm{s}}(t)$ 的波形仍如图 1.3b 所示，仍可用图 1.4 表示 $u_{\mathrm{s}}(t)$ 的频谱。在图 1.4 中，虚线表示 LC 低通滤波器的频率特性，ω_{c} 是截止频率。在 ω_{c} 远小于开关频率 ω_{s} 时，低通滤波器能够滤除基波分量及其高次谐波分量，只有直流分量顺利通过 LPF 到达负载。因此，负载两端电压的表达式为

$$U = DU_{\mathrm{g}} \tag{1.8}$$

式中，D 是占空比。

因此，改变占空比 D 可以调节输出电压。

1.3　开关电源的原理模型

开关变换器是一个开环系统，没有电压调节能力。因此，需要增加负反馈控制才能构成

一个闭环系统，称之为开关电源，使其具有电压和负载调节能力。开关电源的含义是工作在开关模式的稳压电源，与串联稳压电源形成对照。串联稳压电源中电压调整管工作在输出特性曲线的线性放大区，故称为线性电源。而开关电源中的电压调整管可等效为一个理想开关，工作在输出特性的饱和区和截止区。因此开关电源的效率和体积明显优于线性电源，是当前主要的发展方向。

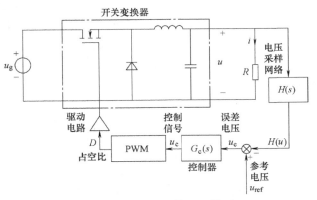

图 1.6 所示为开关电源的原理模型。它是一个闭环系统，包含开关变换器与反馈控制系统两大部分。开关变换器的功能是将输入电压变换为负载需要的输出电压。反馈控制系统包括电压采样网络、参考电压、反相求

图 1.6　开关电源的原理模型

和器、控制器、脉宽调制器（pulse-width modulator，PWM）和驱动电路等。反馈控制系统的功能是，在反相求和器中，输出电压的采样值与参考电压产生误差信号 u_e，通过控制器输出控制信号 u_c，使 PWM 产生合适的占空比，经过驱动电路后，调节功率场效应晶体管的导通时间，实现输出电压自动调节。因此，开关电源是一个开关调节系统。

下面分稳态与动态调节两种工况介绍开关电源系统的稳压原理。

（1）稳态工作　当输入电压 u_g 和 R 皆处在稳定状态，输出电压 u 经过电压采样网络所得到的采样电压恰好等于参考电压 u_{ref}，则误差信号等于零，控制器的输出电压 u_c 保持不变，PWM 输出恒定占空比 D，经过开关变换器后，$u = Du_g$，维持输出电压恒定。

在稳态工况，误差信号 $u_e = 0$，输出电压的表达式为

$$u = \frac{u_{ref}}{H(0)} \tag{1.9}$$

式中，$H(0)$ 是电压采样网络的直流增益。

式（1.9）表明，输出电压与开关变换器及其控制部分本身似乎无关，仅与电压采样网络的直流增益和参考电压有关。由此可得到如下两个重要结论：

1）一个调节性能良好的开关电源可以等效为一个线性放大器，输出电压随着参考电压变化而等比例变化。因此，当认为参考电压 u_{ref} 为输入、u 为输出时，它是一个跟随系统。

2）由于式（1.9）指出的关系与开关变换器及其控制器无关，因此研制开关电源的最终目标反而是在功能上再也找不到开关变换器和控制器本身。

（2）动态调节过程　若输入电压 u_g 增加，输出电压 u 也随之增加，导致电压采样网络的采样值 $H(u)$ 增加，误差电压 u_e 变为一个负值，使得控制器的输出电压 u_c 下降，导致占空比减少，经过开关变换器后使得输出电压降低，最终达到稳态，误差信号等于零。

需要给出如下说明：①最简单的控制器是一个同相积分电路，当误差信号等于零时，积分器停止工作，输出信号 u_c 保持恒定不变。②PWM 的输出为正脉冲的宽度 t_{on}，其输入为控制信号 u_c，脉冲宽度 t_{on} 正比于控制信号 u_c。

1.4 PWM 的基本工作原理与常用控制芯片

由 1.2 节和 1.3 节介绍的开关变换器和开关电源的原理模型可知，开关变换器是通过改变功率开关管的导通时间调节输出电压。因此，PWM 是开关电源控制部分不可或缺的部分。随着开关电源技术的发展，出现了品种繁多的 PWM 芯片，但它们大同小异，基本原理类同，所以本书主要介绍三种典型芯片：UC3842/3A、SG3525 和 UC3861。UC3842/3A 是单路输出的 PWM 芯片，主要用于反激变换器；SG3525 是双路输出的芯片，主要用于控制半桥、全桥和推挽等开关变换器；UC3861 是谐振模式电源控制芯片，主要用于软开关技术。

1.4.1 PWM 的基本工作原理

PWM 是一种将模拟控制信号 $u_c(t)$ 变换为脉冲宽度 $D(t)$ 的模/数转换器，其硬件电路是一个高速电压比较器 A，如图 1.7a 所示。反相端的输入信号为一个高频锯齿载波 $u_m(t)$，幅度为 U_M，周期为 T，T 决定了开关变换器的开关频率 $f_s = 1/T$；同相端为控制器输出的控制信号 $u_c(t)$。PWM 的工作原理如图 1.7b 所示，在 $[O, DT]$ 区间，$u_c(t) > u_m(t)$，比较器 A 输出高电平。在 $[DT, T]$ 区间，$u_c(t) < u_m(t)$，A 输出低电平。根据相似三角形两个对应边之比相等的原理，得到 PWM 调制器的数学模型为

$$D(t) = \frac{DT}{T} = \frac{u_c(t)}{U_M} \tag{1.10}$$

式中，U_M 是高频锯齿载波的幅值（V）。

由式 (1.10) 可知，占空比 D 正比于控制信号 $u_c(t)$ 的幅值。

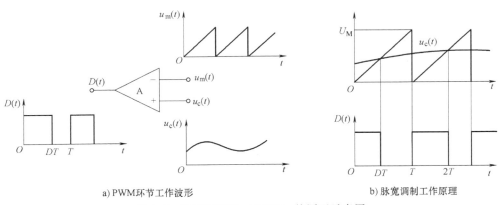

a) PWM环节工作波形　　　　　　　　　　b) 脉宽调制工作原理

图 1.7 脉宽调制器 (PWM) 的原理示意图

1.4.2 UC3842/3A 的内部结构

UC3842/3A 是一种高性能固定频率的电流模式 PWM，它具有性能良好、外围电路简单、保护功能齐全等一系列优点，广泛地用于单端反激变换器。其封装分为 8 脚双列直插和 14 脚塑料表面贴装两种，内部结构如图 1.8 所示。下面以双列直插 8 脚封装为例介绍各个引脚的功能。

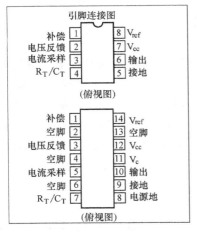

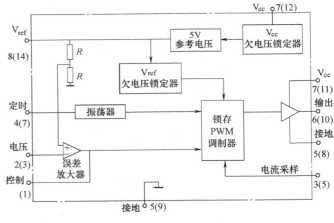

a) UC3842/3A 封装图(俯视)　　　　b) UC3842/3A内部结构示意图

图 1.8　UC3842/3A 封装与内部结构示意图

（1）第 8 脚——参考电压端（V_{ref}）　第 8 脚提供了 5V 的基准电压。该电压其一为内部的逻辑电路供电，其二为外围电路提供 5V 的基准电压，最大输出电流为 200mA。在开关电源调试中，首先检测 PWM 芯片的供电电压是否正确，其次检测参考电压是否正常。如果参考电压正常，则说明芯片内部的逻辑电路能够正常工作。

（2）第 7 脚/第 5 脚——供电电源端（V_{cc}/接地）　第 7 脚是供电电源端 V_{cc}，内接一个欠电压锁定器（under voltage lock out，UVLO），保证供电电压在正常范围内芯片才开始工作。图 1.9 所示是欠电压锁定器的特性曲线，V_{cc} 端的电压最大值不超过 36V。正常供电电压为 15V。由于欠电压锁定器含有一个滞回特性，所以对于 UC3842A 而言，在启动过程中 V_{cc} 端的电压会逐步由零开始增加。当 V_{cc} 端的电压超过 16V 时，锁定器解锁，为内部电路提供 5V 供电，内部电路开始工作；当 V_{cc} 端的电压跌落到 10V，锁定器再次锁定，停止向

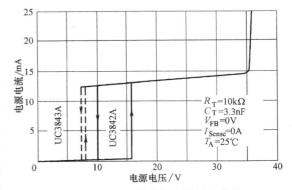

图 1.9　电源电压的欠电压锁定特性

内部电路供电，整个芯片停止工作。因此，UC3842A 特别适合自供电方式工作，即不必为其配备专用的供电电源。对于低压模块控制器 UC3843A，滞回电压则为 8.4V/7.6V。

第 5 脚为供电电源端的接地端。

（3）第 6 脚——PWM 信号输出端　UC3842/3A 的输出级采用推挽电路，使其具有强大的驱动能力，峰值驱动电流为 ±1A，典型上升和下降时间为 50ns。

（4）第 4 脚——定时端　第 4 脚为定时端，如图 1.10 所示，在第 8 脚与第 4 脚之间跨接一个定时电阻 R_T，在第 4 脚对地（第 5 脚）连接一个定时电容 C_T。时间常数 $R_T C_T$ 决定了振荡器的振荡频率 f_{osc}。用示波器在第 4 脚测得的波形是一个带有静态偏置的锯齿波，峰值为 2.8V，直流偏置为 1.2V。振荡器可以认为是由施密特滞回比较器和 RC 电路组成的振

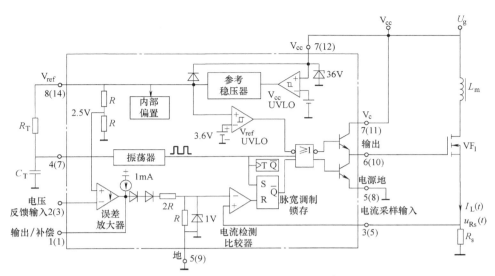

图 1.10 峰值电流控制器的原理示意图

荡电路。为了使电容 C_T 两端的充电电压具有较好的线性度，要求时间常数远远大于振荡周期。图 1.11 所示为振荡频率与定时电容 C_T 和电阻 R_T 的关系图。由图 1.11 可知，许多 R_T 和 C_T 值都可以产生一个相同振荡频率，但是选取 R_T 大而 C_T 小的组合值可使电容 C_T 两端电压波形更接近锯齿波。

（5）第 2 脚/第 1 脚——反相输入端/输出端 第 2 脚/第 1 脚分别是误差放大器的反相输入端和输出端，放大器的同相端

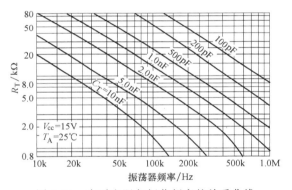

图 1.11 定时电阻与振荡频率的关系曲线

在内部，用以提供一个 2.5V 参考电压。误差放大器主要用于电压反馈控制器的设计。

1.4.3 UC3842/3A 的峰值电流工作原理

UC3842/3A 与其他 PWM 芯片不同，它不能输出固定占空比的 PWM 信号，内部振荡器只能产生一个窄脉冲，负责功率开关管开启，而关断信号需要与外围电路配合。图 1.10 所示为 UC3842/3A 峰值电流控制器的原理示意图。图中芯片的第 6 脚驱动功率开关管 VF_1，漏极与电源之间接一个变压器，图中仅绘制出变压器的一次侧，省略二次侧及其负载，在源极与地之间连接一个采样电阻 R_s。

1）当反相端开路时，在同相端 2.5V 电压的作用下，误差放大器的输出端接近内部电源电压 5V，经过两个二极管和两个电阻 R 降压和稳压二极管钳位后，电流检测比较器的反相端的电压等于 1V。

2）内部振荡器输出一个窄脉冲序列，经过触发器 T 后进入脉宽调制锁存器，使得输出端变为低电平并送入或非门，或非门输出高电平，导致推挽电路的上面的三极管导通，输出

高电平，因此场效应晶体管 VF_1 导通。

3）当 VF_1 导通后，电感的电流为

$$i_L(t) = \frac{U_g}{L_m}t \tag{1.11}$$

采样电阻 R_s 的电压为

$$u_{Rs}(t) = i_L(t)R_s = \frac{U_g R_s}{L_m}t \tag{1.12}$$

当 $t = t_{on}$ 时，R_s 的电压等于 1V，电流检测比较器开始输出高电平，脉宽调制锁存器输出变为低电平，使得推挽电路的下面的三极管导通，VF_1 停止工作。在 VF_1 截止期间，变压器通过二次绕组将存储的能量全部送给负载。在下一个周期开始，振荡器输出的高电平使得 VF_1 再次导通，如此周而复始地往复，使得 VF_1 在导通与截止之间周期变换，形成振荡。

1.4.4 双端输出控制芯片 SG3525

SG3525 系列芯片是一种常用的 PWM 芯片，芯片系列有军用品（SG1525A，工作温度范围为 $-55\sim125$℃）、工业品（SG2525A，工作温度范围为 $-25\sim85$℃）和民用品（SG3525A，工作温度范围为 $0\sim70$℃）三个等级，但芯片原理相同。芯片内部集成了基准电压源、欠电压锁定、软启动、使能保护及 PWM 信号发生器等功能模块，提供双路互补输出，并且具有振荡器外部同步功能。其内部振荡器工作频率为 $100Hz\sim350kHz$，适用范围较广。

图 1.12 所示为 SG3525 内部原理图及其引脚的定义图。SG3525 引脚功能对照表见表 1.1。SG3525 与 UC3842/3A 同为 PWM 芯片，因此在介绍 SG3525 时，与 UC3842/3A 功能相同的引脚仅做简要介绍，仅重点介绍其特有的部分。

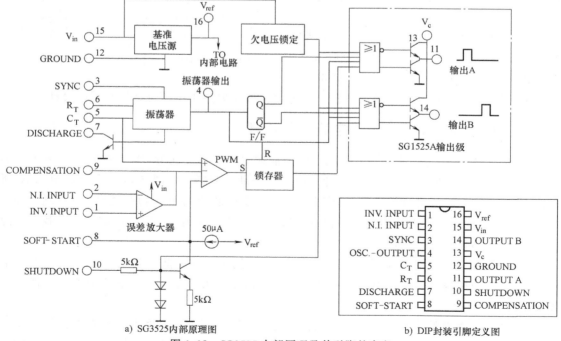

a) SG3525内部原理图   b) DIP封装引脚定义图

图 1.12　SG3525 内部原理及其引脚的定义

表 1.1　SG3525 引脚功能对照表

引脚名称	引脚功能
INV. INPUT(第 1 脚)	误差放大器反相输入端
N. I. INPUT(第 2 脚)	误差放大器同相输入端
SYNC(第 3 脚)	振荡器外接同步信号输入端,该端接外部同步脉冲信号可实现与外电路同步
OSC. OUTPUT(第 4 脚)	振荡器输出端
C_T(第 5 脚)	振荡器定时电容接入端
R_T(第 6 脚)	振荡器定时电阻接入端
DISCHARGE(第 7 脚)	振荡器放电端。该端与 C_T 端之间外接一个放电电阻 R_D,构成放电回路
SOFT-START(第 8 脚)	软启动电容接入端,该端通常对地接一个 $1\mu F$ 的软启动电容
COMPENSATION(第 9 脚)	误差放大器输出端,同时为 PWM 比较器补偿信号输入端
SHUTDOWN(第 10 脚)	芯片使能端,低电平有效,门限电平约 1.25V,该端可与保护电路相连以实现故障保护,输入电平高于门限电平时控制器输出被禁止
OUTPUT A(第 11 脚)	输出端 A,第 11 脚和第 14 脚是两路互补输出端
GROUND(第 12 脚)	信号地
V_c(第 13 脚)	输出级偏置电压接入端
OUTPUT B(第 14 脚)	输出端 B。第 14 脚和第 11 脚是两路互补输出端
V_{in}(第 15 脚)	偏置电源接入端
V_{ref}(第 16 脚)	5.1V(误差±1%)的基准电压源输出端,具有温度补偿,温度稳定性极好

（1）第 15 脚 V_{in}、第 16 脚 V_{ref} 及第 12 脚 GROUND　　V_{in}（第 15 脚）是芯片供电端,允许供电电压范围为 8~35V,通常供电电压为 15V。芯片内部有三端稳压模块,由 V_{ref}（引脚 16）提供 5.1V（误差±1%）的基准电压源,再由基准电压源为芯片振荡、逻辑电路等功能电路供电。第 12 脚 GROUND 是整个芯片接地端。

（2）第 11 脚 OUTPUT A、第 14 脚 OUTPUT B 与第 13 脚 V_c　　SG3525 的输出级采用推挽电路,驱动电流可以达到 100mA,最大峰值电流可以达到 400mA。它与 UC3842/3A 的差异在于它具有 OUTPUT A（第 11 脚）、OUTPUT B（第 14 脚）两路同频、相位差为 180° 的互补输出;为了减少驱动电流对芯片的微弱信号的干扰,输出级可采用独立供电,其输出级供电电源脚为第 13 脚 V_c。

（3）第 3~7 脚（振荡器）　　第 5~7 脚内部设置有一个双门限比较器,其高门限电压 $U_H = 3.9V$,低门限电压 $U_L = 0.9V$,与外接的电阻 R_T 和电容 C_T 共同构成了振荡器,如图 1.13a 所示。其工作原理如下:第 6 脚输出恒定电压,使得 R_T 的电流为恒流,内部镜像电流源通过第 5 脚向电容 C_T 恒流充电,使其电压线性上升,达到 U_H 后,振荡器的输出 OSC. OUTPUT（第 4 脚）输出一个窄脉冲,并使晶体管导通,电容 C_T 经 R_D 瞬间放电,C_T 的电压下降,达到 U_L 后,晶体管截止,停止放电。内部镜像电流源重新对电容 C_T 充电。如此循环往复形成振荡,在 C_T 上得到一个锯齿波电压,作为 PWM 比较器的锯齿波。锯齿波的峰值为 3.9V,直流偏置为 0.9V,上升时间 $t_{charge} = 0.67R_TC_T$;下降时间 $t_{discharge} = 1.3R_DC_T$,等于 A、B 输出脉冲最宽时的死区时间,振荡周期为两个时间之和。通常 R_D 很小,可以忽略它对振荡频率的影响。图 1.13b 所示 R_T 与 f_{osc} 的关系曲线。

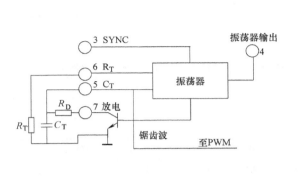

a) 振荡器的外围电路

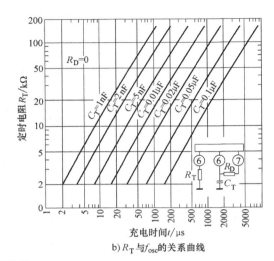

b) R_T 与 f_{osc} 的关系曲线

图 1.13　振荡器

振荡器预留外同步输入端为（第 3 脚）。当在第 3 脚输入窄脉冲信号时，振荡器与外部脉冲同步。外部脉冲信号频率应略高于芯片本身振荡频率，才能使 SG3525 与外接频率同步。外加同步信号是为了使多个 PWM 芯片同步工作。

（4）第 8 脚 SOFT-START/第 10 脚 SHUTDOWN　通常第 8 脚对地连接一个 $0.1\mu F$ 的软启动电容。芯片启动时，内部 $50\mu A$ 的电流源为软启动电容充电，使其电压逐渐升高，令 A、B 两路 PWM 输出脉冲的宽度由窄向宽逐渐展开。在开关电源中，软启动使得开关电源逐步有序进入工作状态，避免了控制器的饱和现象及其开关变换器的过冲现象。

在如图 1.12 所示电路中，SOFT-START（第 8 脚）和 COMPENSATION（第 9 脚）同为 PWM 的两个反相端，二者为"线或"关系，低电平有效。在启动初期，因为开关变换器的输出电压较低，第 9 脚的输出为高电平，所以软启动端作用。当开关变换器的输出电压上升到额定值后，第 9 脚的电压降低并趋于稳定，随后第 9 脚的电压会决定系统占空比，进入稳态。

在如图 1.12 所示电路中，当 SHUTDOWN（第 10 脚）为高电平时，晶体管导通，使第 9 脚接地，禁止芯片输出正脉冲。

（5）第 1、2、9 脚（误差放大器）　在如图 1.12 所示电路中，第 1、2、9 脚分别是误差放大器的反相输入端、同相输入端和输出端。它是一个两级差分放大器，直流开环增益为 70dB 左右，截止频率约为 30Hz。它同时也是跨导放大器，需要在第 9 脚与地之间跨接一个 RC 串联电路，将电流信号转换为电压信号，并能有效地降低输出信号的斜率。通常同相输入端外接 2.5V 的基准电压，反相端接开关变换器的电压反馈信号。第 2 与第 9 脚之间接入不同类型的反馈网络可构成比例、比例积分和积分等类型的控制器。反馈信号应注意如下事项：①反馈信号的波动幅度不宜过大，否则会造成放大器输出波动，而导致整个系统振荡。②反馈信号的下降斜率不可过高，否则经过放大器放大后，使得放大器输出端电压的上升斜率大于 C_T 电压的上升斜率，造成斜波失配，引起系统次谐波振荡。斜波匹配的概念是：对于 PWM 调节器的两个输入信号，控制信号的上升斜率一定要小于锯齿波的上升斜率。

SG3525 产生 PWM 信号的原理为：在如图 1.12 所示电路中，PWM 的高频锯齿波是来自第 5 脚电容 C_T 的波形，控制信号是来自第 9 脚误差放大器的输出电压，PWM 的输出信号送入 SR 锁存器，经过 T 触发器进行二分频，由第 11 脚和第 14 脚分别送出 A、B 两路互补的 PWM 信号，输出信号的频率等于振荡频率的一半。

1.4.5 谐振模式电源控制芯片 UC3861

UC386X 系列芯片是一种常用的谐振模式电源控制芯片（resonant-mode power supply controller），主要用于零电压开关（ZVS）或零电流开关（ZCS）的准谐振变换器中，或用于驱动桥式谐振变换器中。按照不同输入电压范围和输出脉冲逻辑的差异，将 UC3861~UC3868 几种芯片分为两类，其中 UC3861~UC3864 为 ZVS 控制芯片，UC3865~UC3868 为 ZCS 控制芯片。本节简要介绍 UC3861 芯片的功能。

图 1.14 所示为 UC3861 内部结构框图及其引脚定义图。芯片内部集成了基准电压源（bias and 5V gen）、欠电压锁定（UVLO）、软启动（soft-ref）、使能保护（fault and logic precision reference）、压控振荡器（VCO）等功能模块，驱动输出为双路互补正脉冲输出。内部压控振荡器工作频率为 10kHz~1MHz，两路输出脉冲的频率等于振荡频率的一半，峰值驱动电流达到 1A。各个引脚的定义与功能见表 1.2。

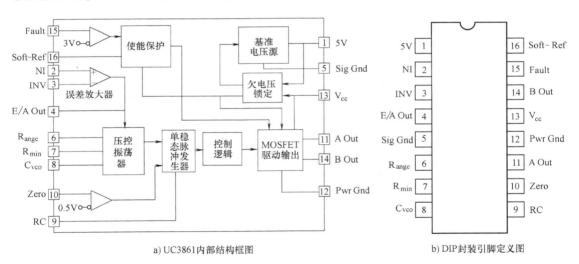

a) UC3861内部结构框图   b) DIP封装引脚定义图

图 1.14 UC3861 内部结构框图及其引脚定义图

表 1.2 UC3861 引脚功能对照表

引脚名称	引脚功能
5V（第 1 脚）	5V（误差为±1%）的基准电压源输出端，通常对地接一只 104 电容
NI（第 2 脚）	误差放大器同相输入端
INV（第 3 脚）	误差放大器反相输入端
E/A Out（第 4 脚）	误差放大器输出端，同时为压控振荡器的输入信号
Sig Gnd（第 5 脚）	信号地
R_{ange}（第 6 脚）	接对地接压控振荡器频率变化范围设定电阻 R_{ange}
R_{min}（第 7 脚）	接对地接压控振荡器最低振荡频率设定电阻 R_{min}

（续）

引脚名称	引脚功能
C_{vco}（第 8 脚）	接对地接压控振荡器频率设定电容 C_{vco}
RC（第 9 脚）	死区设定端，对 5V 接 R，对地接 C
Zero（第 10 脚）	过零检测输入端
A Out（第 11 脚）	输出端 A。第 14 脚和第 11 脚是两路互补输出端
Pwr Gnd（第 12 脚）	功率地
V_{cc}（第 13 脚）	偏置电源接入端
B Out（第 14 脚）	输出端 B，第 14 脚和第 11 脚是两路互补输出端
Fault（第 15 脚）	故障检测保护接入端，高于 3V 芯片保护
Soft-Ref（第 16 脚）	软启动端

（1）单脉冲发生器　在 ZVS 或 ZCS 谐振变换器中，开关管导通的时间长度必须精准控制。例如 ZCS 要求在开关电流等于零或接近零时功率开关关断，以减少 IGBT 拖尾电流的影响。因此需要单脉冲发生器，精准控制 IGBT 功率管导通的时间长度。图 1.15 所示为单脉冲发生器的原理电路及其主要波形，由图可见单脉冲发生器是由误差放大器（Error Amp）、压控振荡器、RS 触发器以及一系列滞回比较器组成。

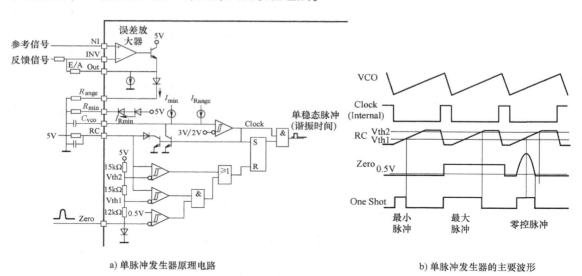

a) 单脉冲发生器原理电路　　　　　　b) 单脉冲发生器的主要波形

图 1.15　单脉冲发生器原理电路及其主要波形

压控振荡器与 SG3525 的内部振荡器有所区别。SG3525 的内部振荡器输出固定频率，而压控振荡器的输出频率受控于误差放大器的输出电压，然而它与内部振荡器的工作原理依然一致。压控振荡器有三种输出频率，分别为最小频率 f_{min}、最大频率 f_{max} 和压控频率 f_{vco}。

在图 1.15 所示电路中，压控振荡器有两个外接电阻 R_{ange} 和 R_{min}，以及一个外接电容 C_{vco}。R_{ange} 和 R_{min} 上的电流对应着镜像电流源 I_{Range} 和 I_{Rmin}，它们共同为 C_{vco} 充电。C_{vco} 连接一个同相滞回比较器，门限电压分别为 2V 和 3V。首先，镜像电流源 I_{Range} 和 I_{Rmin} 对 C_{vco} 充电，当电压达到 3V 后，滞回比较器由低电平跳变到高电平，输出 Clock 为高电平，晶体管导通，使 C_{vco} 放电（同时，也使 RC 引脚外接电容放电）。当 C_{vco} 电压降至 2V 时，滞回比较器由高电平跳变到低电平，Clock 信号变为低电平，晶体管截止，停止放电；随后，镜像电流源再次为 C_{vco} 充电。如此循环往复，形成振荡。Clock 脉冲频率即为压控振荡器输出频率，它是由 RC 时间常数和镜像电流源的电流决定。

当 I_{Range} 为零时，压控振荡器输出最低频率，即

$$f_{min} = \frac{3.6}{R_{min}C_{vco}} \tag{1.13a}$$

当 E/A Out 端的电压为 5V，I_{Range} 达到最大值时，压控振荡器输出最高频率，即

$$f_{max} = \frac{3.6}{(R_{min}//R_{ange})C_{vco}} \tag{1.13b}$$

由式（1.13a）和式（1.13b）可以得到频率增量为

$$\Delta f = f_{max} - f_{min} = \frac{3.6}{R_{ange}C_{vco}} \tag{1.13c}$$

因为误差放大器的有效摆幅约为 3.6V，所以控制系数为

$$K_v = \frac{\Delta f}{\Delta U} = \frac{1}{R_{ange} \times C_{vco}} \tag{1.13d}$$

压控振荡器的振荡频率公式为

$$f_{vco} = f_{vco} + K_v \Delta U \tag{1.14}$$

式中，K_v 是控制系数；ΔU 是误差放大器输出电压的增量（V）。

式（1.14）表明，压控振荡器的频率随误差放大器输出电压增加而增加。

粗略地讲，Zero 端的电压控制着单脉冲的宽度，如图 1.15b 所示。Zero 端电压低于 0.5V，产生最窄脉冲，宽度为 $T_{pw(min)} = 0.3RC$，而当 Zero 端电压高于 0.5V 时，产生最宽脉冲，宽度为 $T_{pw(max)} = 1.2RC$。在正常工作时，正脉冲的宽度等于 Zero 端正脉冲的宽度。对于 ZVS 变换器而言，单脉冲的宽度等于开关管处在断态的时间长度。

（2）ZVS 的输出驱动信号　图 1.16 所示为 ZVS 的输出驱动波形。其工作原理是，检测功率 MOS 管 D、S 两极之间的电压 U_{DS} 作为 Zero 端的信号。当 U_{DS} 由一个正值下降到 0 后，表明 MOS 管已经具备 ZVS 的条件，单脉冲的下降沿的到来使 UC3861 的输出端提供一个高电平信号，使得 MOS 管开启。

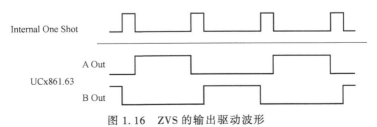

图 1.16　ZVS 的输出驱动波形

（3）误差放大器的使用方法　芯片第 2、3、4 脚分别为内部误差放大器 E/A 的同相输入端、反相输入端和输出端。对于 ZVS 开关电源，频率减少对应输出电压的增加。对于电压环控制而言，变换器输出电压应作为反馈信号，接到同相输入端，反馈网络连接在反相输入端和输出端之间，可接入不同类型的控制器。因此，当输出增加时，误差放大器输出随之

增加，压控振荡器的频率也随之增加，使得输出电压降低，维持输出电压的稳定。

（4）软启动　软启动引脚为 Soft-Ref（第 16 脚），对地接软启动电容 C_{sr}。当 5V 供电正常后，芯片内部有 0.2mA 的电流源对 C_{sr} 充电，软启动脚的电压逐渐升高至 5V，芯片输出脉冲频率由高到低变化，与 ZVS 开关变换器的启动过程相匹配。

（5）供电电源　芯片的驱动输出为 A Out（第 11 脚）和 B Out（第 14 脚），驱动峰值电流达到 1A，可以直接驱动开关管或驱动变压器。为了减少功率驱动信号对误差放大器的影响，芯片内部将功率地和信号地分开，第 12 脚（Pwr Gnd）为功率接地线，第 5 脚（Sig Gnd）为信号接地线。在布线时应该分开两种接地线，将信号接地线作为总接地点。

习　　题

1.1　简述 PWM 的基本工作原理。

1.2　简述线性稳压电源和开关电源的主要区别。

1.3　开关电源的闭环系统由哪些电路组成？它们的功能是什么？

第2章

功率开关器件的应用基础

在开关电源中，功率开关器件通过周期的开通与关断实现电能变换。常用的功率开关器件为功率二极管和功率 MOSFET（功率 MOS 管）。本章主要介绍功率器件应用的基础知识，包括如下内容：

1）开关电源追求的目标是高效率和高功率密度，因此主要介绍高频功率器件。

2）功率 MOSFET 是一个全可控器件，在 PWM 芯片与功率 MOSFET 的栅极之间需要一个控制电路，称之为驱动电路。因此，将介绍有关驱动技术和电路。

3）第三代功率半导体器件发展与应用促进了开关电源技术的发展。因此，本章会介绍碳化硅功率开关器件和氮化镓功率开关器件。

2.1 功率二极管

2.1.1 功率二极管的工作原理

功率半导体器件面临着大容量与高速开关的两个基本问题。大容量是指允许流过大电流和能够阻断高电压。由于功率器件存在着寄生电容，器件的高速开通与阻断意味着寄生电容快速充放电。为了降低对开关的损害，人们也希望开关器件导通时具有很小的通态电阻，由此就引发了低通态电阻与高耐压之间的矛盾。阻断高压意味着耗尽区变宽且掺杂浓度降低，而降低掺杂浓度将导致正向导通电阻变大，因此传统的 PN 结二极管不再适合作为功率器件。解决这个矛盾的主要技术手段是改变功率二极管的结构，如图 2.1 所示。在如图 2.1a 所示传统势垒二极管的 PN 结之间插入一个 N⁻区，形成 PiN 结构，如图 2.1b 所示。由于 N⁻区的掺杂浓度极低，因此电阻率极高，可以阻断高电压，但导通电阻也会急剧增加，其解决方法是电导率调制效应。

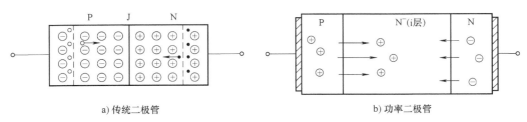

a) 传统二极管　　　　　　　　　　　　　　　b) 功率二极管

图 2.1　传统二极管与功率二极管的结构示意图

如图 2.2a 所示，在功率二极管施加正向电压的瞬间，由 P 区向 i 层注入空穴，以减小 i 层的电阻率，N 区的电子通过 i 层形成电流。在达到稳态后，i 层中存储了大量的载流子，大大降低了正向导通电阻，减少导通损耗。相反，当功率二极管承受反向电压瞬间，通过反向电流才能使存储在 i 层中的空穴返回 P 区。在关断达到稳态后，i 层中几乎没有任何载流子，所以 i 层可以承受很高的电压且漏电流极小。

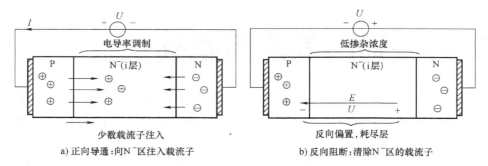

a) 正向导通: 向 N⁻区注入载流子　　　　b) 反向阻断: 清除 N⁻区的载流子

图 2.2　电导率调制效应的原理示意图

2.1.2　反向恢复特性

由于 i 层的电导率调制效应，功率二极管存在着反向恢复特性。它是指一个正在导通的功率二极管突然施加反向电压后，反向阻断能力需要经过一段时间才能恢复。在未恢复阻断能力前，功率二极管相当于短路。反向恢复过程的电压和电流波形如图 2.3 所示，t_t 时刻为正处在导通的功率二极管施加反向电压 E，原来导通的正向电流 I_F 以 di_F/dt 的速率减小。当 $t = t_0$ 时，功率二极管的电流等于零。所以，在 $[t_t,\ t_0]$ 区间，功率二极管处在正向偏置状态。在 t_0 时刻后，正向压降稍有下降，但是功率二极管仍处在正向偏置状态，电流开始反向流通，形成反向恢复电流 i_{rr}。在 $t = t_1$ 时刻，反向恢复电流已经从 i 层中抽走电荷 Q_1，反向电流达到最大值 I_{RM}，功率二极管开始恢复阻断能力。在 $t > t_1$ 后，反向恢复电流以 di_{rr}/dt 的速率开始增加，在二极管管脚电感上产生较高的电动势。当

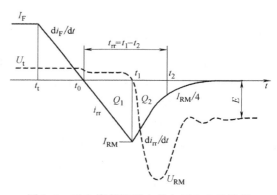

图 2.3　反向恢复过程中的电压和电流波形

$t = t_2$ 时，di_{rr}/dt 逐渐减小为零，电感电压等于零，功率二极管承受电源电压 E。在 $[t_1,\ t_2]$ 区间，反向恢复电流从 i 层中抽出的电荷为 Q_2。简而言之，正在导通的功率二极管需要一个反向恢复电流从 i 层中抽出 $(Q_1 + Q_2)$ 的电荷才能使其恢复电压阻断能力。因此，功率二极管的反向恢复特性是最重要的特性，反向恢复特性差会给开关变换器的正常工作带来巨大困难，应该尽量避免。

衡量反向恢复特性的指标有最大反向恢复电流 I_{RM}、反向恢复时间 t_{rr}（$= t_2 - t_0$）和反向恢复电荷 Q_{rr}（$= Q_1 + Q_2$）。理想的功率二极管应该消除反向恢复特性。

对于功率二极管，除了上述反向恢复特性参数外，还包括如下三个重要参数：

（1）额定电流（正向电流）I_F　额定电流 I_F 是指在额定结温和规定的冷却条件下，功率二极管长期运行允许流过的最大工频正半波电流的平均值。

（2）额定电压 U_R　额定电压 U_R 是指功率二极管所能重复承受的最高反向峰值电压。

（3）正向压降 U_F　正向压降 U_F 是指在规定温度和流过额定正向电流的条件下，功率二极管的正向压降。

2.1.3　电路运行条件对功率二极管的影响

（1）正向电流 I_F 对 I_{RM} 和 Q_{rr} 的影响　理论上讲，在功率二极管正向导通瞬间，注入到 i 层空穴的数量正比于 I_F。因此，I_F 对 I_{RM} 和 Q_{rr} 的关系曲线如图 2.4a 所示，由图可见，Q_{rr} 与 I_{RM} 随着 I_F 增大而增加。

（2）电流下降率对 I_{RM} 和 Q_{rr} 的影响　图 2.4b 所示为反向电流下降率 $\mathrm{d}I_F/\mathrm{d}t$ 与 I_{RM} 和 Q_{rr} 的关系曲线。由图可知，在 I_F 恒定条件下，I_{RM} 和 Q_{rr} 随着反向电流下降率增加而增大。为了减少功率二极管的动态损耗，人们往往希望减低电流下降率。

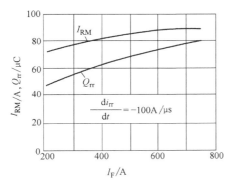 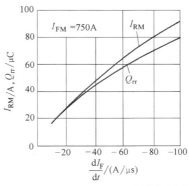

a) I_F 与 I_{RM} 和 Q_{rr} 的实测关系曲线　　　b) $\mathrm{d}I_F/\mathrm{d}t$ 与 I_{RM} 和 Q_{rr} 的实测关系曲线

图 2.4　电路运行条件对开关特性的影响

（3）结温 T_J 对 I_{RM} 和 Q_{rr} 的影响　图 2.5 所示为 Si 和碳化硅（SiC）功率二极管反向恢复特性的比较，由图可知，Si 基功率二极管的 I_{RM} 和 Q_{rr} 随着工作温度的增加而变大，而

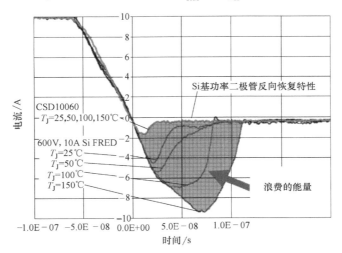

图 2.5　SiC 与 Si 基二极管反向恢复特性的比较

SiC 功率二极管几乎不存在反向恢复特性。

2.2 Si 功率场效应晶体管（Power MOSFET）

功率场效应晶体管是一种全控器件。它与其他功率器件比，具有开关速度快、易于并联、驱动功率小等优点，在开关电源中得到广泛应用。功率场效应晶体管的门类很多，目前在开关电源中主要使用 N 沟道、增强型 VDMOS 功率场效应晶体管作为开关器件。若无特殊说明，本书所述的功率场效应晶体管均是 N 沟道、增强型 VDMOS 功率场效应晶体管。为了有别于 2.6 节介绍的 SiC 功率场效应晶体管，本节介绍 Si 基功率场效应晶体管，简称为功率场效应晶体管。

2.2.1 结构与工作原理

通常场效应晶体管是由许多单胞并联组成的，一个高压芯片的单胞密度可达每平方英寸

140000 个。Motolora 公司所生产的 TMOS，其单胞结构如图 2.6 所示，其在 N_2^+ 型高杂浓度衬底上，外延生长 N^- 型高阻层，N_2^+ 型区和 N^- 型区共同组成功率 MOSFET 的漏区。在 N^- 型区内，有选择地扩散 P 型沟道区，漏区与沟道体区的交界形成一个 PN 结。在 P 型区内，再有选择地扩散 N_1^+ 型源区。由于沟道体与源区处在短路状态，所以源区 PN 结常处于零偏置状态，在 P 和 N^+ 上层与栅极 G 之间生长金属与二氧化硅分别作为栅极和导电沟道的隔离层。当栅极加有适当电压时，由于表面电场效应，会在栅极下面的体区中形成反型层，这些反型层就是源区和漏源的导电沟道。

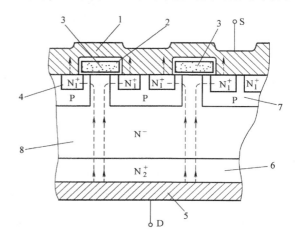

图 2.6 TMOS 单细胞结构示意图
1—源极（S） 2—栅极隔离层 SiO_2
3—源区 4—栅极（G） 5—漏极（D）
6—漏区 7—沟道体区 8—外延层、高阻漂移区

为了介绍 VDMOS 型器件的工作原理，这里给出一个 MOS 管单元的内部结构断面图，如图 2.7a 所示，其电气图形符号如图 2.7b 所示。当漏极（D）接电源正极，源极（S）接电源负极，栅极（G）和源极（S）间电压为零时（$U_{GS} = 0V$），P 沟道区与 N^- 漂移区之间形成的 PN 结反偏，漏极与源极之间无电流流过，器件处在截止区。如果在栅极和源极之间加一正电压（$U_{GS} > 0V$），由于栅极是绝缘的，所以栅极不会有电流流过。但栅极的正电压会将下面 P 区中的空穴推开，而将少子——电子吸引到 P 区的顶部表面。当 U_{GS} 大于某一电压阈值 U_T 时，栅极下 P 区表面的电子浓度将远超空穴浓度，形成反型层，为漏极和源极提供了导电沟道。这个电压阈值 U_T 被定义为开启电压，其含义是 $U_{GS} > U_T$，即 P 区上表面的导电沟道已经形成。如果在漏、源两极之间施加较大的正电压 U_{GS}，则会有一个电流 I_D 从

漏极进入器件，经由 N^+ 区、N^- 区、P 区顶部的导电沟道，到达 N^+ 区与源极，与电源形成一个完整的回路。

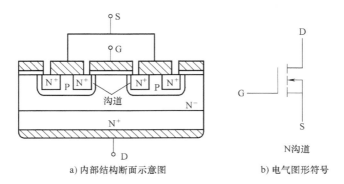

a) 内部结构断面示意图　　　　　　b) 电气图形符号

图 2.7　功率 MOSFET 的结构和电气图形符号

在 P 区顶部反型层的导电沟道内，少子的浓度正比于 U_{GS}。在 $U_{GS} > U_T$ 的条件下，增加 U_{GS} 意味着导电沟道电子浓度增加，使得 I_D 电流增加。故功率场效应晶体管是一个用电压控制电流的器件。

2.2.2　功率场效应晶体管的静态特性

在开关电源中，功率场效应晶体管被用作一个可控开关。通常采用共源极接法或共栅极接法，一般以共源极接法为主。在共源极接法中，I_G 和 U_{GS} 为输入端口的电压和电流，I_D 和 U_{DS} 为输出端口的电压和电流。令输入电压和输出电压缓慢变化，测量器件的静态转移特性和输出特性如图 2.8 所示。

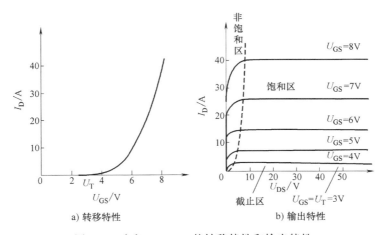

a) 转移特性　　　　　　　　b) 输出特性

图 2.8　功率 MOSFET 的转移特性和输出特性

由图 2.8a 所示的转移特性曲线可知，当 $U_{GS} < U_T$ 时，$I_D = 0A$，表明 P 区的导电沟道尚未形成；当 $U_{GS} > U_T$ 时，I_D 随着 U_{GS} 以二次方率的规律增加。

如图 2.8b 所示，通常将输出曲线分为截止区、饱和区和非饱和区（也称可变电阻区）等三个区域。在开关电源中，功率场效应晶体管当作一个可控开关，主要工作在截止区和可变电阻区。

（1）截止区　截止区是指 $U_{GS} < U_T$、$I_D = 0A$ 的区域。开启电压 U_T 的典型值为 4V（25℃）左右，U_T 具有负温度系数，大约为 $-6.7mV/℃$。例如，当结温达到 125℃ 时，U_T 由 4V 下降到 3.3V。这意味着当结温为 25℃，$U_{GS} < 4V$ 时器件就已经阻断；而当结温为 125℃，则 $U_{GS} < 3.3V$ 时器件才能阻断。因此，随着结温上升，器件有可能出现阻断失效现象。

（2）可变电阻区　临界饱和电压定义为

$$U_{DSC} = U_{GS} - U_T \qquad (2.1)$$

当 $U_{DS} = U_{DSC}$ 时，P 区的导电沟道在靠近 G 极层已经开始夹断。随着 U_{DS} 减少，工作点进入了可变电阻区。通常用导通电阻定义可变电阻区的特性，表示为

$$R_{on} = \frac{U_{DS}}{I_D(U_{GS})} \Bigg|_{U_{DS} \leqslant U_{DSC}} \qquad (2.2)$$

由图 2.8 可知，在可变电阻区，令 U_{DS} 为定值，则随着 U_{GS} 增加而对应的电流 I_D 也随之增加，导通电阻减小。故将此区称为可变电阻区。开关电源中，导通电阻减少意味着器件的通态损耗（$I^2 R_{on}$）减少。由此可得到一个重要结论：适度增加驱动电压 U_{GS} 有利于降低通态损耗。也可从器件内部的工作原理解释可变电阻区的伏安特性。P 区导电沟道载流子的密度随 U_{GS} 增加而增加，致使电流 I_D 增加。另外 P 区导电沟道载流子的散射速度随 U_{DS} 增加而增加，同样导致电流 I_D 增加。

（3）饱和区　当 $U_{DS} = U_{DSC}$ 时，P 区导电沟道内载流子的散发达到极限值，载流子散发速度不再受 U_{DS} 控制，工作点进入饱和区。图中的虚线表示临界饱和线。在饱和区，U_{DS} 的变化不会影响 I_D 的大小，呈现出电压控制的电流源特性，控制量为 U_{GS}。

2.2.3　电路运行条件对 R_{on} 的影响

导通电阻 R_{on} 是功率场效应晶体管的重要参数，事关器件的功率损耗，表示为

$$P = I_D^2 R_{on} \qquad (2.3)$$

式中，I_D 是漏极电流（A）。

（1）击穿电压对 R_{on} 的影响　图 2.9a 所示为击穿电压 U_R 与 R_{on} 的关系曲线，由图可知，R_{on} 会随着 U_R 的升高而增大。这是由于漂移区厚度增加的结果。另外，R_{on} 与芯片面积 A 成反比，即

$$R_{on} = \frac{U_R^{2.5}}{A} \qquad (2.4)$$

由式（2.4）可见，制造高压功率场效应晶体管是比较困难的，在遴选器件时，电压裕量也不宜太大。

（2）结温对 R_{on} 的影响　图 2.9b 所示为结温 T_J 与 R_{on} 的关系曲线，由图可知，R_{on} 具有正温度系数，温度越高，R_{on} 越大。正温度系数特性为器件的并联提供方便，使其具有自动均流的功能。

（3）栅压 U_{GS} 对 R_{on} 的影响　图 2.9c 所示为栅压与导通电阻 R_{on} 的关系曲线，由图可知，R_{on} 会随着 U_{GS} 的增大而减小。在介绍输出特性曲线的可变电阻区时，对此关系已经给

出详细说明，这里不再赘述。

（4）漏极电流对 R_{on} 的影响 图 2.9d 所示为漏极电流 I_D 对 R_{on} 的影响，参变量为结温 T_J，由图可知，在低电流区，I_D 对 R_{on} 的影响不大，当 U_{GS} 为恒定值而 I_D 继续增大时，R_{on} 会迅速增加。在开关电源中，器件通常工作在大电流工况，而且漏极电流 I_D 通常是由器件的外围电路决定，因此为了降低通态损耗，器件的电流参数应该有足够的裕量。

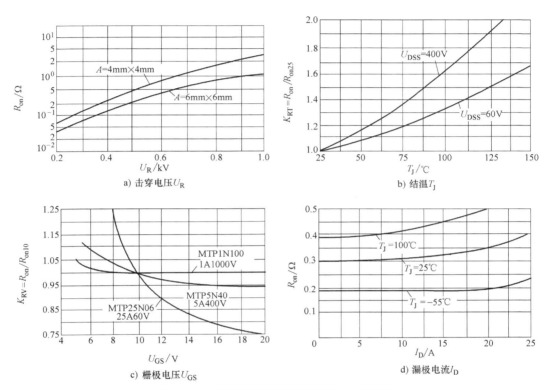

a) 击穿电压 U_R

b) 结温 T_J

c) 栅极电压 U_{GS}

d) 漏极电流 I_D

图 2.9　电路运行条件对导通电阻 R_{on} 的影响

2.2.4　电路运行条件对安全工作区的影响

在开关电源中，功率场效应晶体管工作在高频开关状态，它的负载为电感性负载，由于寄生电感和电容的作用，使得器件的输出电流和电压的运动轨迹为一条不规则曲线。众所周知，在电子学中，器件的输出电流和电压的运动轨迹就是交、直流负载线。另一方面，功率开关器件的主要参数包括最大击穿电压 U_R、最大漏极电流 I_{DC} 和最大容许直流功耗 P_D 等。而这些参数皆可以在表征器件输出特性的 I_D-U_{DS} 平面上表示。基于上面两个原因，可以引入器件的安全工作区（safe operation area，SOA）的概念，以表征器件输出电流和电压的运动轨迹在规定的区域内，以保证器件安全可靠地长时间工作。

图 2.10 所示为 VDMOS 型功率场效应晶体管的正偏安全工作区（FBSOA），它是由通态压降、最大功率和最大电流等 5 条曲线组成。

（1）容许功耗 P_D 由于器件为非理想开关，导通时存在着通态压降 U_{DS0}，断态时存在着漏电流，所以存在导通和断态损耗，这会使使芯片温度上升。更重要的是，在开关过程中，器件必定经过输出特性曲线的饱和区，器件的消耗功率等于瞬态电压与电流之积，远远大于通态和断态的功率。另一方面，Si 材料有一定的工作温度限制，对民用产品，功率场效应晶体管的最高结温平均值 $T_{Jm} = 150℃$。因此，相关的手册中会给出最大容许功耗 P_D。在图 2.10 中，最大容许功耗 P_D 用直线 1 和 5 表示。

（2）通态压降 U_{DS0}　当开启器件并达到稳态后，输出电压和电压的工作点位于输出特性的可变电阻区。在可变电阻区，在给定 U_{GS} 的条件下，器件的通态电压 U_{DS0} 和输出电流 I_D 近似满足欧姆定律，表示为

$$U_{DS0} = I_D R_{on} \tag{2.5}$$

在图 2.10 中，通态压降 U_{DS0} 用直线 2 表示。

（3）漏极击穿电压 U_B　若 U_{DS} 过度增高，PN 结会发生雪崩击穿。为保障器件安全，在关断过程及其稳态下，器件承受的最高电压 U_{DSm} 应低于 U_B，在图 2.10 中用直线 3 表示。

（4）连续电流 I_{DC}　对连续电流 I_{DC} 的限制与器件封装工艺有关，如内引线的熔断电流、压焊点面积和金属化电极的迁移率等，同时也与器件持续导通的时间有关。所以，在图 2.10 中，连续电流 I_{DC} 用多条直线表示。

当器件处在持续导通状态，连续电流 I_{DC} 用直线 4 表示，最大容许功耗 P_D 用直线 1 表示；当器件持续导通时间为 $100\mu s$，I_{DC} 用直线 6 表示，P_D 用直线 5 表示。因此安全工作区与器件持续导通时间有关。

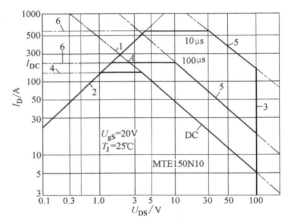

图 2.10　功率场效应晶体管的 FBSOA

1—直流功率限制线　2—导通压降限制线　3—电压限制线　4—电流限制线　5—单脉冲功耗限制线　6—脉冲电流限制线

2.2.5　结温对电流转移特性的影响

功率场效应晶体管是一个电压控制的器件。在输出特性的饱和区可用电压控制的电流源描述其特性。控制系数为直流跨导，定义为

$$G_m = \left. \frac{I_D}{U_{GS} - U_T} \right|_{U_{GS} > U_T} \tag{2.6}$$

由式（2.6）可知，G_m 表明 U_{GS} 对 I_D 的控制能力。

图 2.11 所示为结温与电流转移特性的关系曲线，由图可知，开启电压 U_T 随着结温的降低，温度系数约为 $-6.7mV/℃$。

对于 Si 功率场效应晶体管，在

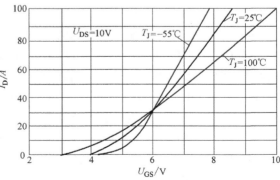

图 2.11　结温对电流转移特性的影响

$U_{GS} = 6V$ 时，G_m 与结温无关。以 $U_{GS} = 6V$ 对应的 I_D 为分界线，可将其分为高电流区和低电流区。在低电流区，器件的具有正温度系数，而在高电流区则具有负温度系数。在开关电源中，功率场效应晶体管通常工作在高电流区，G_m 的负温度系数，使得器件具有较好的热稳定性。对于器件并联，高电流区的负温度系数有利于热的均匀分布，不易形成热斑点。在器件的开启过程，器件的电流由零开始逐步增大，对于温度较高的器件，由于开启电压降低使其提前导通，但因器件的输出端口并联，未导通的器件的钳位作用，使得输出电压保持不变，使其功耗增加。同时在低电流区，G_m 的正温度系数使得 I_D 增大。因此，在低电流区，温度较高的器件所产生的开关损耗更高。这一结论对低压模块电源的研究十分有用，因为这类模块的驱动电压通常比较低，以降低驱动功率。

2.3　Si 功率场效应晶体管的驱动技术

功率场效应晶体管的驱动电路是介于 PWM 控制电路与功率器件栅极之间的接口电路，将 PWM 控制电路发出脉冲信号经过功率放大、电平变换，再不失真地传输给器件栅极作为驱动信号，控制功率器件通断。因此，正确选择和设计驱动电路是保证开关电源可靠稳定工作的基本。从电学知识的分类来看，驱动电路隶属于脉冲电路技术。

2.3.1　驱动电路的基础知识

（1）功率场效应晶体管的等效电路　图 2.12 所示为考虑极间电容影响的 MOSFET 等效电路，图中功率场效应晶体管为理想器件，用图 2.8 所示的转移特性和输出特性表征其电气特性，C_{GS}、C_{GD} 和 C_{DS} 分别表示各极间电容。其中，跨接在栅-源极之间是反馈电容 C_{GD}，它为电路分析带来的麻烦最大。因此，器件制造商给出了输入电容 C_{iss}、输出电容 C_{oss} 和反馈电容 C_{rss} 的数据，其关系如下：

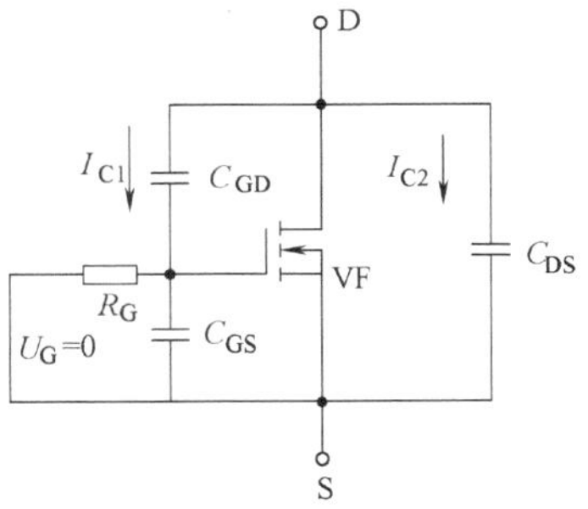

器件通态的输入电容为

$$C_{iss} = C_{GS} + C_{GD} \tag{2.7a}$$

器件阻断的输出电容为

$$C_{oss} = C_{DS} + C_{GD} \tag{2.7b}$$

器件阻断的反馈电容为

图 2.12　MOSFET 等效电路

$$C_{rss} = C_{GD} \tag{2.7c}$$

由于在设计和调试驱动电路时，主要考虑输入电容和反馈电容的影响，而截止、饱和和可变电阻等不同区域输入电容的表达式为

$$C_{iss} = \begin{cases} C_{GS1} + C_{GD1} & U_{GS} < U_T, I_D = 0 \quad\quad （截止区） \\ C_{GS2} + (1 + A_v)C_{GD2} & U_{GS} > U_T, U_{DS} > U_{DSC} \quad （饱和区） \\ C_{GS3} + C_{GD3} & U_{GS} > U_T, U_{DS} < U_{DSC} \quad （可变电阻区） \end{cases} \tag{2.8}$$

式中，A_v 是在饱和区器件微变等效电路的放大倍数，表达式为

$$A_v = \frac{\Delta U_{ds}}{\Delta U_{GS}} = \frac{U_D - 0}{(I_D - 0)/g_m} = g_m \frac{U_D}{I_D} \tag{2.9}$$

在式（2.8）中，各个电容值与 U_{DS} 有关，如图 2.13 所示，由图可知，输入电容几乎保持不变，只是在 U_{DS} 接近零时突然增加，输出电容随 U_{DS} 减少以反指数规律增加，反馈电容在 $25 \sim 75V$ 之间出现一个凹槽。

由式（2.8）结合图 2.13 可知，在截止区，输入电容最小；饱和区的输入电容最大；可变电阻区的输入电容居中。因此，在开关过程中，在截止区 U_{GS} 的上升率最大，在饱和区 U_{GS} 的上升率最慢，而在可变电阻区 U_{GS} 的上升率居中。

（2）最佳驱动电阻 R_G　图 2.14a 所示为栅极驱动电路的模型，其中 C_{iss} 是器件的输入电容，L_G 是电路寄生电感，R_G 是外加的驱动电阻。驱动电路的响应如图 2.14b 所示，它是一个典型的二阶

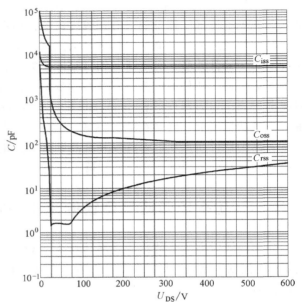

图 2.13　极间电容与 U_{DS} 的关系曲线

（以 IPW60R031CFD7 为例）

RLC 电路。当 R_G 过大时，驱动电路工作在过阻尼工况，阶跃响应为曲线①，U_{GS} 的上升沿时间太长，开关速度过慢；当 R_G 过小时，电路工作在欠阻尼工况，阶跃响应为曲线③，U_{GS} 的过冲过高。当 U_{GS} 超过驱动电压极限值时（通常为 20V），器件的栅极会被击穿。最佳设计是驱动电路工作在弱欠阻尼工况，取 $\zeta = 0.707$，阶跃响应为曲线②。

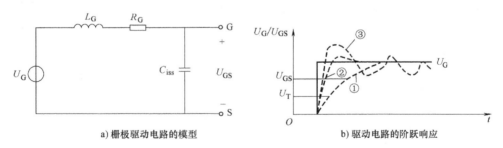

a) 栅极驱动电路的模型　　　　　　　　b) 驱动电路的阶跃响应

图 2.14　栅极驱动电路及其阶跃响应

2.3.2　驱动电路的要求

1）为栅极提供可靠的 PWM 信号驱动信号，保证功率场效应晶体管充分导通和可靠阻断，以减少器件的导通损耗与开关损耗。

2）在控制电路与功率变换电路之间实现电气隔离。通常功率变换电路工作在高压大电流工况，而控制电路工作在低压弱电流工况，因此要求二者在空间和电气上实现隔离，以减少接地线干扰和空间干扰。

3）具有较强的抗干扰能力。在开关电源中，功率变换电路是一个强干扰源，它不仅干

扰控制电路, 同样也干扰驱动电路。驱动电路应具有较强的抗干扰能力, 保证功率器件可靠工作。

4）具有保护功能。当电路出现过电流、驱动电路欠电压等故障工况, 驱动电路能够快速地封锁驱动信号, 停止功率器件的工作。

5）合理选择驱动电阻及其类型。

6）选择合适驱动电压 U_{G1}。提高 U_{G1} 有利于减少开关速度与 R_{on} 和抗干扰能力, 但这也会带来两个问题：其一是栅、源极之间的氧化层会因 U_{G1} 过高而击穿, 使器件失效；其二是由图 2.16 所示曲线可知, 过高的驱动电压会使驱动电荷增加, 导致驱动功率增加。对于低压模块电源, 优化 U_{G1} 是一个重要的课题, 这将在 2.3.3 节详细研究。

2.3.3　低压模块电源的驱动电路设计

模块电源的功率等级在 5~100W 之间, 通常采用 PWM 芯片串联一个驱动电阻 R_G 直接驱动功率场效应晶体管。模块电源的基本要求是高频率、高功率密度和高效率。因此, 需要进行驱动电压 U_{G1} 的优化, 以降低驱动功率。下面以 IPB05CN10NG 功率场效应晶体管为例, 介绍 U_{G1} 的优化方法。

设要求设计一个 15W 电源, 其效率为 88%, 总损耗 $P = 1.8W$, 开关频率 $f_s = 300kHz$。

图 2.15 所示为驱动电压 U_{G1} 与导通电阻 R_{on} 的关系曲线, 由图可知, U_{G1} 应该大于 6V, 否则 R_{on} 随漏极电流变化十分剧烈。图 2.16 所示为驱动电荷 Q_G 与驱动电压 U_{G1} 的关系曲线。

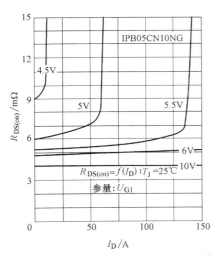

图 2.15　驱动电压 U_{G1} 与导通电阻 R_{on} 关系

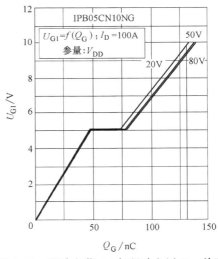

图 2.16　驱动电荷 Q_G 与驱动电压 U_{G1} 关系

取 $U_{G1} = 7V$, 对应的驱动电荷 $Q_G = 95nC$, 驱动功率 $P_G = f_S U_{G1} Q_G = 300 \times 10^3 \times 7 \times 95 \times 10^{-9} W = 0.1995W \approx 0.2W$。设 $I_D = 10A$, 取 $R_{on} = 4.5m\Omega$, 则导通损耗 $P_{on} = I_D^2 R_{on} = 10^2 \times 4.5 \times 10^{-3} W = 0.45W$。总损耗为 $P = P_G + P_{on} = (0.2 + 0.45) W = 0.65W$。

取 $U_{G1} = 10V$, 从曲线中查得, $Q_G = 135nC$, $R_{on} = 4m\Omega$。计算值为：$P_G = 0.45W$, $P_{on} = 0.4W$, $P = 0.85W$。

取 $U_{G1} = 6V$，从曲线中查得，$Q_G = 80nC$，$R_{on} = 5.1m\Omega$。计算值为：$P_G = 0.144W$，$P_{on} = 0.51W$，$P = 0.654W$。

比较上面结果可知，U_{G1} 为 6~7V 时，总损耗变化不明显。为了保证驱动电路的抗干扰能力，可取 $U_{G1} = 7V$。

2.3.4 变压器隔离的典型驱动电路

图 2.17 所示为变压器隔离的典型驱动电路。电容 C_1 和 C_2 是隔直电容，目的是变压器电流为正负对称的交流电流，以便铁心复位。这个电路运用变时间常数和电荷有源泄放等多项高频脉冲技术。下面分别介绍这些高频脉冲技术。

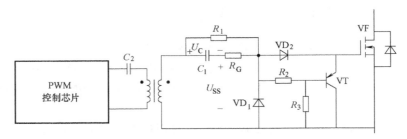

图 2.17　变压器隔离的典型驱动电路

首先介绍变时间常数技术。假定 PWM 脉冲上升沿到来之前，电容 C_1 的初值等于零。当脉冲上升沿到达变压器二次侧瞬间，由于电容 C_1 的初值等于零，二极管 VD_2 瞬间导通，使得变压器输出的正脉冲电压通过 R_G 为输入电容 C_{iss} 充电。变时间常数技术的基本思想是，当器件工作在截止区时，忽略电容 C_1 充电过程，$U_C \approx 0V$，视 R_1（远大于 R_G）为开路，时间常数 $\tau_1 = R_G C_{iss1}$，U_{GS} 快速上升。当器件进入饱和区，由于反馈电容的米勒效应，使得反馈电容放大近千倍，输入电容倍增，变为 C_{iss2}，同时，电容 C_1 也参与充电过程，仍假定 R_1 为开路，时间常数 $\tau_2 = R_G(C_{iss2} + C_1)$，$\tau_2$ 远大于 τ_1，U_{GS} 上升十分缓慢。当器件进入可变电阻区，反馈电容失去米勒效应，输入电容变小，变为 C_{iss3}。但 C_1 的电压 U_C 已经足够大，电阻 R_1 参与导电，驱动电阻变为 R_1，时间常数 $\tau_2 = R_1(C_{iss3} + C_1)$，使得驱动电路工作在弱欠阻尼工况，避免了驱动电压的过充现象。

最后介绍电荷有源泄放技术。在变压器的正驱动脉冲结束瞬间，VD_2 截止，电容 C_1 的储能通过变压器二次侧（相等于短路）、VD_1 和 R_G 放电，使得 PNP 晶体管 VT 导通并进入饱和状态，通过 C、E 极泄放 C_{iss} 上的电荷。晶体管饱和期间，C、E 两极之间的等效电阻 R_{CE} 约为 10Ω，$R_{CE} C_{iss}$ 远小于 $R_G C_1$，确保在 C_{iss} 放电结束后，VT 不会关断。

典型参数：若 VF 的型号是 IRF830，工作频率 $f_s = 25kHz$，那么 $C_1 = C_2 = 220nF$，$R_1 = R_2 = 1k\Omega$，$R_G = 4.7\Omega$，$R_3 = 15k\Omega$，晶体管 VT 型号则为 B560。

2.3.5 集成驱动电路 IR211X

随着电力电子技术的发展及其广泛应用，集成驱动芯片的需求日益旺盛。目前各大集成电路公司已经推出了种类繁多的集成驱动芯片。相比而言，IR211X 系列集成驱动芯片出现较早、技术成熟、应用比较广泛，能够提供的隔离电压高达 500V、支持双通道高速驱动信号，是 PWM 芯片与功率场效应晶体管之间较好的接口电路，具有一定的典型代表性。IR2110 的内部结构原理如图 2.18 所示，它有两个通道，H 为高压通道，L 为低压通道，两个通道在输入级为共地，输出级的隔离电压为 500V，即第 5 脚与第 2 脚之间可以承受 $-5 \sim 500V$ 的电压。其结构划分为输入级、电平转换级和输出级。

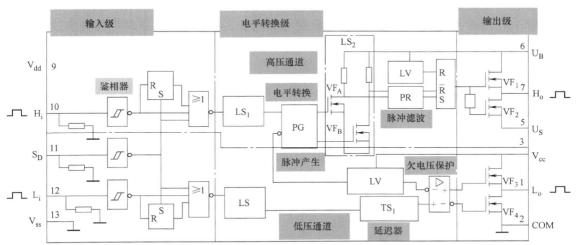

图 2.18　IR2110 的内部结构原理示意图

V_{dd}（9）—控制电源正端　　COM（2）—功率地；V_{ss}（13）—控制电源负端，控制地　　V_{cc}（3）—驱动电源正端
H_i（10）—高侧控制信号　　S_D（11）—封锁信号　　L_i（12）—低侧控制信号　　H_o（7）—高侧输出　　L_o（1）—低侧输出

（1）IR2110 的内部　　输入级的第 10 脚 H_i 为高压通道的输入端，第 12 脚 L_i 是低压通道的输入端，第 9 脚 V_{dd} 为输入级电源端，电压范围为 $5 \sim 20V$，第 13 脚 V_{ss} 为输入级的参考点，第 11 脚 S_D 是封锁信号输入端，其功能相当于使能端，高电平有效。输入级可以接收双路共地驱动信号。

电平转换级的目的是使输入与输出的逻辑信号相同，但高电平的电压值不同。在电平转换电级，LS_1 的输入端的电源为 V_{dd} 和 V_{ss}，输出端的电源为 V_{cc}（第 3 脚）与 COM（第 2 脚）；LS_2 的输入端的电源等同于 LS_1，输出端的电源为 U_B（第 6 脚）与 U_S（第 5 脚）。在高压通道，LS_1 驱动脉冲发生器为 PG，PG 再驱动 VF_A 和 VF_B 组成的差分电路，输出一个浮地的逻辑信号，经过脉冲滤波器 PR 和 RS 触发器，使得触发器的输出逻辑受控于第 10 脚 H_i，但二者既不共地、高电平的数值也不同。在低压通道，LV 是欠电压保护电路，TS_1 是脉冲延迟器，以平衡高压通道信号处理产生的延迟。

在输出级的低压通道，VF_3 和 VF_4 组成的推挽电路，为第 1 脚 L_o 提供驱动信号，其供电电源为 V_{cc}（第 3 脚）和 COM（第 2 脚）。在高压通道，VF_1 和 VF_2 组成的推挽电路，为第 7 脚 H_o 提供驱动信号，其供电电源为 U_B（第 6 脚）和 U_S（第 5 脚）。

（2）IR2110 的主要技术指标

直流电压：$U_d = 500V$。

开关频率：$f_c = 100kHz$。

驱动电源电压：$U_{oc} = (10 \sim 20)V$。

逻辑电源电压：$U_{DD} = (5 \sim 20)V$。

输出电流峰值：$I_{om} \geqslant 2A$。

V_{ss} 与 COM（驱动地）间偏移电压：±5V。

开通时延：$t_{d(on)} = 120ns$，关断时延：$t_{d(off)} = 90ns$。

浮动供电方式：自举电路。

（3）高压通道的自举电路　IR2110 的自举电路如图 2.19 所示。它是由自举电容 C_1 和二极管 VD_1 组成，为高压通道的输出级提供电源能量。根据半桥电路两个功率场效应晶体管互补导通的规律，当 VF_6 导通时，桥的中点电位 V_2 近似等于零，电源 V_{cc} 通过 VD_1 向 C_1 充电，使得 C_1 的电压等于 V_{cc}；当 VF_6 关断而 VF_5 导通时，桥中点电位 V_2 等于半桥电路电源电位 V_H，VD_1 自动关断，电容 C_1 利用其储能为高压通道的输出级供电。

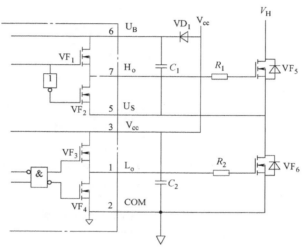

图 2.19　IR2110 自举电路

二极管 VD_1 耐压等于半桥电路的电源电压，即

$$U_{rrm} = U_H \tag{2.10}$$

VD_1 的平均电流表示为

$$I_{Dm} = Q_G f_s \tag{2.11}$$

式中，Q_G 是功率场效应晶体管栅极电荷（C）；f_s 是开关频率（Hz）。VD_1 应为超快恢复二极管。

假设 C_1 充电回路上压降为 U_r（包括自举二极管正向压降），则自举电容值的计算公式为

$$C_1 \geqslant \frac{K_b Q_G}{V_{cc} - U_r} \tag{2.12}$$

式中，K_b 是安全系数，大约取 2。

图 2.20 所示为 IR2110 驱动的半桥电路。直流偏置电阻 R_{VF5} 和 R_{VF6} 为自举电容提供静态电压，否则系统启动时，高压通道将可能会没有驱动脉冲。限制电压变化率电阻为 R_s。功率场效应晶体管不存在由热点反馈效应诱发的二次击穿问题，但其可能存在由于过高的源极电压上升率 du_{DS}/dt 引发的二次击穿问题。有实验显示，如果半桥电路的中点电位 V_2 的变化率过高，IR2110 高压通道将停止工作。为了避免这种现象发生，应增加一个 R_s，降低

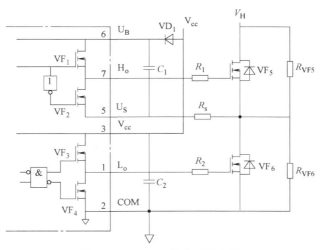

图 2.20　IR2110 驱动半桥电路

中点电位变化率对驱动芯片的影响。

2.3.6　DSP 控制的空间隔离驱动芯片

由于三相正弦逆变器的控制时序复杂，但输出电压的频率通常为 50Hz 甚至更低，因此使用 DSP 控制会给设计者带来极大方便。随着 DSP 和单片机高速处理技术的发展，高功率开关变换器的数字控制日益广泛和普及。与模拟 PWM 芯片相比，数字控制具有控制灵活、算法多样及更新换代容易等一系列优点，但也存在诸如开关频率较低、实时性差等缺点，不太适应高频-高功率密度的中小功率开关电源。对于充电器、程控交换机电源、电动车的电压变换模块等开关电源，由于其功能十分复杂，因此必须使用数字控制技术。

TI 公司的 TMSF2833X 系列芯片能够提供多路 PWM 信号。通常 DSP 或单片机输出 PWM 信号的高电平为 3.3V，而驱动功率场效应晶体管所需的高电平为 12～18V，因此驱动电路必须具有电平转换能力。功率场效应晶体管是一个低压控制的高压器件，位于开关电源的高压区，需要浮地驱动，而 DSP 芯片工作电压为 3.3V，位于电源的低压区，抗干扰能力差，因此驱动电路就是高压区与低压区的接口电路，需要电气隔离和空间隔离。SL 公司生产的 Si823X 驱动芯片具有电平转换和空间隔离功能，是一种较好的驱动芯片，因此下面以 Si823X 为例介绍这类驱动芯片。

（1）Si823X 驱动芯片主要技术指标

输出：相互隔离双路 PWM 驱动信号。

直流电源电压：$U_d = 1.5 \text{kV}$。

最大隔离电压：5.0kV。

开关频率：$f_c = 8 \text{MHz}$。

传输延迟时间：$t_d = 45 \text{ns}$。

输出峰值电流：$I_{om} = （0.5～4）$ A。

输入级：TTL 电平。

输出级：CMOS 电平。

图 2.21 所示为 Si823X 的内部结构示意图，Si823X 系列芯片具有两个信号通道 A 和 B。在输入端，VIA 和 VIB 为两路相互独立的、TTL 共地信号。芯片经过上下两个传输通道提供的是 VOA 和 VOB 两路 COMS 非共地信号。VIA 与 VOA、VIB 与 VOB 分别是两路等脉冲宽度的同频同相信号。

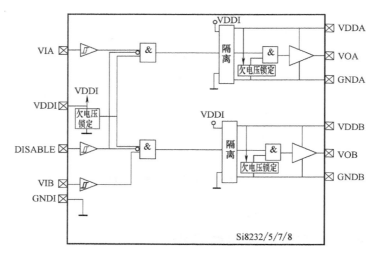

图 2.21　Si823X 的内部结构示意图

（2）Si823X 的工作原理　图 2.22a 所示为空间隔离驱动芯片的内部结构，它在物理空间上分为发射区、空间隔离区、接收区和驱动电路等四个区域。高频发射器位于发射区，接收器位于接收区。当输入信号 A＝1 时，发射区的振荡器工作，产生一个高频信号，为调制

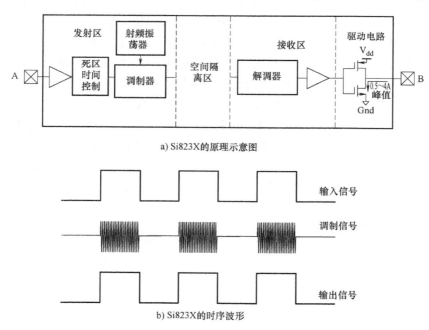

a) Si823X的原理示意图

b) Si823X的时序波形

图 2.22　Si823X 的原理示意图

器提供高频载波信号，调制器发射高频载波信号，穿越空间隔离区到达接收器，接收器解调高频信号后变为高电平，使得推挽放大器的上管导通，输出信号 B 为高电平，驱动功率场效应晶体管。当 A = 0 时，振荡器停止工作，推挽电路的下管导通，输出低电平，即 B = 0。图 2.22b 所示为输入信号 A、高频调制信号和输出信号 B 的时序波形。

发射区采用了 TTL 逻辑电平，以便能够接受 DSP 发出的 PWM 信号。空间隔离区是半导体基板，能够高效地传输高频载波信号，同时具有良好的电磁屏蔽作用，既阻止高频信号向外辐射，又屏蔽功率电路产生的高频噪声，因此这种芯片隶属于物理空间隔离的驱动器。接收区集成了一个特殊的模/数转换器，可将高频载波信号转为 CMOS 逻辑电平。CMOS 逻辑电平的高电平等于 V_{dd}，低电平为零，阈值为 $0.5V_{dd}$，具有很高的噪声容限。驱动电路采用 CMOS 结构的推挽电路，能够提供足够的驱动电流，使得功率器件快速导通。在场效应晶体管关断瞬间，推挽电路的下管变为一个有源泄放电路，同时也允许足够大灌电流，快速低泄放场效应晶体管输入电容的存储电荷，以便快速阻断场效应晶体管。由于这个驱动芯片采用了空间隔离，因此输入端与输出端可承受 5kV 的隔离电压。

（3）应用实例　图 2.23 所示为 Si823X 驱动半桥电路的实例（这里以 Si8230/3 为例）。驱动芯片 VIA 和 VIB 信号是来自控制器的 OUT1 和 OUT2 两路，且带有死区的 TTL 信号，驱动芯片提供 VOA 和 VOB 两路输出功率信号，驱动半桥电路的 VF_1 和 VF_2。驱动信号需要三个相互隔离的直流电压源。VDDI 为发射区 TTL 逻辑电路供电，电压值为 2.7 ~ 5.5V；VDDA 和 VDDB 分别为上、下通道的 CMOS 逻辑电路供电，电压值为 6.5 ~ 24V。使能端（disable）与控制芯片 I/O 端口连接，低电平有效。二极管 VD1 和 C_B 组成自举电路。死区控制端 DT 在 $R_{DT} = 1k\Omega$ 时延迟时间 $t_d = 70ns$，在 $R_{DT} = 100k\Omega$，延迟时间 $t_d = 900ns$。

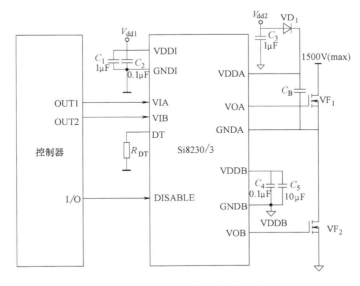

图 2.23　Si823X 驱动半桥电路

2.3.7　DSP 驱动电路空间布局的理想模型

在 DSP 控制的驱动电路中，包括了功率变换电路和信号控制电路。功率变换电路的电压等级为 500V 至 1500V，电流等级为 10A 至数百安培。驱动电路的电压等级为 12V 至 18V，电流等级为 0A 至 4A。DSP 控制芯片的电压等级为 3.3V，电流等级为 0.1A 至 1mA。因此在驱动电路中，电压变化范围为 3~1500V，电流变化范围为 0.1~数百安培。根据电磁场的近场理论，电场的干扰强度与距离的三次方成反比，磁场的干扰强度与距离的二次方成反比，因此需要优化驱动电路的空间布局，利用空间距离减少功率变换电路对控制电路的干扰。因此这里引入 DSP 驱动电路布局的理想模型这一概念，如图 2.24 所示。

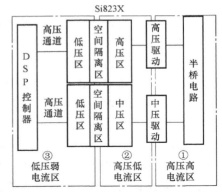

图 2.24　DSP 驱动电路布局的理想模型

首先，对图 2.23 所示的驱动电路进行改进，在 Si823X 驱动芯片与半桥电路之间增加一个高压驱动电路和中压驱动电路，以便将这两个驱动电路与功率变换电路共同布置在功率变换电路板上，然后将 Si823X 驱动芯片与 DSP 控制芯片布置在控制电路板上，实现功率变换电路与控制电路的物理空间隔离，减少功率变换电路对控制电路的干扰。

由图 2.24 可知，若将 DSP 控制的驱动电路在物理空间上划分为高压高电流区、高压低电流区和低压弱电流区三个区域。高压高电流区与高压低电流区的分界线大致位于高压驱动和中压驱动芯片的中轴线上。高压低电流区与低压弱电流区的分界线大致位于 Si823X 的中轴线上。在低压弱电流区，电压等级在 10V 以下，电流为毫安培量级；在高压低电流区，电压等级为半桥电路直流电源电压，电流为数十毫安培量级，所以它对控制芯片的干扰只有电场干扰，而磁场干扰可以忽略不计，又因为高压高电流区与控制电路的物理空间距离较大，所以也可以忽略电场对控制电路的干扰。

2.4　SiC 材料及功率二极管

2.4.1　第三代功率半导体材料的物理特性

人们通常将 Si 和 Ge 称为第一代半导体材料，而将 Al、As 及其他合金等称为第二代半导体材料。当前，第一、二代功率半导体器件的水平基本稳定在 $10^9 \sim 10^{10}$ W · Hz 左右，已逼近了其材料的极限，因此近年来，以 SiC 和 GaN 为典型代表的第三代宽禁带半导体材料和器件因其优越的物理及电特性而备受业界的关注。

图 2.25 所示为常用半导体主要物理特性的比较。由图可知，第三代半导体的禁带宽度是 Si 材料的 3 倍，大大减低了 SiC 和 GaN 器件的泄漏电流，并使其具有较好的抗辐射特性和高温特性，工作温度的理论值为 600℃。第三代半导体材料的击穿电场强度 10 倍于 Si 材料的击穿电场强度，大大提高了器件的耐压及电流密度，降低了导通损耗，同时其 2 倍于 Si 材料的电子饱和漂移速度也提高了开关频率，3 倍于 Si 材料的热导率具有良好的散热性，有助于提高开关电源的功率密度和集成度。因此，第三代功率器件更适合高温、高压、大功率和高频等恶劣工况。

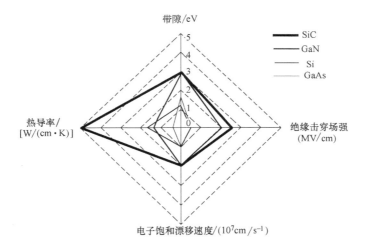

图 2.25 常用半导体材料物理特性的比较

2.4.2 SiC 功率二极管

SiC 肖特基功率二极管（schottky barrier diode，SBD，SiC 肖特基功率二极管为 SiC-SBD）的内部结构及其等效电路如图 2.26 所示，它是由金属层、漂移层（N⁻区）、衬底层（N⁺区）和接触层组成，利用金属与半导体之间的势垒形成单向导电特性。在图 2-26b 所示的等效电路中，R_D 是漂移层电阻，起主导作用，R_S 和 R_C 分别是衬底层电阻和接触层电阻，通常很小，可以忽略不计。C_V 为势垒等效电容，U_{FB} 为肖特基势垒压降。

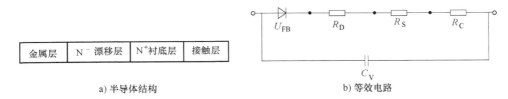

a) 半导体结构   b) 等效电路

图 2.26 SiC-SBD 的结构与等效电路

设 φ_B 为金属与 N 型半导体的势垒高度，T 为绝对温度，q 为电子电量，k 为玻尔兹曼常数，m 为电子质量，ε 为电介常数，U_B 为击穿电压，E_C 为击穿场强，μ 为电子迁移率，h 为普朗克常数，则理查森常数 C 为

$$C = 4\pi m k^2 q / h^3 \tag{2.13a}$$

正向电流为

$$I_F = CT^3 \exp\left(\frac{qU_{FB} - \varphi_B}{kT}\right) \tag{2.13b}$$

正向压降为

$$U_F = \varphi_B + \frac{kT}{q}\ln\frac{I_F}{CT^2} + I_F R_D \tag{2.13c}$$

漂移层电阻为

$$R_D = \frac{4U_B^2}{\varepsilon E_C^3 \mu}$$

(2.13d)

图 2.27 所示为第一代和第二 SiC-SBD 的正向特性,其正向电流为 10A,反向耐压为

600V。其中 G1 和 G2 分别表示第一代和第二代
产品。由图可见,SiC-SBD 的开启电压与 Si-FRD
(快恢复二极管)基本相同,小于 1V,其中 G2
的开启电压降低到 0.15V。由式(2.13c)可知,
开启电压是由肖特基势垒的高度决定,降低势
垒高度有利于降低开启电压,但会使反向漏电
流增加,正向特性可以分为大电流区与小电流
区,在小电流区,其正向特性的温度特性与常
规二极管的特性一致,具有负温度系数,而在
大电流区具有正温度系数。正温度系数有利于
器件并联,但器件的损耗也随着温度升高而增
加,易形成热斑现象。SiC-SBD 的正向压降 U_F
为 1.3~1.7V,而 Si-FRD 的 U_F 约为 1V。

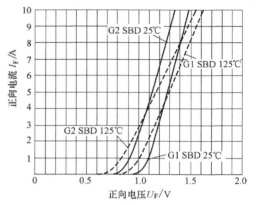

图 2.27 SiC 功率二极管正向特性

这里选择 Gree 公司生产的 1700V、25A 的 SiC-SBD 与一个等规格 Si-FRD 进行对比实验,
温度变化范围为 25 ~125℃,实验结果如图 2.28 所示。在图 2.26b 所示的等效电路中存在
势垒电容 C_V,所以 SiC-SBD 存在一个与温度无关的反向恢复电流,而 Si-FRD 的反向恢复电

流是 35~45A,且反向恢复电流随结温升高
而增加,所以 Si-FRD 的反向恢复特性具有
正温度系数,容易形成热斑现象。因此,相
对于 Si-FRD,SiC-SBD 的反向恢复特性可以
忽略不计。Si-FRD 的反向恢复特性不仅增
加功率二极管自身损耗,也增加了与其换流
开关的开通损耗。这种损耗严重地制约了电
源的开关频率,也导致无源器件成本的增
加。Si-FRD 反向恢复特性的原因在于 N⁻ 区
的电导率调制效应,该效应在 2.1.2 节中已
有详细论述。反向恢复电流的强度与正向电
流和温度成正比。

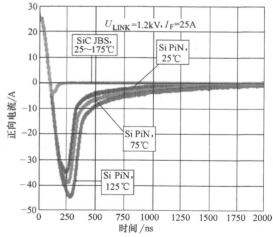

图 2.28 SiC 功率二极管与 Si-FRD 的反
向恢复特性的比较（1700V、25A）

因此,如果用 SiC-SBD 替换现在主流产
品的 Si-FRD,能够明显地减少开关损耗,
有利于提高电源的工作频率和效率,及降低
因反向恢复产生的 EMI 噪声。但因为 SiC-SBD 具有较高正向压降,且耐压在 400V 以下,所
以目前其优势尚不明显。

2.5 SiC 功率场效应晶体管

2.5.1 SiC 功率场效应晶体管的结构与特征

图 2.29 所示为 SiC 功率场效应晶体管（SiC-MOSFET）的单胞结构示意图。对照如

图 2.6 所示的 Si-MOSFET 单胞结构可知二者的主要差异在于 SiC-MOSFET 的 N⁻漂移区和衬底均采用碳化硅材料，而不是采用硅材料。正是材料的差异而导致二者性能不同。下面对比进行对比研究，以便阐述二者特性的差异，为正确使用 SiC-MOSFET 提供基础理论。

图 2.30 所示为 Si 与 SiC 功率开关器件耐压性能的比较。由式（2.13d）可知，N⁻漂移区的电阻与击穿电压 U_B 的二次方成正比，与击穿电场强度 E_C 的三次方成反比。由图 2.25 可知，Si 材料的 E_C 很低。因此，通常 Si-MOSFET 的最高阻断电压限制在 900V，且在实际应用中，600V 以上的应用场合主要采用 IGBT。IG-BT 通过电导率调制效应，向漂移区内注入少数载流

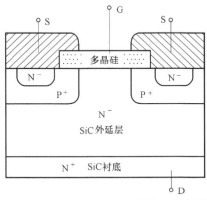

图 2.29　SiC-MOSFET 单胞结构示意图

子——空穴，使得 IGBT 的导通电阻比 Si-MOSFET 小得多，然而，由于少数载流子的积聚，其在关断时会产生拖尾电流，引起极大的开关损耗，也限制了开关频率。由图 2.25 可知，SiC 材料的 E_C 是 Si 材料的 10 倍，同等条件下，SiC 器件漂移区的阻抗应比 Si 器件低 1000 倍。因此，无需进行电导率调制就能制造出高频、高压和低导通电阻的 SiC-MOSFET。因为不存在电导率调制效应，SiC-MOSFET 无拖尾电流，所以用 SiC-MOSFET 替代 IGBT 时，能够明显地减少开关损耗。另外，SiC-MOSFET 工作频率远高于 IGBT，有利于降低无源器件的体积。与耐压为 600~900V 的 Si-MOSFET 相比，SiC-MOSFET 的主要优势在于芯片面积小，体二极管的恢复损耗可以忽略不计等。

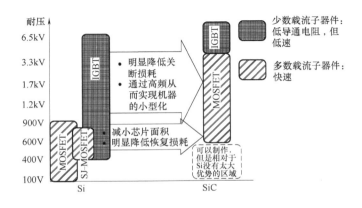

图 2.30　Si 与 SiC 功率开关器件耐压性能的比较

2.5.2 SiC-MOSFET 转移特性

图 2.31 所示为 SiC-MOSFET 和 Si-MOSFET 的转移特性曲线，MOSFET 的转移特性曲线具有负温度系数，随着结温升高，曲线向左移动。转移特性曲线的负温度系数不利于器件的并联使用，容易形成热斑现象。

（1）开启电压 U_T 由图 2.31 可知，常温时 SiC-MOSFET 的开启电压 U_T 在 3V 左右，结温升高时，开启电压略有下降，负温度系数较小。而在常温时，Si-MOSFET 的开启电压为 4.5V 左右，高于 SiC-MOSFET，且结温在 $-40 \sim 125$℃ 变化时，开启电压变化范围为 $4 \sim 5$V，负温度系数也略大于 SiC-MOSFET。由于 SiC-MOSFET 的 U_T 较低，因此在关断期间更易受到正脉冲干扰电压的影响。

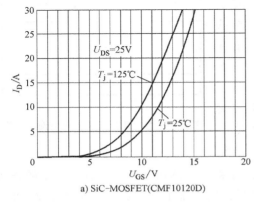

a) SiC-MOSFET(CMF10120D)

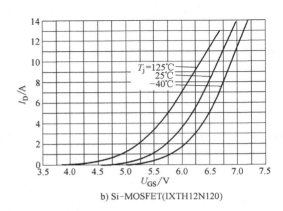

b) Si-MOSFET(IXTH12N120)

图 2.31   SiC-MOSFET 和 Si-MOSFET 的转移特性曲线

（2）跨导 G_m 对比图 2.31a 和图 2.31b 可知，SiC-MOSFET 的跨导 G_m 明显小于 Si-MOSFET 的。因此，对于相同的漏极电流 I_D，SiC-MOSFET 需要更高的栅极驱动电压。较小的跨导使得 SiC-MOSFET 输出特性的恒流特性不明显。

（3）驱动电压 U_{GS} 令 $I_D = 10$A，$T = 25$℃，由图 2.31 可知，SiC-MOSFET 与 Si-MOSFET 的驱动电压分别为 11.5V 和 6.75V。因此，SiC-MOSFET 的 U_{GS} 远大于 Si-MOSFET 的驱动电压。图 2.32 所示为 SiC-MOSFET 的导通电阻与 U_{GS} 的关系曲线，当 $U_{GS} > 20$V 后，导通电阻接近最小值。因此，建议 SiC-MOSFET 的 $U_{GS} = 18$V 左右，而 Si-MOSFET 的 U_{GS} 为 $10 \sim 15$V。总之，与 Si-MOSFET 相比，SiC-MOSFET 的驱动电压更高。

（4）极间寄生电容   由于 SiC 材料的击穿场强 E_C 是 Si 材料的 10 倍，因此在漏极电流相等或接近的条件下，N^- 漂移区的面积要小得多，对应栅极的面积也等比例减少。由此导致 SiC-MOSFET 的极间寄生电容

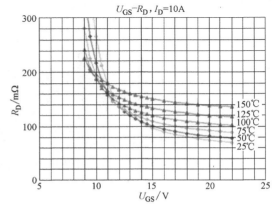

图 2.32   SiC-MOSFET 的导通电阻
与 U_{GS} 的关系（SCT2080KE）

比 Si-MOSFET 小得多。这里给出功率等级接近的两种 MOSFET 的输入电容 C_{iss}、输出电容 C_{oss} 和反馈电容 C_{rss}，见表 2.1。另外，SiC-MOSFET 的跨导较小，反馈电容的米勒效应也相比 Si-MOSFET 大约小一个数量级。由表 2.1 可见，SiC-MOSFET 的极间电容值远远小于 Si-MOSFET 的极间电容值。因此，在同样测试条件下，SiC-MOSFET 的开关速度远远快于功率等级接近的 Si-MOSFET，测量结果见表 2.2。极间电容必然影响驱动电荷与驱动能量。

表 2.1　两种 MOSFET 寄生电容比较

器件型号	C_{iss}/pF	C_{oss}/pF	C_{rss}/pF
CMF10120D(SiC)	928	63	7.45
IXTH12N120(Si)	3400	280	105

表 2.2　两种 MOSFET 典型开关时间比较

器件型号	$t_{d(on)}/ns$	t_r/ns	$t_{d(off)}/ns$	t_f/ns
CMF10120D(SiC)	7	14	46	37
IXTH12N120(Si)	24	25	35	17

2.5.3　SiC-MOSFET 输出特性

SiC-MOSFET 与 Si-MOSFET 的典型输出特性如图 2.33 所示，图 2.33a 为 CREE 公司的 CMF10120D（1200V/24A，$T_c = 25$℃），图 2.33b 为 IXYS 公司的 IXTH12N120（1200V/12A，$T_c = 25$℃）。当栅极电压较低时，在 Si-MOSFET 输出特性曲线中，可变电阻区和饱和区的分界线比较清楚，而 SiC-MOSFET 输出特性曲线可变电阻区与饱和区并无明确分界线。

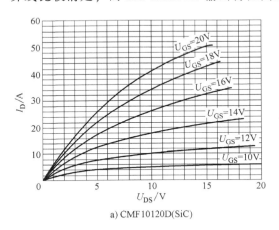
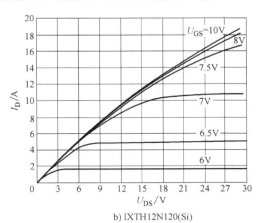

a) CMF10120D(SiC)　　　　　　　　b) IXTH12N120(Si)

图 2.33　SiC-MOSFET 与 Si-MOSFET 的输出特性曲线（25℃）

（1）标准化导通电阻　标准化导通电阻是指面积与导通电阻的乘积。因为 SiC 材料的击穿场强是 Si 材料的 10 倍，所以同等耐压值条件下，SiC 可以得到标准化导通电阻更低的器件，因此，SiC 的标准化电阻远远小于 Si 的电阻，而同样可以实现相同的导通电阻，如图 2.34 所示。例如耐压值为 900V 时，SiC-MOSFET 芯片的面积是 Si-MOSFET 的 1/35。SiC-MOSFET 芯片的面积远小于 Si-MOSFET 的面积是其最主要的特征，由此导致它具有低导通电阻、低驱动电荷和小极间电容值等优点。

（2）导通电阻 R_{on}　图2.35所示为 SiC-MOSFET 和 Si-MOSFET 导通电阻与结温之间关系曲线。设漏极击穿电压 U_B 为900V，连续电流 I_D 为23A，其余信息参见表2.3。首先，Si-MOSFET 的 R_{on} 具有明显正温度系数，控制结温有利于降低器件的通态损耗，也十分有利于器件的并联使用。其次，结温在50~150℃范围内，SiC-MOSFET 导通电阻 R_{on} 的正温度系数不明显。原因在于 SiC 的极限温度为600℃，在50~150℃的结温范围内，器件对温度变化不敏感。因此，SiC-MOSFET 并联使用时热均衡能力不明显，其并联使用需要专门研究。

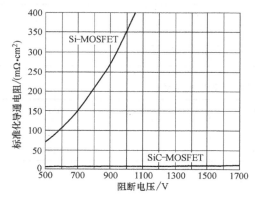

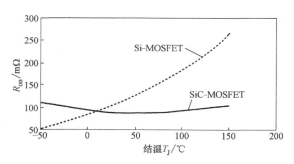

图2.34　SiC-MOSFET 和 Si-MOSFET 的归一化导通电阻　　　图2.35　SiC-MOSFET 和 Si-MOSFET 导通电阻比较

表2.3　两类 MOSFET 典型导通电阻比较

型号		封装	U_D/V	I_D/A	R_{on}/Ω（25℃）
SiC-MOSFET	C3M0065090D	TO-247	900	23	89
Si-MOSFET	IPW90R120C3	TO-247	900	23	100

（3）体二极管的反向恢复特性　在 MOSFET 的内部结构中，P 沟道与 N^- 漂移区会形成寄生体二极管，反并联在其 D、S 极之间，使得 MOSFET 具有双向流动电流的能力。在感性负载电路中，体二极管通常用于续流或实现 ZVS 开启，十分有用。体二极管也具有反向恢复特性。图2.36所示为耐压为1000V 的 Si-MOSFET 和 SiC-MOSFET 的反向恢复时间特性比

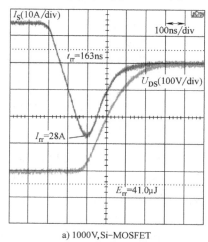

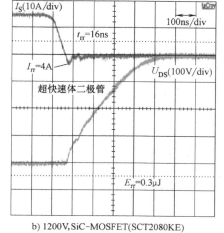

a) 1000V,Si-MOSFET　　　　　　　　b) 1200V,SiC-MOSFET(SCT2080KE)

图2.36　Si-MOSFET 和 SiC-MOSFET 的反向恢复时间特性对比

较。Si-MOSFET 反向恢复特性引起的能量损耗为 41μJ，而 SiC-MOSFET 的损耗仅为 0.3μJ，相差近 140 倍。因此，可以忽略 SiC-MOSFET 体二极管的反向恢复特性。

2.5.4 SiC-MOSFET 驱动电路应考虑的问题

由于 SiC-MOSFET 具有低驱动电荷和小极间电容值等优点，使其工作频率更高，因此不能简单地将 Si-MOSFET 的驱动电路直接应用于 SiC-MOSFET。下面简要介绍设计 SiC-MOSFET 驱动电路应该考虑的问题。

（1）寄生及间电容的影响 由表 2.1 可知，CMF10120D 型 SiC-MOSFET 和 IXTH12N120 型 Si-MOSFET 的输入电容 C_{iss} 分别为 928pF 和 3400pF，反馈电容 C_{rss} 分别是 7.4pF 和 105pF。因此，驱动回路的寄生电感对 SiC-MOSFET 的影响更大。

（2）关断时间的影响 由表 2.2 可知，CMF10120D 型 SiC-MOSFET 和 IXTH12N120 型 Si-MOSFET 的开启时间 t_{on} 分别为 21ns 和 49ns，关断时间 t_{off} 分别为 83ns 和 52ns。因此，Si-MOSFET 的 t_{on} 与 t_{off} 大致相等；而 SiC-MOSFET 的 t_{on} 为 21ns、关断时间 t_{off} 为 83ns，相差近 4 倍。因此，驱动电阻 R_G 应分为开启驱动电阻 R_{Gon} 与关断驱动电阻 R_{Goff}，且 $R_{Goff} < R_{Gon}$。

（3）驱动电压的选择 通常，SiC-MOSFET 驱动电压的绝对最大值为 −10V/+25V，推荐工作值为 −5V/+20V；而传统 Si-MOSFET 的栅、源极电压的绝对最大值为 −30V/+30V，推荐工作值为 0V/15V。与 Si-MOSFET 相比，SiC-MOSFET 驱动电压的噪声容限更小。另外，由于 SiC-MOSFET 的 U_T 较低，在关断期间，更易受到正脉冲干扰电压的影响，因此在设计驱动电路时，需要提高栅极电压的安全裕量。建议在关断期间，栅极电压应加负电压。

（4）驱动电路的布线考虑 SiC-MOSFET 的频率响应达到 10GHz。在这个频段上，栅极回路 20nH 寄生电感与极间寄生电容谐振产生的电压足以使 SiC-MOSFET 器件由截止变为导通，将直流电源短路，引起巨大的功耗，使得整机瞬间崩溃。为此，建议驱动器输出端与栅极之间的距离不应超过 2cm，PCB 的线宽应超过 0.5cm，以便减少寄生电感，但不宜过宽，否则寄生电容会接收电场干扰。因为 SiC-MOSFET 的工作频率仍低于 1MHz 以下，所以仍然建议使用一点接地的原则。将功率地和信号地区分开来，在靠近源极采用开尔文接法，如图 2.37 所示。

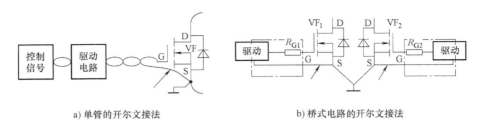

a) 单管的开尔文接法   b) 桥式电路的开尔文接法

图 2.37　驱动电路的开尔文接法

2.6 氮化镓（GaN）晶体管

由图 2.25 所示的常用半导体材料的物理特性可知，第三代半导体材料氮化镓（GaN）具有禁带宽度宽、击穿场强大以及电子饱和速度高等特点，这使得 GaN 晶体管具有极间电容小和零恢复特性等优势，可以工作在更高开关频率，为进一步提高开关电源的效率和功率密度提供方便。

GaN 晶体管是一种场效应晶体管，根据导电沟道形成机理分为耗尽型与增强型。常见结构为常通型 D-mode、Cascode 和常关型 E-mode。常通型 D-mode 隶属于耗尽型，是一个常开器件，存在有反型层、需要加负电压关断和损耗较大等缺点。Cascode 和 E-mode 隶属于耗尽型。Cascode 的优点是开启电压高和驱动简单等，但存在着反向恢复、结构复杂、难以并联、易于发生自激振荡和寄生参数众多等缺点。常关型 E-mode 具有正电压驱动、可靠性高、阻断电压高、零反向恢复、开关速度快和导通电阻小等优点，但存在着开启电压低，驱动电压的噪声容限小和易于自激振荡等缺点。

目前可供货的厂商有 GaN Systems、Transphorm、Panasonics 和 EPC。按其工作电压等级主要可分为高压 GaN 器件和低压 GaN 器件，其中高压 GaN 晶体管的耐压以 650V 为主，低压 GaN 晶体管可承受不高于 200V 的电压。但目前低压 Si-MOSFET 成本同样低廉且可达到较高开关频率，因此低压 GaN 晶体管仅在极高频场合才具有明显优势。这里以 GaN Systems 公司的 GS66508T 为例，介绍 GaN 晶体管的结构、工作原理及其性能对比。

2.6.1　二维电子气（2DEG）的导电原理

如图 2.38a 所示，当三族化合物 GaN 与五族化合物 AlGaN 结合时，在其交界面会形成异质结，并产生极化效应。极化效应的结果是，在靠近 AlGaN 的一层形成正极化电荷。正极化电荷将吸引 GaN 中的电子，在异质结靠近 GaN 一侧形成电子云。由于正极化电荷的吸引作用，这个电子云只能在异质结靠近 GaN 一侧的二维平面内运动，即形成了二维电子气（two dimensional electron gas，2DEG）。2DEG 具有高电子迁移率（High Electron Mobility，HEM）。如果在左右两端连接一个直流电压源，则二维电子气 2DEG 就变为导电沟道，在电源与 AlGaN/GaN 之间形成电流，如图 2.38b 所示。

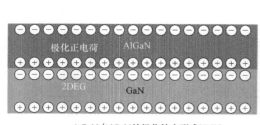

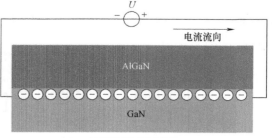

a) GaN/AlGaN 的极化效应形成 2DEG　　　　　　　b) 2DEG 的导电原理

图 2.38　GaN/AlGaN 的极化与导电原理

2.6.2　GaN E-HEMT 的结构与工作原理

GaN 增强模式高电子迁移率晶体管（enhancement-mode high electron mobility transistors，E-HEMT）的结构如图 2.39a 所示，在 Si 材料衬底上生长较厚的 GaN 缓冲层，然后在 GaN 缓冲层上生长一个薄的铝镓氮（AlGaN）势垒层，产生极化电场，在 AlGaN/GaN 异质结靠近 GaN 一侧形成二维电子气-导电沟道。为 AlGaN 势垒层再生长一个 P-GaN，以便在 AlGaN

势垒层的顶部产生许多正电荷。这些正电荷产生足够的电场以抵消极化电场作用，复合原二维电子气中的所有电子，使其导电沟道断开，形成增强型导电沟道，将开启电压提高到 1～1.5V。在图 2.39a 所示结构中，从左向右依次为源极 S、栅极 G 和漏极 D，其电气图形符号如图 2.39b 所示。

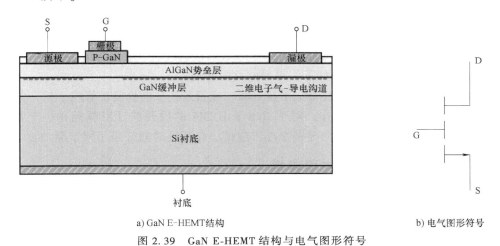

a) GaN E-HEMT结构   b) 电气图形符号

图 2.39　GaN E-HEMT 结构与电气图形符号

GaN E-HEMT 没有体二极管，然而 2DEG 沟道具有双向导电能力，如图 2.40 所示。在

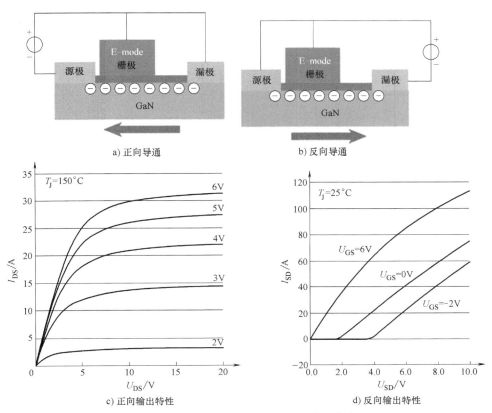

a) 正向导通   b) 反向导通

c) 正向输出特性   d) 反向输出特性

图 2.40　GaN E-HEMT 双向导通原理及其输出特性曲线（GS66508T）

器件内部结构中，为了降低驱动电压，栅极的几何位置靠近源极一侧，远离漏极一侧，使得正、反向导通电阻和饱和压降差异较大。如图2.40a所示，当 $U_{GS}=6V>U_T$ 时，电流从 D 极流向 S 极，定义为正向导通。正向导通的输出特性曲线如图2.40c所示。由图2.40可知，GaN E-HEMT 正向导通压降很低。器件反向导通的测试电路如图2.40b所示，电流从 S 极流向 D 极，反向输出特性曲线如图2.40d所示，$U_{GS}=4V$ 时，反向导通的压降也很小，正反向的 R_{on} 相等。在小于0V时，2DEG 沟道呈现出二极管特性，二极管的开启电压随着 U_{GS} 的绝对值增加而变大，导致了损耗增加，因此应用二极管串联一个电阻为 $U_{GS}\leqslant 0V$ 工况建模，且应该尽量避免在 $U_{GS}\leqslant 0V$ 的条件下使得器件反向导通。

GaN E-HEMT 的反向导通特性避免了反并联二极管及其反向恢复的影响。这个特性恰好匹配了高频半桥电路的硬开关工作。对于 GaN E-HEMT 的硬开关开启损耗要小于并联二极管反向恢复的损耗。为了优化反向导通损耗，应最小化死区时间并采用同步驱动技术。

2.6.3　GaN E-HEMT 的主要参数

图2.40c所示为是器件的正向输出特性，它十分类似于如图2.8b所示的 Si-MOSFET 输出特性，也可以分为截止区、饱和区和可变电阻区。

（1）导通电阻 R_{on}　图2.41所示为导通电阻 R_{on} 的关系曲线。如图2.41a所示，R_{on} 的阻值与驱动电压 U_{GS}、漏极电流 I_D 和结温 T_J 三个参数有关。R_{on} 随 U_{GS} 增加而减少，当 U_{GS} 等于正向驱动的额定电压6V时，R_{on} 取最小值。R_{on} 随增加 I_D 而增加。当 I_D 小于三分之二额定值时，R_{on} 几乎与 I_D 无关；当 I_D 大于三分之二额定值时，R_{on} 随 I_D 以指数规律增加。如图2.41b所示，R_{on} 具有明显的正温度系数，有利于并联使用。

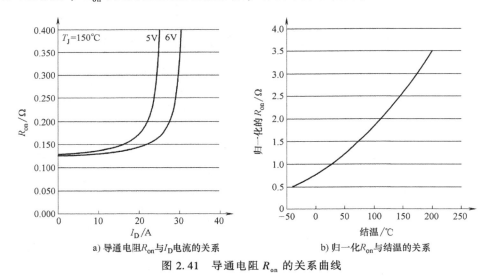

a) 导通电阻 R_{on} 与 I_D 电流的关系　　　　b) 归一化 R_{on} 与结温的关系

图2.41　导通电阻 R_{on} 的关系曲线

（2）转移特性曲线　图2.42所示为正向转移特性曲线，由图2.42可知，与 Si-MOSFET 和 SiC-MOSFET 不同，GaN E-HEMT 正向转移特性具有很好的正温度系数，十分有利于器件的并联使用。其开启电压 U_T 为 1.1~1.3V，几乎不受结温影响。过低的开启电压使得驱动电路的噪声容限很低，为设计驱动电路带来了困难。动态跨导 G_m 具有负温度系数，也有利于器件的并联使用。

（3）驱动特性　该晶体管的开通时间略大于关断时间，像 SiC-MOSFET 一样，所以应采用双驱动电阻，开启 R_{Gon} 大于关断 R_{Goff}。

2.6.4　GaN E-HEMT 与 SiC-MOS-FET 的比较

为了比较 GaN E-HEMT 与 SiC-MOSFET 性能，这里搭建一个同步 Buck 变换器，其驱动芯片选用 S L 公司的 Si8271，$R_{Gon}/R_{Goff} = 10\Omega/1\Omega$，GaN E-HEMT 选用 GS66508T（650V/30A，50mΩ）和 SiC-MOSFET 选用 C3M0065090J（900V/35A，65mΩ）。两种器件主要特参数的比较见表 2.4。由表 2.4 可见，SiC 器件的输入电容和反馈电容近似等于 GaN 器件的 2 倍，驱动电荷近似为 6 倍，驱动电压近似为 2 倍。GaN 器件无反向恢复问题，SiC 器件反向恢复电荷 $Q_{rr} = 245$nC。图 2.43 所示为两个器件开关速度的比较，由图可见，GaN 器件开启速度是 SiC 器件的 4 倍，关断速度为后者的 2 倍。

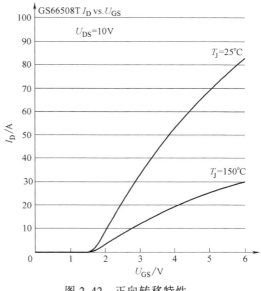

图 2.42　正向转移特性

表 2.4　GaN E-HEMT 与 SiC-MOSFET 的参数比较

	GaN E-HEMT GS66508T	Cree SiC-MOSFET C3M0065090J
U_{DSmax}	650V	900V
$I_D(25℃)$	30A	35A
$R_{on}(25℃)$	50mΩ	65mΩ
U_{GS}	−10/+7V	−4/+15V
C_{iss}	260pF	660pF
C_{oss}	65pF	60pF
C_{rss}	2pF	4pF
Q_G	5.8nC	30.4nC
Q_{GS}	2.2nC	7.5nC
Q_{GD}	1.8nC	12nC
Q_{rr}	0nC	245nC

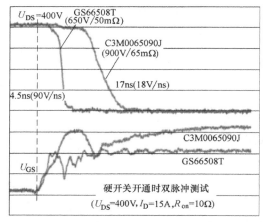

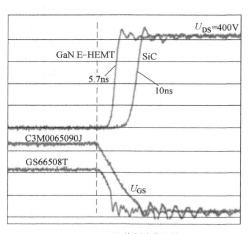

a) 开启速度比较   b) 关断速度比较

图 2.43   开关速度比较

习　　题

2.1　简要说明 Si 功率二极管的反向恢复特性。

2.2　解释电导率调制效应。

2.3　简要说明传统势垒二极管与快恢复功率二极管的主要区别。

2.4　说明 P-MOSFET 用栅极电压 U_{GS} 控制漏极电流 I_D 的基本原理。

2.5　比较说明 P-MOSFET 和 SiC-MOSFET 各自的优缺点。

2.6　P-MOSFET、SiC-MOSFET 和 GaN E-HEMT 是否都可以并联使用？为什么？

2.7　Si 功率二极管和 SiC 功率二极管是否都可以并联使用？为什么？

2.8　SiC 功率二极管和 Si 功率二极管相比，有哪些优点？

第 3 章

基本的开关变换电路

3.1 简介

一个完整开关电源系统分为功率变换和功率控制两个部分，其中功率变换部分的电路因其工作在开关模式而被称为开关变换器。在实际应用中，根据负载与电源共地与否，又分为隔离型开关变换器和非隔离型开关变换器。通常，人们将隔离型开关变换器称为开关电源，而把非隔离型变换器称为 DC-DC 变换器。本书将非隔离型开关变换器定义为基本变换器。因为隔离型变换器与基本变换器的主要差异在于增加了高频变压器。只要掌握了高频变压器的模型及其磁特性，所有的隔离变换器皆可变换为基本变换器，所以本章即研究基本变换器的工作原理及其特性。

严格地讲，Buck 和 Boost 变换器是开关变换器的两种基本拓扑结构，而其余变换器则是这两种基本变换器的组合，所以本章主要介绍这两种变换器。基本变换器是由一对互补导通的开关管与二极管以及交错充放电的电感 L 与电容 C 等组成的开关电路。因为存在着两个开关，所以基本变换器是开关电路，隶属于强非线性电路。因为存在着多个储能元件，所以它又是高阶动态电路。总之，基本变换器是一个高阶开关电路，需要研究特殊的分析方法。因此首先这里以 Buck 变换器为例，介绍降阶分析法，将高阶动态电路简化为一阶动态电路。其次，通常认为时序波形分析法是研究开关电路的有效工具，故本章以 Boost 变换器为例，介绍开关变换器的时序波形分析法。在直流稳态条件下，开关变换器可以简化为直流线性电路，所以本章以 Buck-Boost 变换器为例，介绍直流变压器模型，以便分析诸如直流增益和效率等稳态特性。

从能量传递观点去理解开关变换器是一个很好的角度。对于 Boost 变换器而言，电感相当于一个能量储存间，在开关管开通期间，电感从输入直流电源汲取能量，使其储能持续增加，并在二极管导通期间将存储在电感的能量泄放给电容。电容相当于一个能量平滑器。从能量传递观点看，开关变换器可分为电感传输能量和电容传输能量。电感传输能量的变换器有 Buck、Boost 和 Buck-Boost 变换器，而依靠电容传输能量的变换器是双电感变换器，包括 Cuk、Sepic 和 Zeta 变换器。双电感变换器含有四个储能元件，是一个四阶开关变换器，难以用常规方法得到简单而物理意义明确的解，所以本章将介绍双电感变换器的降阶分析法。

3.2 Buck 变换器

Buck 变换器是一个基本变换器，其拓扑结构如图 3.1 所示。它含有一个能量传输电感 L 和一个输出滤波电容 C，是一个典型的二阶动态电路，可用二阶微分方程描述其特性。然而，它又含有两个工作在开关模式的半导体器件：开关管 VF 和二极管 VD，因此也是一个强非线性电路，需要分时区建立二阶微分方程。求解分时区的二阶微分方程通常是比较困难的，故这里以 Buck 变换器为例，重点介绍降阶分析法，将二阶微分方程简化为一阶微分方程，用基本电路理论分析开关变换器，以描述其能量传输过程。

开关变换器的稳态是指各个储能元件在一个开关周期内净存储能等于零。由此可以推导出两个基本定律：电感的伏秒平衡和电容的电荷平衡。因此，开关变换器的基本知识包含降阶分析法和两个基本定律。

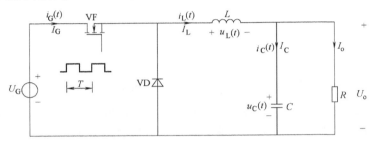

图 3.1 Buck 变换器拓扑结构

3.2.1 Buck 变换器的降阶分析法

Buck 变换器是一个降压电路，其基本工作原理是，在开关管 VF 开通期间，输入直流电源通过电感 L 向电容和负载传输能量，在二极管 VD 续流导通期间，由电感 L 和输出电容 C 的储能维持输出电压。

为了实现降阶分析，需要给出符合如下假设：

1）VF 和 VD 均为理想器件。

2）直流输入电压 U_G 和输出电压 U_o 为恒定值。

3）电感 L 的数值足够大且无内阻，在一个周期内电流连续且无内阻。

4）整个变换器为一个无损系统。

5）变换器已达稳态，即电感和电容在一个开关周期内的净储能增量等于零。

根据开关管 VF 的开关状态，Buck 变换器的工作原理也分为两个区间进行介绍，等效电路如图 3.2 和图 3.3 所示，其主要波形如图 3.4 所示。

在 $[0，DT]$ 区间，开关管 VF 开通，等效电路如图 3.2 所示。由于 Buck 变换器是一个降压变换器，输入电压 U_G 大于平均输出电压 U_o，电感进入储能阶段，电流 $i_L(t)$ 上升。电感的伏安特性方程为

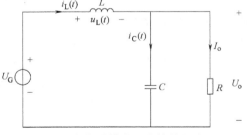

$$u_L(t) = L \frac{di_L(t)}{dt} \qquad (3.1)$$

图 3.2 Buck 变换器模式 1 的等效电路 $0<t<t_{on}$

电流的上升斜率取决于电感两端的电压 $u_L(t)$，表示为

$$\frac{di_L(t)}{dt} = \frac{u_L(t)}{L} \qquad (3.2)$$

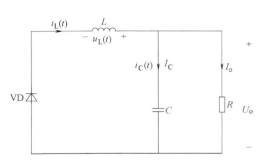

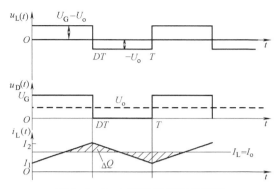

图 3.3　Buck 变换器模式 2 的等效电路 $t_{\text{on}}<t<T$

图 3.4　Buck 变换器的开关波形

由假设 2）可知，电感两端的电压为（$U_{\text{G}}-U_{\text{o}}$），是一个大于零的恒定值，在 $[0, DT]$ 区间内，电感电流将由 I_1 线性增大至 I_2，表示为

$$\frac{U_{\text{G}}-U_{\text{o}}}{L}=\frac{I_2-I_1}{DT}=\frac{\Delta I_1}{DT} \tag{3.3}$$

式中，T 是开关周期（s）；D 是占空比。

在 $t=DT$ 时刻，开关管 VF 关断，二极管 VD 开始续流，等效电路如图 3.3 所示。由楞次定律可知，在二极管 VD 关断瞬间，必然产生一个反向电压，以维持电感电流仍保持 VF 关断前的电流 I_2，这种现象称为感性冲击。由于电感电压极性翻转，致使续流二极管 VD 正偏导通，开始续流。因此，在 $t=DT$ 时刻，电感电压由（$U_{\text{G}}-U_{\text{o}}$）跳变到（$-U_{\text{o}}$），如图 3.4 所示，其等效电路如图 3.3 所示。在此期间，电感的能量传输给电容并被负载消耗，电感电流逐渐减小。由于电感的电压等于（$-U_{\text{o}}$），为一个恒定值，致使电流将由 I_2 线性减小至 I_1，表示为

$$\frac{-U_{\text{o}}}{L}=\frac{I_1-I_2}{(1-D)T}=\frac{\Delta I_2}{(1-D)T} \tag{3.4}$$

当变换器进入稳态后，在一个开关周期内电感电流的净增量等于零，表示为

$$\Delta I_1=-\Delta I_2=\Delta I_{\text{L}} \tag{3.5}$$

将式（3.3）、式（3.4）代入式（3.5），得

$$(U_{\text{G}}-U_{\text{o}})DT=(1-D)TU_{\text{o}} \tag{3.6}$$

式（3.6）物理含义就是电感伏秒平衡定律，即在 $[0, DT]$ 区间的伏秒积等于 $[DT, T]$ 区间的伏秒积。它表明当开关变换器进入稳态后，在一个开关周期内电感电流净增量等于零。

电感电流伏秒平衡的通用表达式为

$$\int_{nT}^{(n+1)T} u_{\text{L}}(t)\,\mathrm{d}t=0 \tag{3.7}$$

式（3.7）表明，当变换器进入稳态，电感两端的电压在一个开关周期内的积分值为零。积分的单位是伏秒，故称之为伏秒平衡。

由式（3.6）可以得到 Buck 变换器 CCM 工作模式的电压增益公式，即

$$M=\frac{U_{\text{o}}}{U_{\text{G}}}=D \tag{3.8}$$

由于占空比 $D<1$，所以 Buck 变换器是一个降压电路。

基于上述分析过程，下面归纳出降阶分析方法的主要思想。假设输出电压 U_{o} 为一个恒

49

定的直流量，则输出电容不再是一个状态变量，只有电感为状态变量，进而将二阶 Buck 变换器简化为一阶系统。

3.2.2 输出电压波形

在图 3.1 所示电路中，根据基尔霍夫电流定律，电感电流等于电容电流 $i_C(t)$ 与负载电流 I_o 之和，表示为

$$i_L(t) = i_C(t) + I_o \tag{3.9}$$

需要说明的是，根据假设 2，输出电压为恒定值，负载电流应为直流 I_o。对式（3.9）求积分，得

$$\int_0^T i_L(t)\,\mathrm{d}t = \int_0^T i_C(t)\,\mathrm{d}t + I_o T \tag{3.10}$$

式（3.10）右边的第一项表示输出电容在一个开关周期 T 内电荷的净增量。当变换器进入稳态后，电容电荷的净增量等于零，表示为

$$\int_0^T i_C(t)\,\mathrm{d}t = 0 \tag{3.11}$$

式（3.11）表明，当变换器进入稳态后，流过电容的电流在一个开关周期中的积分为零，积分的单位是安秒，故称之为安秒平衡或电荷平衡定律。

根据电荷平衡定律，式（3.10）可改写为

$$I_o = \frac{1}{T}\int_0^T i_L(t)\,\mathrm{d}t \tag{3.12}$$

式（3.12）表明，负载电流等于电感电流的平均值。

由图 3.2 和图 3.3 得到电容电流的瞬态表达式为

$$i_C(t) = i_L(t) - I_o \tag{3.13}$$

由式（3.13）可知，当电感电流大于负载电流时，为输出电容充电，反之为电容放电，以保证负载电流为一个恒定的直流。

电感电流和电容电压是两个独立的状态，其波形如图 3.5 所示。根据电荷平衡定律，在一个开关周期内，电容充电电荷等于放电电荷，而与时间的起点无关。因此，在图 3.5 所示的电流波形中，大于 I_o 的阴影部分面积一定等于或小于 I_o 的阴影部分面积，所以两个三角形面积相等。在 $\left[\dfrac{DT}{2}, DT + (1-D)\dfrac{T}{2}\right]$ 半个周期内，电感电

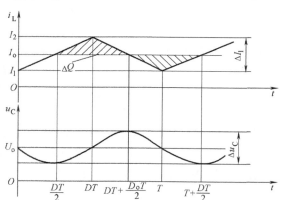

图 3.5 Buck 变换器电感电流与电容电压的波形

流大于负载电流，为电容充电，致使电容电压由最小值变为最大值，所以电容电荷的增量为

$$\Delta Q = \int_{\frac{DT}{2}}^{DT + (1-D)\frac{T}{2}} i_C(t)\,\mathrm{d}t \tag{3.14}$$

在图 3.5 所示的电感电流波形中，因为两个阴影部分所示的三角形为相等三角形，所以每个三角形的高皆等于 $\dfrac{\Delta I_L}{2}$，底部的宽度为半个周期 $\dfrac{T}{2}$，用三角形的面积计算电荷增量，表示为

$$\Delta Q = \frac{1}{2} \left(\frac{T}{2} \frac{\Delta I_L}{2} \right) = \frac{\Delta I_L T}{8} \tag{3.15}$$

电容电压的峰-峰值为

$$\Delta u_C = \frac{\Delta Q}{C} = \frac{\Delta I_L T}{8C} \tag{3.16}$$

由式（3.5）可知，$\Delta I_1 = -\Delta I_2 = \Delta I_L$。再由式（3.4）求解出 ΔI_2 的表达式后，代入式（3.16），得

$$\Delta u_C = \frac{D_o U_o}{8f^2 LC} = \frac{D_o U_o \omega_o^2}{8f^2} \tag{3.17}$$

式中，$\omega_o = \dfrac{1}{\sqrt{LC}}$。

由式（3.17）得到如下结论：

1）输出纹波电压与开关频率 f 的二次方成反比，因此，开关频率越高，输出纹波越小。然而提高开关频率会增加开关器件的开关损耗。

2）输出纹波电压与 LC 的乘积成反比，增加电感和电容有利于减少纹波，但变换器的体积随之增加。另外，电感 L 和电容 C 形成一个低通滤波器，其截止频率为 ω_o。

3）输出纹波电压与截止频率和开关频率比值的二次方成正比，所以这个比值影响变换器的效率、体积以及输出电压与电感电流的纹波。

3.2.3 断续模式

在 Buck 变换器中，由于续流二极管的单向导电性，使其存在着三种工作模式。第一种为电感电流连续工作模式（continuous current mode，CCM），CCM 定义是：在一个开关周期内，电感电流始终大于零，其含义是电感总存储一定的能量。第二种为电流断续工作模式（discontinuous current mode，DCM），DCM 定义是：在一个开关周期的部分时间，电感电流为零。介于 CCM 与 DCM 之间称之为临界工作模式，即在一个开关周期结束时刻，电感存储的能量恰好维持其电流等于零，而其余时间电感电流均不为零。通常，大功率变换器工作在CCM，其优点是电流纹波小，有利于减少铁心的损耗，但续流二极管的反向恢复特性会使开关损耗增加，限制了开关频率的提升。为减少开关损耗，小功率变换器工作在 DCM，其主要缺点是，电感电流纹波大，增加了铁心的损耗。近年来，临界工作模式比较流行，它是兼顾减少开关损耗和铁心损耗的方案。

变换器的工作模式主要取决于电感值、负载 R 和开关频率。在图 3.4 所示的电感电流波形中，$I_1 = 0$ 对应着临界工作模式，则输出电流 I_o 的表达式为

$$I_o = \frac{T I_2 / 2}{T} = \frac{I_2}{2} \tag{3.18}$$

将 $I_1 = 0$ 和式（3.18）代入式（3.4），得到临界工作模式输出电流的表达式为

$$I_2 = (1 - D) T \frac{U_o}{L} = 2I_o \tag{3.19}$$

由式（3.19）得到临界电感 L_{0k} 的表达式为

$$L_{0k} = \frac{U_o D_0 T}{2I_o} = \frac{R_{max} D_0 T}{2} \qquad (3.20)$$

式中，$D_0 = 1-D$；R_{max} 是最轻负载（Ω）。

当电感 L 大于 L_{0k} 时，则工作在 CCM。

当电感 L 小于 L_{0k} 时，工作在 DCM。在小功率开关电源中，变换器经常工作在 DCM，以减少开关损耗。下面研究 DCM 的工作过程：在 $[0, DT]$ 区间，VF 开通，其等效电路如图 3.6a 所示。由于输入电压 U_g 大于输出电压 U_o，电感进入储能阶段，电流 $i_L(t)$ 上升。在 $[DT, D_pT]$ 区间，开关管 VF 关断，二极管 VD 开始续流，等效电路如图 3.6b 所示。由于电感电压与电流反向，电流 $i_L(t)$ 持续下降。当 $t=D_pT$ 时，电感电流下降为零。因此，在 $[D_pT, T]$ 区间，由于续流二极管 VD 的单向导电特性，电感的电流等于零，相当于开路，故等效电路如图 3.6c 所示。由于电感与输出电容之间开路，所以电感电压也为零。主要波形如图 3.7 所示。

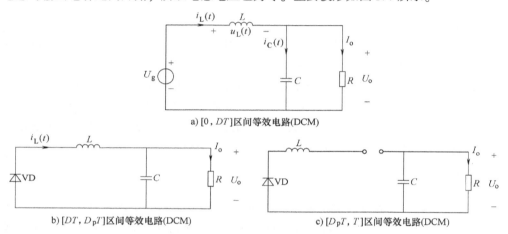

a) $[0, DT]$区间等效电路(DCM)

b) $[DT, D_pT]$区间等效电路(DCM)　　　　c) $[D_pT, T]$区间等效电路(DCM)

图 3.6　Buck 变换器 DCM 等效电路

基于图 3.7 所示的电感电压波形，应用式（3.7）给出的伏秒平衡原理，得到如下表达式

$$(U_g - U_o)DT = U_o D_p T \qquad (3.21)$$

由式（3.21）推导出 Buck 变换器 DCM 工作模式的增益表达式为

$$M = \frac{U_o}{U_g} = \frac{D}{D+D_p} \qquad (3.22)$$

式（3.22）中，D_p 的表达式为

$$D_p = \frac{-D + \sqrt{D^2 + 8L/RT}}{2} \qquad (3.23)$$

在电路设计时，通常令开关变换器工作在 CCM 或者 DCM，在正常工作过程中尽量避免模式切换，以免导致严重的控制与稳定性问题。由于 Buck 变换器处于 CCM 状态工作时，其小信号模

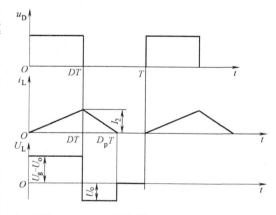

图 3.7　Buck 变换器 DCM 的主要波形

型为二阶系统。而在 DCM 状态工作时，电感不是状态变量，只有输出电容为状态变量，使其小信号模型降为一阶系统。鉴于以上原因，两种工作模式的控制器是不同的，也很难兼容。

对于 Buck 变换器，如果突然负载开路，则开环系统的输出电压会瞬间增大至输入电压或者更高，而闭环系统的输出电压会基本稳定在设定值，其时间常数由输出电容以及电路中寄生的漏电阻决定。Buck 变换器的优点是，在开通、关断甚至故障条件下，其输出电压和电流均可控，而 Boost 变换器就不具备这个优点。

3.3 Boost 变换器

3.3.1 开关变换器的时序波形分析

由于开关变换器工作在开关状态，是一种开关电路，又因为开关变换器含有储能元件，当前的工作状态与当前的输入和过去的状态有关，类似于时序电路，因此，开关变换器是一个时序开关电路，不能使用线性电路描述其电气特性。目前，分析开关电路最有效的方法是时序波形分析法。

Boost 变换器的拓扑结构如图 3.8 所示。分时区等效电路如图 3.9 和图 3.10 所示，主要波形如图 3.11 所示。

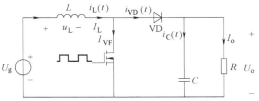

图 3.8　Boost 变换器拓扑结构

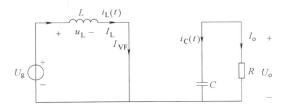

图 3.9　Boost 变换器 $[0, DT]$ 区间的等效电路

图 3.10　Boost 变换器 $[DT, T]$ 区间的等效电路

Boost 变换器是由一对互补导通的开关管 VF 与二极管 VD 以及交错充放电的电感 L 与电容 C 等组成的开关电路。在开关变换器波形分析中，由于假定输出电压恒定，所以输出电容不再是一个状态变量。绘制时序波形的核心是电感的电流和电压，在开关管开通期间，电感线性电流增加，而在二极管导通期间，电感电流线性降低，所以认为电感是一个能量桶是合理的，相当于在每个开关周期从输入电源中提取一次能量传递给负载，因此应该十分关注电感电压的波形，以此波形为基础，应用伏秒平衡定律可以求取变换器的电压增益。然而，电感电压为矩形波，宽度分别为 DT 和 D_0T，高度分别为输入电压以及输入电压与输出电压的差值。另一个关注点是变换器的输出电流。

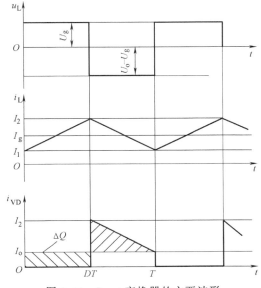

图 3.11　Boost 变换器的主要波形

对于 Buck 变换器而言，输出电流为电感电流；而对于 Boost 变换器而言，输出电流为续流二极管的电流。输出电流与负载直流电流的差值就是电容的充放电电流，用这个差值电流可求取电容充放电的电荷增量，进而求取电容电压的纹波值。绘制电容电压的纹波规律如下：差值电流的零点对应着电容电压的峰值；当差值电流大于零，则电容电压由最小值向最大值过渡，否则，由最大值向最小值过渡。

3.3.2 Boost 变换器的原理

与降压型 Buck 变换器相对应的是 Boost 变换器，它是一种升压变换器。

根据开关管与二极管的导通状态，Boost 变换器的工作原理也分为两个区间。

（1）区间 $[0, DT]$——开关管 VF 开通   在 $[0, DT]$ 区间，开关管开通，等效电路如图 3.9 所示。首先，由于二极管 VD 关断，输出电压依靠电容 C 放电为负载提供电流。其次，由于开关管 VF 开通，电感 L 从输入直流电源汲取能量，使得电感电流持续增加，其增量表示为

$$\Delta I = I_2 - I_1 = \frac{U_g}{L}DT \tag{3.24}$$

在此期间，电感从直流电源汲取的能量为

$$E = \frac{1}{2}L(I_2^2 - I_1^2) = I_g U_g DT \tag{3.25}$$

（2）区间 $[DT, T]$——二极管 VD 续流导通   在 $[DT, T]$ 区间，二极管 VD 开始续流，等效电路如图 3.10 所示。由于输出电压大于输入电压，电感两端电压与电流的实际方向相反，电感开始向电容放电，使得电流持续减少，其电流增量的表达式为

$$-\Delta I = I_1 - I_2 = \frac{U_g - U_o}{L}D_0 T \tag{3.26}$$

基于图 3.11 中所示的电感电压 $u_L(t)$ 的波形，应用伏秒平衡得到如下表达式：

$$U_g DT = (U_o - U_g)(1-D)T \tag{3.27}$$

由式（3.27）可推导出工作在 CCM Boost 变换器的电压增益为

$$M = \frac{U_o}{U_g} = \frac{1}{1-D} = \frac{1}{D_0} > 1 \tag{3.28}$$

由图 3.11 中所示的二极管的电流波形可知，在 $[0, DT]$ 区间，电容泄放给负载的电荷为 $I_o DT$，如图中矩形阴影部分所示。根据电荷平衡原理，则在 $[DT, T]$ 区间电感向电容泄放等量电荷，如图 3.11 中三角形阴影部分所示。因此，电容电压纹波的峰-峰值表示为

$$\Delta u_o = \frac{\Delta Q}{C} = \frac{I_o DT}{C} = \frac{U_o DT}{RC} \tag{3.29}$$

上面仔细分析了 Boost 变换器 CCM 的工作原理。与 Buck 变换器相同，Boost 变换器也可以工作在 DCM。在 3.2 节已仔细介绍了 Buck 变换器 DCM 的工作原理与公式推导，其余类型变换器的 DCM 的公式不再赘述，直接给出公式。

当 Boost 变换器进入稳态后，若在开关管 VF 开通之前，电感的电流已经下降到零，则称 Boost 变换器工作在 DCM。假设输入功率等于输出功率，可以推导出临界电感 L_{0k} 为

$$L_{0k} = \frac{R_{\max}D(1-D)^2}{2f_s} \tag{3.30}$$

Boost 变换器 DCM 的电压增益公式为

$$M = \frac{1+\sqrt{1+(4DL_{0k}/L(1-D)^2)}}{2}, \quad L \leqslant L_{0k} \tag{3.31}$$

与 Buck 变换器不同，Boost 变换器不能工作在负载开路工况。在开关管 VF 开通期间，输入电压全部加在电感两端，使其电流增加。在开关管 VF 关断而二极管 VD 导通期间，若负载开路，则电感与电容组成一个串联谐振电路，使得电容两端的电压有可能增加到输入电压的数倍，致使二极管与开关管被电压击穿。因此，Boost 变换器在开环控制时工作负载不得开路。

3.4 Buck-Boost 变换器

3.4.1 Buck-Boost 变换器的原理

Buck 变换器是降压变换器，Boost 变换器为升压变换器。Buck-Boost 变换器是 Buck 和 Boost 变换器的一种特殊级联变换器，具有升—降压功能，而输出电压与输入电压的极性相反。

Buck-Boost 变换器的拓扑结构如图 3.12 所示，分时区等效电路如图 3.13 和图 3.14 所示，主要波形如图 3.15 所示。

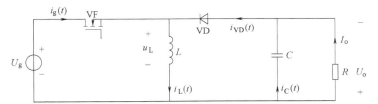

图 3.12　Buck-Boost 变换器的拓扑结构

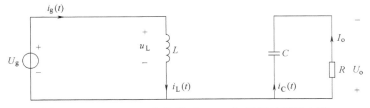

图 3.13　Buck-Boost 变换器 $[0, DT]$ 区间的等效电路

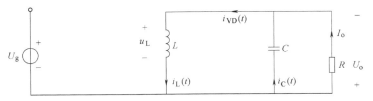

图 3.14　Buck-Boost 变换器 $[DT, T]$ 区间的等效电路

与前面介绍的两个变换器相同，根据开关管的工作状态，Buck-Boost 变换器的工作过程可分工作区间讨论。根据流过电感的电流是否连续，Buck-Boost 变换器的工作模式又分为 CCM 和 DCM 两种模式。本书主要介绍 CCM 工作模式的原理。

（1）区间 $[0, DT]$——开关管 VF 开通 在 $[0, DT]$ 区间，开关管 VF 开通，等效电路如图 3.13 所示。在开关管开通区间，这种变换器的等效电路与 Boost 变换器的等效电路相同，电感 L 从输入电源中汲取能量，使得电感电流持续增加，其增量表示为

$$\Delta I = I_2 - I_1 = \frac{U_\mathrm{g}}{L} DT \tag{3.32}$$

在此区间，由于二极管 VD 关断，输出电压仍然依靠电容 C 放电为负载提供电流。

（2）区间 $[DT, T]$——二极管 VD 续流 在 $[DT, T]$ 区间，二极管 VD 开始续流，等效电路如图 3.14 所示。在此区间内，这个等效电路与 Buck 变换器区间的等效电路相同。因此，在

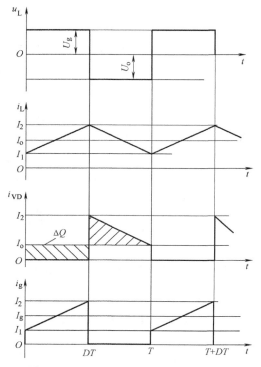

图 3.15 Buck-Boost 变换器的主要波形

$[DT, T]$ 区间，Buck-Boost 变换器等同于 Buck 变换器，其电流增量也可由式（3.4）直接求取，表达式为

$$\Delta I = \frac{-U_\mathrm{o}}{L}(1-D)T \tag{3.33}$$

由图 3.15 中所示的电感电压 $u_\mathrm{L}(t)$ 的波形可知，在 $[0, DT]$ 区间，电感电压等于输入电压 U_g；在 $[DT, T]$ 区间，电感电压的幅值为 $-U_\mathrm{o}$。应用伏秒平衡定律得到表达式为

$$U_\mathrm{g}DT = -U_\mathrm{o}(1-D)T = -U_\mathrm{o}D_0 T \tag{3.34}$$

由式（3.34）可推导出工作在 CCM 下 Buck-Boost 变换器的电压增益，即

$$M = \frac{U_\mathrm{o}}{U_\mathrm{g}} = -\frac{D}{D_0} = -\frac{1}{D_0}D \tag{3.35}$$

在式（3.35）中，$1/D_0$ 是 Boost 变换器的电压增益，D 是 Buck 变换器的电压增益，故 Buck-Boost 变换器的功能等价于一个 Boost 变换器与 Buck 变换器的级联。式中的负号 "–" 表示输出电压与输入电压的极性相反。因为 $D+D_0=1$，D 和 D_0 是 0 到 1 之间的任意一个数，所以有三种组合：其一，$D=D_0=0.5$，电压增益 $M=1$；其二，$D_0<0.5$，$D>0.5$，$M>1$，为升压变换器；其三，$D_0>0.5$，$D<0.5$，$M<1$，为降压变换器。Buck-Boost 变换器的升-降压特性，使其适合于电池供电的应用场合。例如单体锂离子电池，终止放电电压约为 2.1V，而最大充电电压为 3.6V。如果 16 个单体电池串联组成电池组，总输出电压的变化范围为 33.6~51.2V。因此需要一种升-降压变换器。

由于图 3.15 中所示的二极管的电流波形与 Boost 变换器相同，因此电容电压纹波的峰-

峰值公式仍可以使用式（3.29）计算，即

$$\Delta u_o = \frac{\Delta Q}{C} = \frac{I_o DT}{C} = \frac{U_o DT}{RC} \tag{3.36}$$

Buck-Boost 变换器 DCM 下的电压增益公式为

$$M = \frac{U_o}{U_g} = -\sqrt{\frac{RD^2}{2fL_{0k}}} \tag{3.37}$$

式中，L_{0k} 是临界电感，表达式为

$$L_{0k} = \frac{RD_0}{2f} \tag{3.38}$$

3.4.2 开关变换器的直流变压器模型

开关变换器的基本功能是直流电压变换，这里引入直流变压器的概念，以便用这个理想电路器件描述开关变换器，将其转换为一个线性电路，用线性电路理论分析其直流稳态特性。变压器模型的基本思想是，忽略各个物理量交流小信号纹波的影响，仅关注其直流量。在设计开关变换器时，首先需要根据指定条件确定输入电压与电流和输出电压与电流及其四个物理量的关系式，用直流变压器模型能很容易地计算出这些物理量。其次，由于元器件为非理想型，电路总存在各种损耗。基于含变压器模型的等效电路，可用线性电路理论分析电压增益和各种直流稳态损耗。

如图 3.16 所示，开关变换器有三个端口：输入端口、输出端口和控制端口。控制端口提供控制变量占空比 D，控制输入端口从直流电源汲取的输入功率 P_{in}，经过变换器传输给负载，作为输出功率 P_{out}。理想变换器为一个无损耗系统，表示为

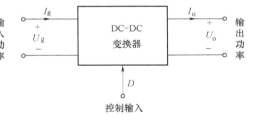

图 3.16 开关变换器的三端口电路

$$P_{in} = P_{out} \tag{3.39}$$

或者

$$U_g I_g = U_o I_o \tag{3.40}$$

式（3.39）及式（3.40）表达的关系成立的条件是直流稳态。在瞬态分析时，由于电感和电容的储能作用，式（3.39）及式（3.40）表达的关系不成立。

在 3.1~3.3 节中，已经给出开关变换器的电压增益公式，以表达输出电压，即

$$U_o = M(D) U_g \tag{3.41}$$

式中，$M(D)$ 是电压增益公式。对于 Buck 变换器，$M(D) = D$；对于 Boost 变换器，$M(D) = 1/(1-D)$；对于 Buck-Boost 变换器，$M(D) = D/(1-D)$。在 CCM 工作模式，直流增益与负载无关。因此，可以用一个电压控制的电压源描述变换器的输出特性。

将式（3.41）代入式（3.40），得

$$I_g = M(D) I_o \tag{3.42}$$

式（3.42）表明，可用一个电流控制的电流源描述变换器的输入特性。由此得到变换器的受控源模型，如图 3.17 所示。

根据基本电路理论，如果一个系统同时满足式（3.40）~式（3.42），则该系统为一个

理想变压器，它与常规变压器不同，可以传输直流能量。因此，可以用直流变压器建立开关变换器的直流稳态模型，如图 3.18 所示，图中有一个水平的实线，表示传输直流能量，以此区别于常规变压器。

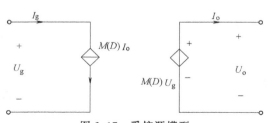

图 3.17 受控源模型

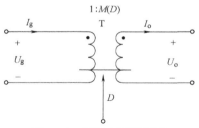

图 3.18 理想变压器模型

图 3.19 所示为一个实际的开关变换器，其直流输入电源是由内阻 R_s 和理想电压源 U_s 串联组成的。下面研究这个变换器的直流增益公式。用直流变压器模型替代理想开关变换器，得到图 3.20 所示的等效电路。其中 R_{in} 为变换器的输入电阻，表示为

$$R_{in} = \frac{U_g}{I_g} \tag{3.43}$$

图 3.19 一个实际的开关变换器

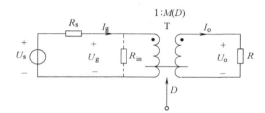

图 3.20 含有直流变压器的等效电路

在计算输入电阻时，负载电阻 R 不能开路。将式（3.41）和式（3.42）代入式（3.43），得到输入电阻与负载电阻的关系式为

$$R_{in} = \frac{U_g}{I_g} = \frac{U_o/M(D)}{M(D)I_o} = \frac{U_o}{M^2(D)I_o} = \frac{R}{M^2(D)} \tag{3.44}$$

由式（3.44）可知，若认为 $M(D)$ 是变压器的电压比，则输入电阻 R_{in} 就是负载电阻 R 通过变压器折射在一次侧时的等效折射电阻。

若将这个变换器分解为两个级联的电路。第一级是 R_s 和 R_{in} 组成的分压电路，则增益的表达式为

$$M_1 = \frac{U_g}{U_s} = \frac{R_{in}}{R_s + R_{in}} = \frac{R}{M^2(D)R_s + R} \tag{3.45}$$

第二级电路为理想变换器，增益的表达式为

$$M_2 = \frac{U_o}{U_g} = M(D) \tag{3.46}$$

这个变换器的总电压增益等于两级电路增益之积，表示为

$$M = \frac{U_o}{U_s} = \frac{U_g V_o}{U_s U_g} = M_1 M_2 = \frac{M(D)R}{R + M^2(D)R_s} \tag{3.47}$$

在式（3.47）中，若输入电压源无内阻，即 $R_s=0$，则式（3.47）就是理想开关变换器的电压增益公式。上述分析过程证明，变压器模型或受控源模型为人们认识开关变换器的直流稳态特性提供了有效分析工具。

3.5 双电感变换器

Buck-Boost 变换器的优点是拓扑结构简单，电压增益可在零至无穷大间变化，即既可以升压又可以降压。但它的缺点之一是，与 Buck 变换器相同，开关管的源极（MOSFET）或发射极（IGBT）不接地，需要隔离驱动，使得驱动电路复杂，而更重要的缺点是它的输入电流有不连续性，会对直流电源及其环境产生较强的电磁干扰，使其难以满足电磁兼容的要求，需要增加输入滤波器，此外与 Boost 变换器相同，它的输出电流也不连续，这使得输出电压纹波大，需要增加输出滤波器。为了克服上述三种变换器电流不连续性的缺点，人们提出了双电感变换器，包括 Cuk、Sepic 和 Zeta 等三种变换器。双电感变换器隶属于一种派生的 Buck-Boost 变换器，也具有升-降压功能。本节以 Cuk 变换器为例，介绍双电感变换器的工作原理及其分析方法，并扼要地介绍其余两种变换器。

3.5.1 Cuk 变换器

Cuk 变换器是 1976 年由美国加利福尼亚理工大学的 Slobodan Cuk 提出的，其拓扑结构如图 3.21 所示。Cuk 变换器的优点是：①输入和输出电压皆无脉动，其电流的波形是在直流电流的基础上附加一个幅度较小的开关纹波。②电压增益可在零至无穷大间变化。③开关管的源极直接接地。④输入电压与输出电压极性相反。

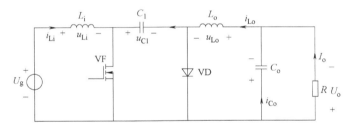

图 3.21 Cuk 变换器拓扑结构

由图 3.21 可知，Cuk 变换器含有两个电感和两个电容，是一个四阶开关变换器，直接分析和设计十分困难，需要研究其降阶分析方法。

在 3.2 节已经介绍了开关变换器的降阶方法，其主要思想是假设输出电压 U_o 为一个恒定值，则输出电容不再是一个状态变量，也就是将二阶 Buck 变换器简化为一阶系统。在稳态条件下，根据电感的伏秒平衡定律，在一个开关周期内，电感电压的平均值等于零，相当于短路。基于上述讨论，对于图 3.21 所示的 Cuk 变换器，在直流分析中，输出电容用电压源 U_o 替代，电感用短路导线替代，则能量传输电容 C_1 的直流电压为

$$U_{C1} = U_g + U_o \tag{3.48}$$

由式（3.48）可知，在分析 Cuk 变换器的直流特性时，能量传输电容 C_1 也可以视为一个直流电压源，其幅值为（U_g+U_o）。因此输出电容 C_o 和能量传输电容 C_1 不再是状态变量，

所以四阶 Cuk 变换器即简化为二阶系统。

下面介绍工作在 CCM 下的 Cuk 变换器的工作原理，其分时区等效电路如图 3.22 和图 3.23 所示，主要波形如图 3.24 所示。

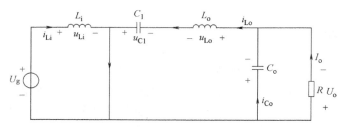

图 3.22 Cuk 变换器在 $[0, DT]$ 区间的等效电路

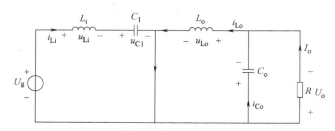

图 3.23 Cuk 变换器在 $[DT, T]$ 区间的等效电路

（1）区间 $[0, DT]$——开关管 VF 开通　在 $[0, DT]$ 区间，开关管 VF 开通，等效电路如图 3.22 所示。由等效电路可知，当开关管 VF 开通时，输入电压 U_g 施加在输入电感 L_i 上，使其电流增加。同时能量传输电容 C_1 作为输出电感 L_o 的电压源释放电荷，向 L_o 和负载 R 提供能量，使其电流同步增加。

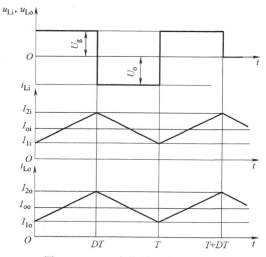

图 3.24 Cuk 变换器的主要波形

电感 L_i 和电感 L_o 电压的表达式分别为

$$u_{Li} = U_g \qquad (3.49)$$
$$u_{Lo} = U_{C1} - U_o = U_g \qquad (3.50)$$

由式（3.49）和式（3.50）可知，在开关管 VF 开通期间，两个电感的电压相同。因此，两个电感是相互耦合的状态变量。

电感电流的增量表达式分别为

$$\Delta I_{Li} = \frac{U_g}{L_i} DT \qquad (3.51)$$

$$\Delta I_{Lo} = \frac{U_g}{L_o} DT \qquad (3.52)$$

电感的纹波电流与输入电压和电感值有关。

（2）区间 $[DT, T]$——二极管 VD 续流　在 $[DT, T]$ 区间，二极管 VD 开始续流，

等效电路如图 3.23 所示。由等效电路可知，输入电源 U_g 经过输入电感 L_i 向能量传输电容 C_1 充电，以补充在 $[0, DT]$ 区间泄放的电荷，实现电荷平衡。所以 Cuk 变换器是一个用电容传输能量的变换器。

在此区间电感电压的表达式分别为

$$u_{Li} = U_g - U_{C1} = -U_o \tag{3.53}$$

$$u_{Lo} = -U_o \tag{3.54}$$

电感电流的增量表达式分别为

$$\Delta I_{Li} = \frac{-U_o}{L_i}(1-D)T \tag{3.55}$$

$$\Delta I_{Lo} = \frac{-U_o}{L_o}(1-D)T \tag{3.56}$$

由式（3.49）、式（3.50）、式（3.53）和式（3.54）可知，两个电感的电压始终相等，表示为

$$u_{Li}(t) = u_{Lo}(t) \tag{3.57}$$

由式（3.57）可以得出如下结论：Cuk 变换器的两个电感为相互耦合的状态变量。

基于上述研究，归纳出 Cuk 变换器降阶分析法的主要思想是：假设输出电容 C_o 和能量传输电容 C_1 的电压恒定，则两个电容不再是状态变量，将四阶 Cuk 变换器简化为二阶系统。又因为输入电感和输出电感的电压始终相等，则两个电感为相互耦合的状态变量，因此 Cuk 变换器又等价为两个一阶系统。

Cuk 变换器的主要波形如图 3.24 所示，由图中电感电压 u_L 的波形可知，在 $[0, DT]$ 区间，电感电压等于输入电压 U_g；在 $[DT, T]$ 区间，电感电压的幅值为 $-U_o$。应用伏秒平衡定律，得到表达式为

$$U_g DT = -U_o(1-D)T = -U_o D_0 T \tag{3.58}$$

因此，Cuk 变换器 CCM 的电压增益为

$$M = \frac{U_o}{U_g} = -\frac{D}{D_0} = -\frac{1}{D_0} \cdot D \tag{3.59}$$

由式（3.59）可知，Cuk 变换器也是一种升-降压变换器。

与 Buck-Boost 变换器相比，Cuk 变换器具有如下优点：①输入和输出电流皆为连续波形，电磁干扰很小，且输出的纹波电压和纹波电流小。如果采用耦合电感技术，可以进一步减小输入电流和输出电流的纹波，甚至为零。②与其他两种双电感变换器一样，Cuk 变换器是一种依靠电容传输能量的变换器，而 Buck、Boost 和 Buck-Boost 变换器是依靠电感传输能量的变换器。

3.5.2　Sepic 变换器

为了克服 Buck-Boost 变换器和 Cuk 变换器输出电压反相的缺点，人们提出了单端原边电感变换器（single-ended primary inductor converter，Sepic）。Sepic 变换器适用于分布式供电系统、功率因数校正（PFC）以及电池供电的开关变换器。

Sepic 变换器的拓扑结构如图 3.25 所示。它也是一种依靠电容传输能量的双电感变换器，并具有如下明显的特征：

特征 1，输入电压与输出电压的极性相同。

特征 2，MOSFET 开关管的源极接地，无需隔离驱动。

特征 3，在一个开关周期内，两个电感的电压始终相等，$u_{\text{Li}}(t) = u_{\text{Lo}}(t)$，可以在一个铁心上同时绕制两个耦合电感，以便减小电感的体积和电流纹波。

特征 4，能量传输电容 C_1 的容量足够大，在稳态工作时，其电压基本维持不变，其平均电压值等于输入电压，表示为

$$U_{\text{C1}} = U_{\text{g}} \tag{3.60}$$

另外，能量传输电容 C_1 具有阻止直流和通过交流信号的能力，当开关管长时间处在断开状态，则输出电压等于零。

特征 5，与 Boost 和 Cuk 变换器类似，Sepic 的输入电流连续，可减少输入电流纹波与电磁干扰，但输出电流不连续。

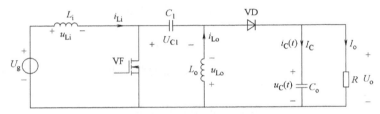

图 3.25　Sepic 变换器的拓扑结构

下面介绍工作在 CCM 下的 Sepic 变换器的工作原理，其分时区等效电路如图 3.26 和图 3.27 所示，主要波形如图 3.28 所示。

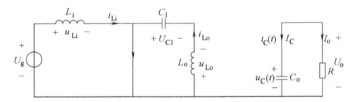

图 3.26　$[0, DT]$ 区间的等效电路

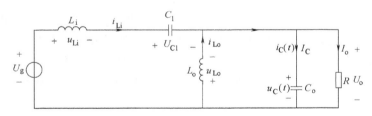

图 3.27　$[DT, T]$ 区间的等效电路

（1）区间 $[0, DT]$——开关管 VF 开通　在 $[0, DT]$ 区间，开关管开通，等效电路如图 3.26 所示。由此可知，当开关管 VF 开通期间，输入电感 L_{in} 两端电压为输入电压 U_{g}，输出电感 L_{o} 两端电压等于电容 C_1 的电压，其直流量仍为 U_{g}。由于电感电压与电流方向相同，所以电感电流同步增加。

（2）区间 $[DT, T]$——二极管 VD 续流　在 $[DT, T]$ 区间，二极管 VD 开始续流，

等效电路如图 3.27 所示。输入电源 U_g 经过输入电感 L_{in} 向能量传输电容 C_1 充电。两个电感电压为

$$u_{Li} = U_g - (U_{C1} + U_o) = -U_o \qquad (3.61)$$
$$u_{Lo} = -U_o \qquad (3.62)$$

由于两个电感电压的实际方向与电流方向相反，所以电感电流同步下降。

在 CCM 时，Sepic 变换器与 Cuk 变换器具有相似的增益公式，即

$$M = \frac{U_o}{U_g} = \frac{D}{D_0} = \frac{1}{D_0} \cdot D \qquad (3.63)$$

其主要差异在于，Cuk 变换器是一个反相变换器，而 Sepic 变换器是一个同相变换器。

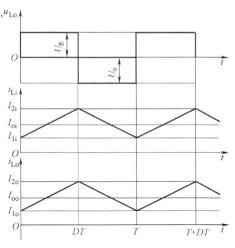

图 3.28　Sepic 变换器的主要波形

在设计 Sepic 变换器时，应考虑如下因素：

1）因为两个电感的瞬时电压相等，所以可以在同一个铁心上绕制两个电感，以便减少体积。

2）在每个开关周期，能量传输电容 C_1 必须完成一次完整的充放电过程。因此选择等效串联电阻小的电容至关重要，最好选择钽电容或薄膜电容。因此，Sepic 变换器主要应用于中小功率场合，且建议 C_1 的容值比 C_o 小一个数量级。

3）与其他双电感变换器一样，Sepic 变换器也是四阶开关变换器，其建模与控制皆比较困难，建议增加电流内环，以降低其阶数。

3.5.3　Zeta 变换器

Zeta 变换器的拓扑结构如图 3.29 所示。与 Cuk 变换器相似，它也有两个电感 L_i 与 L_o，一个能量存储电容 C_o 和能量传输电容 C_1，不同的是输出电压与输入电压具有相同的极性。它的特点是左半部分类似于 Buck-Boost 变换器，右半部分类似于 Buck 变换器，中间由能量传输 C_1 耦合，其特征有：

特征 1，输入与输出电压具有相同的极性。

特征 2，无需浮动驱动。

特征 3，两个电感平衡工作，$u_{Li}(t) = u_{Lo}(t)$。

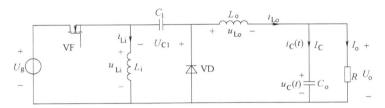

图 3.29　Zeta 变换器的拓扑结构

特征 4，能量传输电容 C_1 也是交流耦合电容。假定其容量足够大，在稳态工作时，C_1 的电压 U_{C1} 基本保持不变，且 $U_{C1} = U_o$。

　　特征 5，与 Buck 变换器类似，输出电流连续，适合制作电池充电器。但输入电流不连续。

　　特征 6，电压增益公式与 Sepic 变换器相同。

　　下面介绍工作在 CCM 模式 Zeta 变换器的工作原理，其分时区等效电路如图 3.30 和图 3.31 所示，主要波形如图 3.32 所示。Zeta 变换器与前两种双电感变换器的分析方法类似，这里不再赘述。

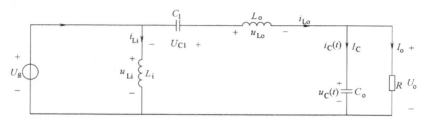

图 3.30　[0，DT] 区间的等效电路

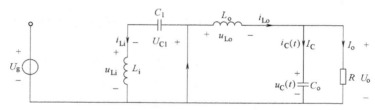

图 3.31　[DT，T] 区间的等效电路

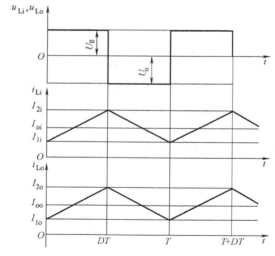

图 3.32　Zeta 变换器的主要波形

习　　题

　　3.1　一个 Buck 变换器，输入电压为 12V，开关频率为 10kHz，负载电阻为 6Ω，平均负载电流为 1A。如果输出电感电流纹波限制为 0.1A，输出电容电压纹波限制为 20mV。求：（1）占空比；（2）滤波电容的

值；（3）输出电感值。

3.2　一个 Boost 变换器，输入电压为 12V，平均输出电压为 15V，纹波电源为 100mV，负载电阻为 3Ω。如果电感 L 为 1mH，输出电容为 220μF。求：（1）满足以上要求的开关频率；（2）电感电流纹波峰-峰值。画出电感和电容的电流波形。

3.3　一个 Buck-Boost 变换器，输入电压为 9V，电感为 10mH，平均输出电压为 12V，开关频率为 1kHz。求：（1）占空比；（2）电感电流纹波值。

3.4　求一个 Buck 变换器中使电感电流断续的临界电感值 L_c，用负载电阻 R、占空比 D 和开关频率 f_s 表示。假设开关器件的压降为 U_d，通态的电感平均电流等于峰值电感电流的一半。

3.5　一个 Boost 变换器，开关频率为 1kHz，占空比为 50%。最大电流纹波为 4A，初始电流为 10A。求：（1）平均输入电流；（2）平均输出电流，并画出电感和输出电容的电流波形并求出输出电容的平均充、放电电流，给出求解过程。

3.6　一个 Cuk 变换器，其电路参数为 $L_o = 150\mu H$，$C_o = 220\mu H$，$L_i = 200\mu H$，$C_1 = 200\mu F$。输入电压为 12V，工作开关频率为 25kHz，占空比为 25%，平均负载电流为 3A。求：（1）电感 L_i 电流纹波峰-峰值；（2）电感 L_o 电流纹波峰-峰值；（3）平均输入电流 I_s，并画出整个周期能量传输电容中的电流 $i_{C1}(t)$，求出能量传输电容的平均充、放电电流。

3.7　图 3.33 所示为开关变换器电路图，两个开关管 VF$_1$ 和 VF$_2$ 的占空比均为 40%，开关频率为 10kHz。求：（1）输出电压 U_o 及其极性；（2）输入电感电流的纹波峰-峰值 Δi_{Li}，并画出电感 L_i 的电流波形。

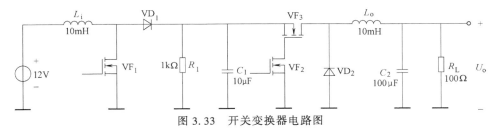

图 3.33　开关变换器电路图

3.8　一个 Buck-Boost 变换器，输入电压为 9V，电感为 10mH，输出电阻为 12Ω，输出电容为 200μF。平均输出电压为 12V，开关频率为 1kHz。求：（1）占空比；（2）平均输入电流值；（3）输入峰值电流；（4）电感电流峰值；（5）电容充电电流和时间乘积。

第4章

隔离变换器

4.1 开关电源简介

第3章介绍了基本开关变换器,其共同特点是输入端与输出端共地。然而,许多应用场合要求输入端和输出端实现电气隔离,也就是要求输入电源与输出负载之间没有公共接地点,从而阻止系统的共模回流,以消除地线上的环流。在开关电源应用中,常常需要多路输出,为不同接地点的负载供电。到目前为止,实现电气隔离的技术分为三种:其一,用光电耦合技术实现非共地回路之间的信号传输;其二,用无线电发射与接收技术实现信号传输;其三,用变压器的磁隔离技术传输交流的信号与功率。在上面三种隔离技术中,变压器的磁隔离技术具有成本最低、效率最高易于实现等优点。变压器只能传输交流信号,而开关电源虽然隶属于直流变换技术,但开关电源工作在开关模式,其主要工作波形为周期脉冲信号,因此为使用变压器隔离创造了十分有利的条件。

一个完整开关电源的结构如图4.1所示,包括功率变换电路与控制电路两大部分。功率变换电路由功率因数校正电路(power factor correction,PFC)、逆变器、高频变压器、整流器和LC低通滤波器组成。控制电路由电压采样网络、求和器、PID控制器、PWM比较器和驱动器等组成。工作原理如下:220V、50Hz的市电经过PFC转化为大约400V的稳定直流电压U_{i0},其输入电流i_i与电网电压u_i同频同相。逆变器将直流电压U_{i0}调制方波信号U_{Ti},经过高频变压器和整理器及其LC滤波器为负载提供稳定的直流电压U。在图4.1中,逆变

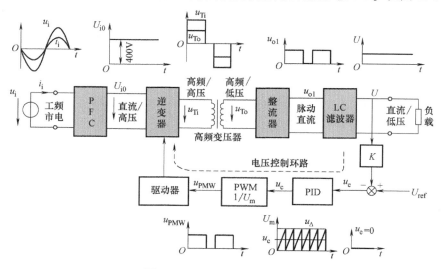

图 4.1 开关电源的结构框图

器、高频变压器、整流器和 LC 低通滤波器的功能等效为一个基本变换器，将直流输入电压 U_{i0} 变换为直流输出电压 U。与基本变换器不同的是，它包含了高频变压器，具有电气隔离作用，因此称之为隔离变换器。

本章要讨论正激、反激、推挽、半桥、全桥和谐振变换器等常见的隔离型变换器的拓扑结构。正激电路常用于 100~500W 的中功率应用场合，推挽电路一般用于几千瓦的大功率应用场合，半桥和全桥主要用于离线应用场合，反激电路一般用于 5~200W 的高电压应用场合。

4.2 隔离变压器基础知识

从拓扑结构观点看，在基本变换器的某个位置插入一个高频变压器，即可得到一个隔离变换器。从功能角度看，隔离变换器可等效为基本变换器，只是电压增益公式中不仅包括占空比，而且增加了变压器匝数比。有的学者认为，变压器的匝数比是开关变换器的第二个可控变量，第一个可控变量为占空比。因此，当需要较大的升压或降压转换比时，使用变压器可以实现变换器的拓扑优化。通过合理选择变压器匝数比，可以将开关管和二极管上的电压或电流应力降至最低，从而提高效率和降低成本。

多路直流输出也可以通过增加多个二次绕组及其变换电路来实现，且方法简单、系统廉价。通过选择变压器二次侧匝数比可以获得不同等级的输出电压。

4.2.1 高频变压器的模型

本节主要介绍高频变压器的基础知识。在学习电路理论的过程中，人们已经引入了理想变压器、全耦合变压器和实际变压器的电路模型，而在实际中，人们通常谈论的变压器泛指电力变压器。在无损耗假设与磁化电感无限大及其忽略漏感的条件下，电力变压器通常可认为是一个理想变压器，可以用理想受控源模型描述其电气特性，但在开关电源中，变压器工作在高频状态，铁心是铁氧体，一般不能满足理想变压器的条件，所以人们很少使用理想变压器模型，大多用全耦合变压器模型或带有漏感的实际模型来进行描述。

多绕组变压器如图 4.2a 所示，其匝数为 $n_1 : n_2 : n_3 : \cdots$，其全耦合等效电路如图 4.2b

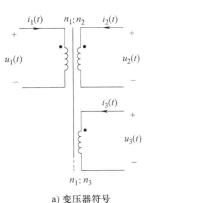

a) 变压器符号   b) 全耦合变压器模型：包含磁化电感和理想变压器

图 4.2　多绕组变压器的简化模型

所示。全耦合是指变压器一次侧的能量全部传输到变压器二次侧，无漏磁现象。全耦合变压器模型是由一个理想变压器及其一次侧并联磁化电感 L_M 组成，利用这个模型足以阐述大多数隔离型变换器的工作原理。

理想变压器的电压和电流关系为

$$\frac{u_1(t)}{n_1} = \frac{u_2(t)}{n_2} = \frac{u_3(t)}{n_3} = \cdots \qquad (4.1a)$$

$$n_1 i_1' + n_2 i_2 + n_3 i_3 + \cdots = 0 \qquad (4.1b)$$

对于全耦合变压器，式（4.1b）中 i_1' 是流入理想变压器一次侧的电流，而不是一次侧的实际电流。变压器一次侧的电流 i_1 等于磁化电感的磁化电流 i_M 与理想变压器一次侧电流 i_1' 之和，表示为

$$i_1(t) = i_1'(t) + i_M(t) \qquad (4.1c)$$

在研究开关电源时，高频变压器的磁化电感作用十分重要。例如，若令所有二次绕组开路，则变压器就变为一个电感，如图 4.2b 所示。

磁化电流 $i_M(t)$ 与变压器铁心的磁场强度 $H(t)$ 成正比。变压器铁心材料的电气特性用如图 4.3 所示的 B-H 特性曲线描述。B-H 特性曲线分为线性区与饱和区。磁场强度 $H(t)$ 与磁化电流 $i_M(t)$ 之间满足安培定律，即

$$Hl = nI_M \qquad (4.2)$$

式中，l 是磁路长度（m）；n 是一次侧匝数；I_M 是磁化电感的磁化电流（A）。

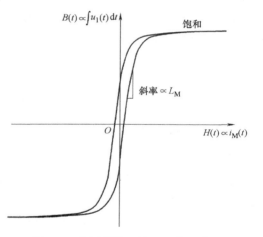

图 4.3　变压器铁心的 B-H 特性曲线

当磁化电流足够大时，变压器铁心进入 B-H 曲线的饱和区，变压器失去电感的特性，变为一条短路导线。在 B-H 曲线的线性区域，用磁化电感 L_M 描述变压器电气性能。在数值上，L_M 正比于曲线的斜率。

因为磁化电感的存在，变压器不能工作在直流电路中，而必须工作在交流电路中。在直流电路中，磁化电感的阻抗为零，使变压器的一次侧短路。在开关电源中，正激变换器、推挽变换器、半桥和全桥变换器皆能等效为基本的 Buck 变换器，因此称之为 Buck 类隔离变换器。在这一类隔离变换器中，变压器的功能是传输功率，要求磁化电感的电感量应该足够大，以至于磁化电流 $i_M(t)$ 可以忽略不计。因此，Buck 类隔离变换器中使用的变压器接近于一个理想的变压器。需要强调的是，磁化电流 $i_M(t)$ 和理想变压器一次侧的电流 i_1' 是两个相互独立的变量。所以，磁化电感就是一个独立电感，与变压器二次侧的负载无关，遵循独立电感所有电气特性，包括伏安特性方程以及稳态的伏秒平衡定律等。

4.2.2　铁心带有气隙变压器的模型

在反激变换器中，变压器的磁化电感作为储能元件存在，不同于 Buck 类隔离变换器中的变压器。为了防止铁心饱和，铁心必须开有气隙 l_g。如图 4.4 所示，铁心开气隙后，B-H 特性曲线由实线变为虚线，最大磁场强度由 H_1 变为 H_2，允许磁化电感流过更大的电流。正

因为铁心气隙的存在，磁化电感的电流不能被忽略，所以反激变换器中所使用的变压器仍用图 4.2b 所示模型表示。另外，铁心的气隙会泄漏一次绕组的部分磁通量，增强了漏磁现象。因此通常在模型中会为全耦合变压器的一次侧再串联一个电感 L_e 以表征漏磁现象，如图 4.5 所示。

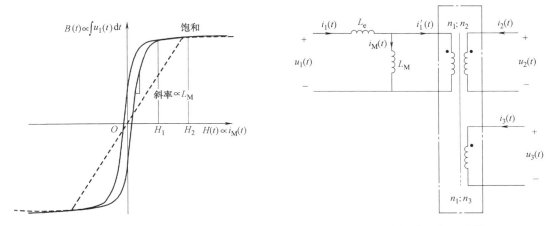

图 4.4　带有气隙铁心的 B-H 特性曲线　　　　图 4.5　含漏感的变压器模型

需要特别说明的是，反激变换器中的变压器不同于常规的变压器。尽管也使用变压器符号表示它，但更确切的名称应该是"双绕组电感器"，详细情况请参阅 4.4.1 节的有关内容。

4.3　正激变换器

4.3.1　单管正激变换器

单管正激变换器的拓扑结构如图 4.6 所示。因为它只有一个功率管，具有结构简单和成本低廉等优点，但输出功率的等级通常要低于全桥和半桥变换电路，常用于 100～500W 中小功率应用场合。由图 4.6 可以看出，变压器含有三个绕组，其中 n_1 绕组为一次绕组，n_3 绕组为二次绕组，而 n_2 为退磁绕组。注意绕组 n_1 和绕组 n_3 的同名端在同侧，而绕组 n_1 和绕组 n_2 的同名端在异侧。若认为二极管 VD_2 为一个等效开关，则正激变换器变压器的二次绕组所连接电路可以等效为一个 Buck 变换器。因此，变换器输出电流的脉动较小，适合于低压大电流的应用场合。在设计时，为了便于变压器绕制，一般选择 $n_1=n_2$，因此，最大占空比被限制在 0.5 左右。

为了便于分析工作原理，用图 4.2b 所示变压器的等效电路代替将图 4.6 中三绕组变压器，得到含有变压器的等效电路，如图 4.7 所示。在图 4.7 所示电路中存在两个电感，与二极管 VD_1 连接的磁化电感 L_M 必须工作在 DCM 模式，相反，二极管 VD_3 连接的输出电感 L 既可以工作在 DCM 模式，也可以工作在 CCM 模式。若输出电感 L 工作在 CCM 模式，其主要工作波形如图 4.8 所示。在一个开关周期内，将开关过程分为三个区间，对应的等效电路如图 4.9 所示。

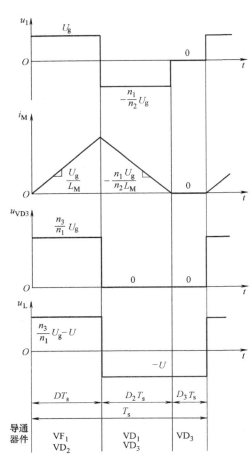

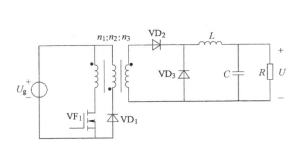

图 4.6　单管正激变换器的拓扑结构

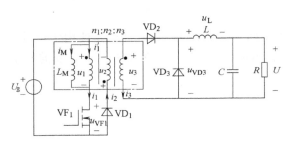

图 4.7　含变压器等效电路的单管正激变换器

图 4.8　单管正激变换器的工作波形

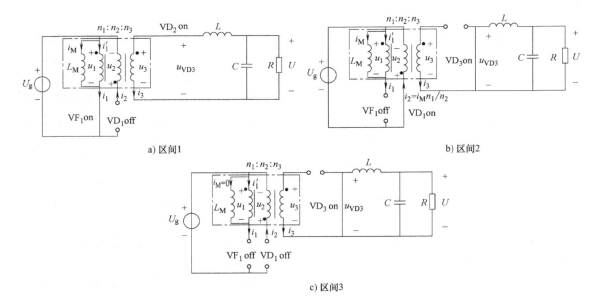

a) 区间1

b) 区间2

c) 区间3

图 4.9　单管正激变换器的分阶段等效电路

（1）区间 1：开关管 VF_1 导通　在区间 1，开关管 VF_1 导通，等效电路如图 4.9a 所示。变压器的一次侧等于输入电压 U_g，$u_1 = U_g$，根据三个绕组的同名端规定，二极管 VD_2 正偏导通，而二极管 VD_1 和 VD_3 反偏。同时，磁化电感 L_M 的磁化电流 $i_M(t)$ 以 $\dfrac{U_g}{L_M}$ 的斜率增加，波形如图 4.8 所示。二极管 VD_3 两端的电压为 U_g 乘以匝数比 n_3/n_1，输出电感的电压 u_L 为 $\dfrac{U_g n_3}{n_1 - U}$。由上述分析可知，在区间 1，像 Buck 变换器一样，变换器将输入电源的能量直接传输给负载。

（2）区间 2：开关管 VF_1 关断而二极管 VD_1 导通　将 VF_1 的关断时刻定义为区间 2 的起点，等效电路如图 4.9b 所示。由于 VF_1 关断前瞬间，磁化电流 $i_M(t)$ 大于零，VF_1 关断后磁化电流 $i_M(t)$ 的流向保持不变。然而，因 VF_1 关断，磁化电流 $i_M(t)$ 只能流入理想变压器的一次侧并从 n_1 绕组的同名端流出。根据式（4.1b），理想变压器一、二次侧安匝数之和等于零，则两个二次侧的电流方向一定是流入同名端，使得二极管 VD_1 正偏，VD_2 反偏。当二极管 VD_1 正偏后，退磁绕组 n_2 两端的电压等于输入电压 U_g，折合到绕组 n_1 的电压为 $\dfrac{-U_g n_1}{n_2}$，使得磁化电感两端电压 $\dfrac{-U_g n_1}{n_2}$，导致磁化电感的电流下降，如图 4.8 中 $i_M(t)$ 的波形所示。上述过程为磁化电感复位过程。下面研究磁化电感的伏秒平衡问题。

图 4.8 中变压器一次侧 u_1 的波形可知，在区间 1，磁化电感的电压为 U_g，持续时间为 DT_s；在区间 2，磁化电感的电压为 $\dfrac{-U_g n_1}{n_2}$，持续时间 $D_2 T_s$，根据伏秒平衡定律，有

$$U_g DT_s = \frac{n_1}{n_2} U_g D_2 T_s \tag{4.3a}$$

通常取 $n_1 = n_2$，则

$$D = D_2 \tag{4.3b}$$

在 $n_1 = n_2$ 条件下，磁化电感 L_M 的磁化和退磁所需的时间相等，所以占空比 $D < 0.5$ 是正激变换器的一个限制条件。

（3）区间 3：开关管 VF_1 关断和二极管 VD_1 皆关断　当磁化电流减小为零时，二极管 VD_1 截止，此时为区间 3，等效电路如图 4.9c 所示。此时 VF_1、VD_1 和 VD_2 皆处于关断状态。

由图 4.8 中输出电感 u_L 的波形可知，在开关管 VF_1 导通的区间 1，输出电感电压为 $U_g \dfrac{n_3}{n_1} - U$，持续时间为 DT_s；在开关管 VF_1 关断和二极管 VD_3 导通的区间，输出电感电压为 $-U$，持续时间为 $(1-D)T_s$，根据伏秒平衡定律，有

$$\left(U_g \frac{n_3}{n_1} - U \right) DT_s = U(1-D) T_s \tag{4.4a}$$

则单管正激变换器的电压增益为

$$A_v = \frac{U}{U_g} = \frac{n_3}{n_1} D \tag{4.4b}$$

与 Buck 变换器相比，单管正激变换器的电压增益公式多了一个系数——匝数比 $\dfrac{n_3}{n_1}$，可以从如下两个方面理解这个系数：其一，若取 $n_3 = n_1$，则正激变换器与 Buck 变换器等价，但正激变换器具有电气隔离功能；若取 $n_3 < n_1$，则在等同输出电压条件下，与 Buck 变换器相比，正激变换器开关管 VF$_1$ 的导通时间增加，增加了 VF$_1$ 的利用率。其二，若将二极管 VD$_3$ 替换开关管 VF$_1$，VD$_2$ 为续流二极管，输入电源电压为 $\dfrac{U_g n_3}{n_1}$，则变压器后面所接的电路就是 Buck 变换器。所以在分析和建模过程中，为占空比乘以系数 n_3/n_1，则正激变换器可变换为基本 Buck 变换器。

由图 4.9b 可知，在区间 2，开关管 VF$_1$ 所承受的电压应力最大，表示为

$$\text{Max}(U_{\text{VF1}}) = U_g\left(1 + \frac{n_2}{n_1}\right) = 2U_g \tag{4.5}$$

通常选择 $n_1 = n_2$，即开关管 VF$_1$ 所承受的电压应力为 $2U_g$。在实际电路中，由于变压器漏感的作用，开关管 VF$_1$ 所承受的电压应力会比计算值稍高一些。因此，正激变换器是以增加开关管 VF$_1$ 的电压应力为代价，获得电气隔离和提高开关管的利用率等优点。

4.3.2 双管正激变换器

双管正激变换器的拓扑结构如图 4.10 所示，开关管 VF$_1$ 和 VF$_2$ 的驱动信号完全相同。在区间 1，两个开关管共同导通；在区间 2 和区间 3，它们共同关断。变压器的二次侧与单管正激电路相同，所以在区间 1，二极管 VD$_3$ 导通，在区间 2 和 3，续流二极管 VD$_4$ 导通。在区间 2 工作时，磁化电流 $i_{\text{M}}(t)$ 使得二极管 VD$_1$ 和 VD$_2$ 正偏，由于变压器一次绕组的输入电压为 U_g，因此此时变压器一次绕组极性与区间 1 时相反，磁化电流以 $\dfrac{-U_g}{L_{\text{M}}}$ 的速率下降。当磁化电流减小到零时，二极管 VD$_1$ 和 VD$_2$ 截止。然后，磁化电流保持为零，以确保在一个开关周期内铁心复位。双管正激变换器的工作原理与单管正激变换器类似。占空比限制条件仍为 $D < 0.5$。与单管正激电路相比，双管正激变换器的最大优点是开关管的最大电压应力为 U_g 较小。简而言之，双管正激变换器是以增加一个开关管和一个二极管为代价，换取降低电压应力。

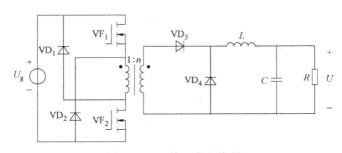

图 4.10　双管正激变换器

由于变压器磁化电流不存在负值，正激变换器变压器的铁心仅工作在 B-H 曲线的第一象限，其利用率只有一半，所以正激变换器常常被称为单端变换器。全桥和半桥变换器的铁心工作在 B-H 曲线的第一和第三象限，所以正激变换器的铁心通常较大。有源钳位技术的

发现，克服了这一缺点，使得正激变换器的铁心也可以工作在第一和第三象限。由于正激电路的变压器无中心抽头绕组，一次侧和二次侧绕组利用率要优于全桥、半桥、推挽电路。与全桥和半桥变换器相比，双管正激变换器没有上下开关管的直通现象，所以在软开关技术发明之前的 20 世纪 80 年代，双管正激变换器被广泛地应用于大功率场合。

4.3.3　同步整流技术

现代的高速大规模集成电路要求供电电压越来越低，以提高开关速度。例如，新一代的高速数据处理系统要求输出 50~100A 的电流，但输出电压仅为 1~3V，而一般肖特基二极管正向导通压降 $U_F = 0.4~0.8V$，二极管的通态损耗很大。因此，在低电压大电流的直流变换应用场合，二极管不再适合用作整流器件。在 20 世纪末，由于 MOSFET 技术大幅度进步，大大降低了 MOSFET 的导通电阻。另外，MOSFET 的导通电阻与耐压值的 2.5 次方成正比，对于低压 MOSFET，导通电阻可以小于 $1m\Omega$，开关速度小于 20ns。因此，人们发明了同步整流技术。同步整流技术有两个核心问题：其一，利用低压功率 MOSFET 导通电阻极小的特点，替代二极管作为整流器件，以减少通态损耗而提高效率 3%~8%。因此，28V 以下输出的场合几乎全部使用同步整流技术。其二，MOSFET 是电压控制型器件，要求栅极的控制电压必须与被整流电压的相位保持同步，故称之为同步整流。下面简介典型同步整流技术的工作原理及其优缺点。

当 MOSFET 用于同步整流管时，源极 S 和漏极 D 与常规连接方式相反，即电流是从源极 S 流向漏极 D 的。MOSFET 的源极 S 与整流二极管的阳极相对应，漏极 D 与阴极相对应。虽然从结构来看，MOSFET 的源极 S 和漏极 D 是完全可以互换的，但采用这个连接方式的原因在于，MOSFET 的源极 S 和漏极 D 之间存在一个寄生反并联二极管，在同步整流电路中，反并联二极管的连接方式与常规整流二极管相同。因此，即使 MOSFET 的驱动波形与整流波形不同步，寄生二极管也能为整流电流提供通路，避免感性负载的瞬间电流开路。用同步整流代替二极管实现半波整流电路如图 4.11 所示，当 MOSFET 的栅极 G 处于高电平时，同步整流 MOSFET 导通，电流由源极 S 流向漏极 D。栅极 G 为低电平时，MOSFET 处于阻断状态。

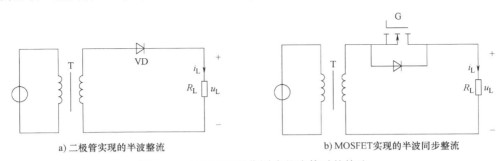

a) 二极管实现的半波整流　　　　　　　　　　b) MOSFET实现的半波同步整流

图 4.11　MOSFET 用作同步整流管时的接法

目前同步整流的驱动方式分自偏置驱动、辅助绕组驱动和控制 IC 驱动等。自偏置驱动同步整流是最简单和成本最低廉的技术，图 4.12 所示为反激、正激及推挽三种变换器的自偏置驱动同步整流电路。在正常输入电压值附近工作时，自偏置同步整流电器效果十分明显，在电压输出较高时，容易损坏 MOSFET，输出电压一般不高于 10V。下面以图 4.12b 所示的正激变换器为例简述其工作原理。当变压器的二次电压 U_i 变为上正下负的瞬间，受 VF_2 输入电容影响，$U_{GS2}=0$ 或负值，输出电流流过同步整流管 VF_2 的寄生二极管。随着 VF_2 输入电容迅速充电，使得 $U_{GS2}=U_i$，VF_2 导通，输出电流由寄生二极管换流到 VF_2 管，换流的原因是 VF_2 的导通压降远小于寄生二极管的正向导通电压。在此阶段，VF_3 也经历一个由开启到关断的过程。当变压器的二次电压 U_i 突然变为上负下正瞬间，受 VF_3 输入电容存储电能的影响，输出电感的电流流过 VF_3 的寄生二极管，随着 VF_3 输入电容迅速充电，使得 $U_{GS3}=U_i$，VF_3 导通，输出电流由寄生二极管换流到 VF_3。在每个换流过程中，还存在着 VF_2 和 VF_3 的换流过程。这个换流过程与二极管整流相同，因此，仍然存在着反向恢复的问题，这里不再赘述。自偏置驱动结构简单、元器件少，驱动电压与变压器的二次电压成正比。变压器的输出电压变换范围不能太大。变压器的输出电压过高，会损坏同步整流管；相反，变压器的输出电压过低，同步整流管会工作输出特性曲线的恒流区，从而影响效率。

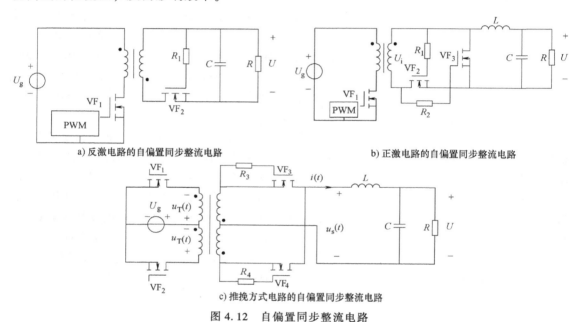

a) 反激电路的自偏置同步整流电路　　　　　　　　b) 正激电路的自偏置同步整流电路

c) 推挽方式电路的自偏置同步整流电路

图 4.12　自偏置同步整流电路

如图 4.13 所示，辅助绕组驱动的同步整流驱动方式是在自偏置同步整流电路的基础上改进的，以防止输入电压过高或过低导致同步整流管栅极电位失配。在变压器的二次侧，专门设置了一个绕组，使得同步整流管栅极电位与其要求相匹配，保证同步整流管工作在输出曲线的可变电阻区，同时避免过度饱现象影响开关速度，提高了电源的可靠性，此外，这些措施也将电源的输出电压从 10V 扩展到 24V，甚至更高。

为提高驱动同步整流 MOSFET 的效果，各公司设计了各种各样的同步整流的控制驱动 IC，试图将同步整流 MOSFET 的栅极电压调整在最佳状态，精准地控制其开启和关断时间，但其主要的不足在于 MOSFET 的源极必须接地，这会大大增加地线上的开关噪声，并将其传输至电源输出端。此外同步整流 MOSFET 的开关时序由自身数字脉冲发生器产生，使得 MOSFET 的寄生二极管的导通时间变得很短，甚至不导通，所以同步整流 MOSFET 的开启、关断通常为硬开关。ST 公司推出的 STSR2 和 STSR3，凌特半导体技术公司的 LTC3900 和 LTC3901 均是此种控制方式的典型代表型号。图 4.14 给出了 STSR2 驱动同步整流的正激变换器。

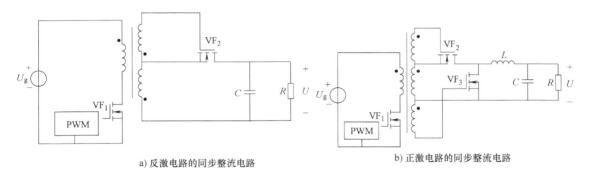

a) 反激电路的同步整流电路

b) 正激电路的同步整流电路

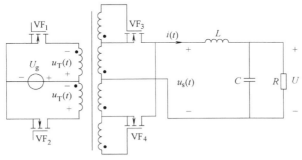

c) 推挽方式电路的同步整流电路

图 4.13 辅助绕组驱动的同步整流电路

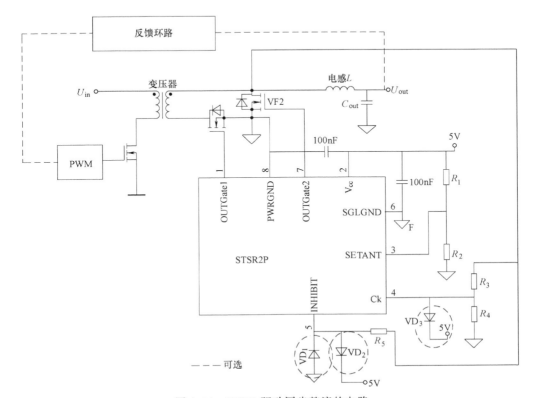

图 4.14 STSR2 驱动同步整流的电路

4.4 反激变换器

4.4.1 单管反激变换器

反激变换器是基于 Buck-Boost 变换器演变而来的，其推演过程如图 4.15 所示。Buck-Boost 变换器的拓扑结构如图 4.15a 所示，若将电感 L 替换为匝数比为 1:1 的两个并联电感，则得到如图 4.15b 所示的拓扑结构。因为变压器的同名端在同侧，称之为同侧并联电感。又因为电感的基本功能没有改变，并联电感仍可等效于一个单独的电感，所以图 4.15b 所示的拓扑结构仍是 Buck-Boost 变换器。在图 4.15b 所示电路中，若将两个绕组之间的连接线开路，其中一个绕组与开关管 VF_1 相连接，另一个绕组与二极管 VD_1 连接，则得到的电路如图 4.15c 所示。图 4.15c 电路中两个绕组的总电流等于图 4.15b 中的电流，但每个绕组上电流的分配方式不同，而内部的磁场是相同的。尽管这种双绕组装置仍用变压器符号表示，但它实际上已经不是常规的变压器，更确切的名称是 "双绕组电感器"。在开关电源中，将这种装置定义为反激变压器，是一个新的电路。它与常规变压器的差异是，电流不会同时流过反激变压器的两个绕组。反激变换器常用的拓扑结构如图 4.15d 所示。VF_1 的源极与反激变压器一次侧连接，为了得到同相输出电压，反激变压器的同名端不在同一侧，电路理论中称之为异侧同名端。反激变压器匝数比为 1:n，以便在电压增益较小或较大工况下，可以通过调节匝数比设计合理占空比。

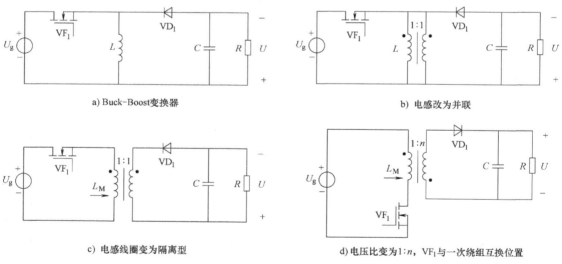

a) Buck-Boost变换器　　　　　　　　　　b) 电感改为并联

c) 电感线圈变为隔离型　　　　d) 电压比变为1:n，VF_1与一次绕组互换位置

图 4.15　反激变换器

为了便于分析反激变换器的工作原理，可将图 4.15d 中的反激变压器用图 4.2b 所示的变压器等效电路来代替，得到如图 4.16a 所示等效电路，其中磁化电感 L_M 的功能与图 4.15a 所示原始 Buck-Boost 变换器的电感 L 的作用相同。当开关管 VF_1 导通时，磁化电感 L_M 从直流电源 U_g 中汲取能量并存储在电感上，当二极管 VD_1 导通时，存储在 L_M 中的能量被传送给负载，变压器二次电压和电流按 1:n 的匝数比调整。下面分为两个区间，结合图 4.16 所示等效电路和图 4.17 所示的主要波形，分析 CCM 型反激变换器的工作原理。

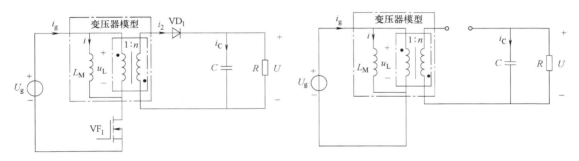

a) 变压器等效电路　　　　　　　　　　　　　　　　b) 区间1等效电路

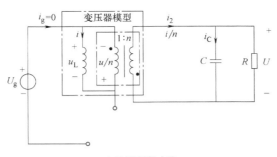

c) 区间2等效电路

图 4.16　反激变换器等效电路

（1）区间 1：开关管 VF_1 导通　当开关管 VF_1 导通时，变压器一次侧电压为上正下负，根据同名端的位置，二次侧电压为上负下正，二极管 VD_1 截止，等效电路如图 4.16b 所示。变压器一次侧磁化电感 L_M 电压 u_L 和电流 i_g 的表达式为

$$u_L = U_g \tag{4.6}$$

$$i_g = \frac{U_g}{L_M}t + I_{1L} \tag{4.7}$$

式中，I_{1L} 是磁化电感的初值。

若在 DCM 工作模式下，I_{1L} 初值为零。在区间 1 结束瞬间，一次侧的磁化电流 I_{1M} 为

$$I_{1M} = \frac{U_g}{L_M}DT_s + I_{1L} \tag{4.8}$$

在区间 1，磁化电感的电流不断增加，从输入直流电源中不断汲取能量。

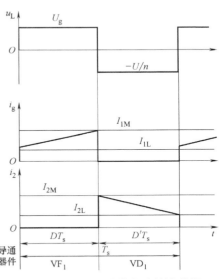

图 4.17　CCM 型反激电路的波形图

（2）区间 2：二极管 VD_1 导通　在开关管 VF_1 关断瞬间，磁化电感产生一个下正上负的感应电压，根据变压器同名端的位置，变压器二次侧的感应电压为下负上正，二极管 VD_1 导通，等效电路如图 4.16c 所示。在 VF_1 关断和 VD_1 导通瞬间，理想变压器一、二次电流的关系为

$$I_{1M}n_1 = I_{2M}n_2 \tag{4.9}$$

变压器一次侧磁化电感两端的电压 u_L、理想变压器的输出电流 i_2 和输入电流 i_g 的表达式为

$$u_L = -\frac{U}{n} \qquad (4.10)$$

$$i_2 = I_{2M} - \frac{U}{nL_M}t \qquad (4.11)$$

在区间 2，磁化电感的电流不断减少，向电容和负载泄放能量。在区间 2 结束瞬间，二次侧电流 I_{2L} 为

$$I_{2L} = I_{2M} - \frac{U}{nL_M}(1-D)T_s \qquad (4.12)$$

在开关管 VF_1 再次开启以及 VD_1 即将关断的换流过程，变压器一、二次电流的关系为

$$I_{1L}n_1 = I_{2L}n_2 \qquad (4.13)$$

根据图 4.17 所示磁化电感 L_M 的波形，或式（4.6）与式（4.10），应用伏秒平衡定律，得

$$U_gDT_s = \frac{U}{n}(1-D)T_s = \frac{U}{n}D_0T_s \qquad (4.14a)$$

由此得到 CCM 型反激变换器的电压增益为

$$A_v = \frac{U}{U_g} = \frac{D}{D_0}n \qquad (4.14b)$$

与第 3 章介绍的基本 Buck-Boost 的增益公式［即式（3.30）］相比，反激变换器的增益多一个变压器匝数比。正是这个匝数比，使得反激变换器具有更宽的输出电压范围。

4.4.2 有源钳位反激变换器

在 4.2.2 节中已经提到，为了防止铁心饱和，反激变压器的铁心必须开有气隙 l_g，以增加其磁场强度的最大值。铁心的气隙会泄漏一次绕组的部分磁通量，增强了漏磁现象，可用漏感 L_e 描述漏磁现象，其等效电路如图 4.5 所示。在开关管导通期间，漏感 L_e 存储一定的能量。在开关管关断瞬间，漏感的储能必然产生一个电压尖峰，这增加了开关管 VF_1 的电压应力，降低了反激变换器的效率。为解决上述问题，人们提出了有源钳位反激变换器，如图 4.18 所示。

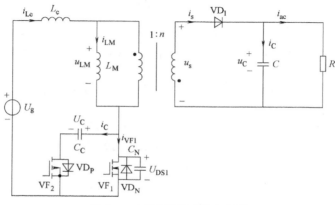

图 4.18　有源钳位反激变换器

与图 4.16a 所示电路相比，有源钳位反激变换器有两个改进：其一，变压器使用了图 4.5 所示的反激变压器模型。其二，增加了 P 沟道 MOSFET 辅助开关管 VF_2 和钳位电容 C_C。其主要设想是，在主开关管关断瞬间，用钳位电容吸收并存储漏感的能量。因为钳位电容的容量较大，漏感能量产生较低电压。在主开关管开通前，漏感与钳位电容发生谐振，使钳位电容存储的来自漏感的能量通过反激高频变压器传递到二次侧，并实现主开关管 $VF1_1$ 的 ZVS，提高效率。

下面分为 8 个阶段分析有源钳位的工作过程，其波形如图 4.19 所示，各个阶段等效电路如图 4.20 所示。

（1）时区 1 （$t_0 \sim t_1$）　在 $t = t_0$ 时刻，VF_1 开启且 VD_1 关断，等效电路如图 4.20a 所示。U_g 对 L_e 和 L_M 充电，从输入电源中汲取能量并将其能量存储在变压器一次侧的磁化电感中。此时 $i_{Le} = i_{LM}$，并按相同的斜率增长，斜率的表达式为

$$\frac{\mathrm{d}i_{Le}}{\mathrm{d}t} = \frac{U_g}{L_m + L_e} \qquad (4.15)$$

（2）时区 2 （$t_1 \sim t_2$）　在 $t = t_1$ 时刻，VF_1 关断，等效电路如图 4.20b 所示。L_e 和 L_M 对 VF_1 的输出电容 C_N 充电，并构成二阶 LC 谐振电路。由于 L_M 很大，C_N 较小，因此可以等效为一个直流恒流源对 C_N 充电，使其电压 U_{DS1} 迅速上升到 $U_g + U/n$，导致输出二极管 VD_1 导通。

（3）时区 3 （$t_2 \sim t_3$）　在 $t = t_2$ 时刻，VD_1 导通，等效电路如图 4.20c 所示。当输出二极管 VD_1 导通时，L_M 两端电压被钳位到 $-U_s/n$，将存储在磁化电感 L_M 中的能量通过理想变压器传递到二次侧，$i_s = i_{LM}/n$，电感 L_M 与理想变压器构成电流回路。另外，由于 $U_g + U_s/n$ 大于钳位电容的初始电压 U_C，使得 VF_2 的寄生二极管 VD_P 导通，漏感 L_e 对 C_C 和 C_N 同时充电，从而使存储在漏感 L_e 中的能量泄放给钳位电容 C_C，从而抑制漏感造成的尖峰电压。钳位电容电压的增量 ΔU_C 与漏感的尖峰电流之间的关系为

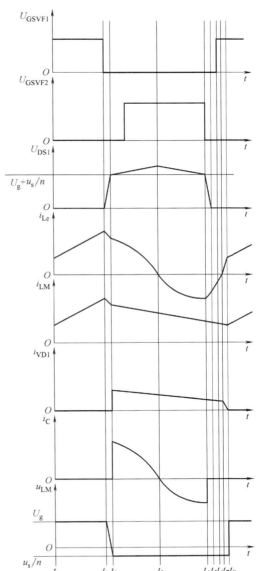

图 4.19　有源钳位的主要波形

$$L_e i_{Le}^2 = (C_C + C_N) \Delta U_C^2 \qquad (4.16)$$

（4）时区 4 （$t_3 \sim t_4$）　在 t_3 时刻，漏感中储存的能量得到全部的释放，$i_{Le} = 0$。假定在时区 3 辅助开关 VF_2 已经开启，则谐振将继续进行，使得 i_{Le} 反向流动，使得 C_C 和 C_N 同时放电，将其能量通过变压器释放给二次侧，提高变换器的整体效率，如图 4.20d 所示。

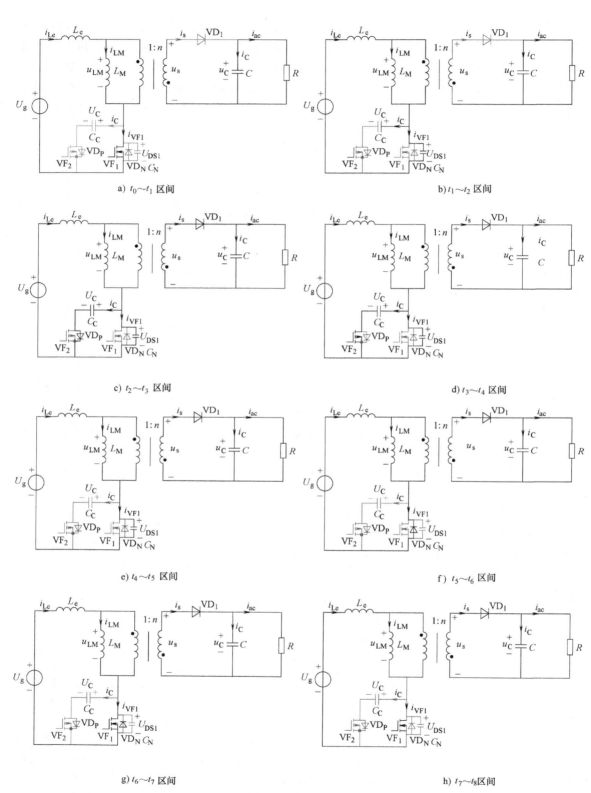

图 4.20　不同区间的等效电路

（5）时区 5（$t_4 \sim t_5$）　在 t_4 时刻，VF$_2$ 关闭，截断钳位电容的放电回路，只剩下 VF$_1$ 的输出电容 C_N 一个释放能量的通路，并与 L_e 谐振，使 C_N 两端电压迅速下降为零，导致 VF$_1$ 的寄生二极管 VD$_N$ 导通，等效电路如图 4.20e 所示。

（6）时区 6（$t_5 \sim t_6$）　在 t_5 时刻，C_N 中能量已释放完，所以，U_{DS1} 为零，但是漏感的电流仍为负值，迫使 VF$_1$ 的寄生二极管 VD$_N$ 导通，构成一个放电回路，等效电路如图 4.20f 所示。

（7）时区 7（$t_6 \sim t_7$）　在 t_6 时刻令 VF$_1$ 开启，但因 VD$_N$ 已处于导通状态，实现了 VF$_1$ 的 ZVS 开启，等效电路如图 4.20g 所示。

（8）时区 8（$t_7 \sim t_8$）　如图 4.20h 所示，在 t_7 时刻，漏感由负值变为零，VD$_N$ 与 VF$_1$ 换流，为漏感开始充电，充电电压为 $U_g + \dfrac{U}{n}$，使得漏感电流迅速增加。当 $t = t_8$ 时刻，漏感电流等于磁化电感电流，则磁化电感的电压等于 $\dfrac{U_g L_M}{L_M + L_e}$，极性为上正下负，导致二极管 VD$_1$ 截止。所以，t_8 时刻与 t_0 重合，重复时区 1 的特征。

在分析有源钳位电路时应该注意，在 $t_2 \sim t_8$ 区间，输出二极管 VD$_1$ 始终导通，则变压器一次侧磁化电感的电压等于 $\dfrac{-U}{n}$，磁化电流持续下降，但始终大于零，以保证输出二极管 VD$_1$ 导通，所以在 $t_2 \sim t_8$ 区间，磁化电感不参与换流过程。

4.5　推挽变换器

推挽变换器的拓扑结构如图 4.21 所示，变压器二次侧的电路与全桥和半桥电路相同。它是一个带有中心抽头的全波整流电路。由于二次侧两个整流二极管 VD$_1$ 和 VD$_2$ 轮流导通，所以整流二极管承担电流的平均值等于输出电流一半。与全桥整流电路相比，每次只有一个二极管导通，所以整流器的效率高。但它存在的缺点是，整流二极管的耐压为输出电压的两倍。由于变压器一、二次侧均带有中心

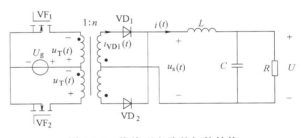

图 4.21　推挽型电路的拓扑结构

抽头，其两个绕组轮流工作，所以绕组的利用率最低。

推挽型电路的变压器一次侧电路也是一个带中心抽头的绕组。因此，推挽变换器可以认为是由两个互补工作的正激变换器组合而成，所以它具有正激变换器的所有优点。

VF$_1$ 在第一个开关周期内导通，导通时间为 DT_s；VF$_2$ 在下一个开关周期内导通，导通时间和 VF$_1$ 相同，变压器一次侧遵循伏秒平衡原则。推挽变换器的主要波形如图 4.22 所示，这种变换器占空比的范围很宽，即 $0 \leq D < 1$。很容易求得输出电压的表达式为

$$U = nDU_g \tag{4.17}$$

因为在任何时刻最多只有一个开关管导通，所以开关管具有导通损耗低的特点。同时由于变压器一、二次侧采用对称结构，即一次侧两个绕组的匝数相等，二次侧的两个绕组匝数也相等，所以开关管的耐压等于输入直流电源电压的两倍。基于上述优点，推挽电路常用在低输

入电压、大输入电流的应用场合。在开关管占空比接近 1 的工况，应尽量减少匝数比 n，以减少开关管电流应力。

推挽变换器的变压器很容易出现饱和现象。由于 VF_1 和 VF_2 的交替导通，使变压器交替磁化与退磁来完成电能传递。由于电路不可能完全对称，例如 VF_1 和 VF_2 的通态压降可能不同，或两管的开通时间有所差异，使得变压器一次侧的两个绕组出现伏秒积不相等，导致在相邻的两个开关周期之后，工作点将能回不到 $B\text{-}H$ 磁滞回线的初始点。于是若干周期后，铁心就会进入 $B\text{-}H$ 曲线的饱和区，产生很大的磁化电流，导致开关管损坏。在双极晶体管组成的推挽变换器中，变压器饱和是一个常见的问题。而对于 MOSFET 组成的推挽变换器，因为 MOSFET 导通电阻具有正温度系数，磁化电流增加会使开关管的导通电阻增加，从而能够部分抑制变压器的饱和现象。然而，更为普遍的观点是，推挽变换器仅使用电压控制环是不完善的，应该增加一个电流内环，以限制流过开关管的电流，达到缓解变压器饱和之目的。

虽然推挽变换器的两个开关管通过变压器一次绕组隔离，但是，与半桥和全桥变换器一样，两个开关管也存在着"直通"现象。如图 4.22 所示，若输出电感 L 工作在 CCM 模式，在 $[DT_s, T_s]$ 和 $[T_s+DT_s, 2T_s]$ 区间，变压器二次侧的两个整流二极管 VD_1 和 VD_2 共同导通，均分输出电感 L 的电流，使得变压器的二次侧短路。因此，考虑到开关管的开关时间，两个开关管 VF_1 和 VF_2 有可能同时导通，出现了"直通"现象。通常在 VF_2 开通与 VF_1 关断之间设置一个死区时间 t_d，以避免直通现象。死区时间 t_d 至少应等于开关管的关断时间，使得 VF_1 彻底关断后，再为 VF_2 施加开通信号。

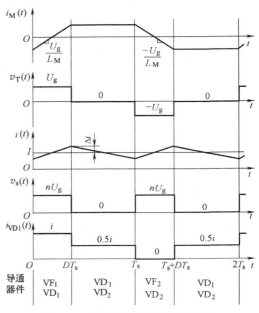

图 4.22　推挽电路的关键波形图

4.6　全桥变换器

4.6.1　基本全桥变换器

基本全桥变换器的拓扑结构如图 4.23a 所示。它由全桥逆变电路、变压器和整流电路等三部分组成。变压器的二次侧为带有中心抽头的双绕组结构，常用于低电压、大电流输出的应用场合。若忽略两个二次侧绕组的耦合现象，则可以将其视为一个三个绕组的变压器，匝数比为 $1:n:n$。利用如图 4.2b 所示变压器的等效电路模型代替变压器，得到图 4.23b 所示电路。其主要波形如图 4.24 所示。变换器的输出部分与非隔离型 Buck 变换器类似。下面介绍其工作原理。

（1）区间 1，$[0, DT_s]$：VF_1 和 VF_4 同时导通　在 $t=0$ 时刻，开关管 VF_1 和 VF_4 同时导通，变压器一次电压为 $u_T = U_g$，使磁化电流 $i_M(t)$ 以 $\dfrac{U_g}{L_M}$ 的斜率增长。若以变压器中心抽

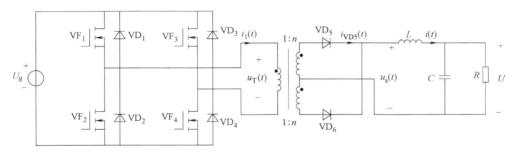

a) 电路结构

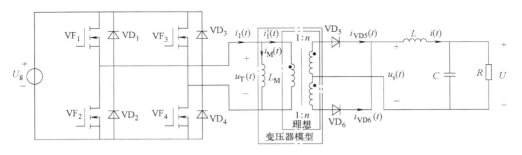

b) 含变压器等效电路的全桥变换器

图 4.23 全桥变换器主电路

头为分割点，用同名端标记正电位，则二次侧两个绕组的电压值均为 nU_g。二极管 VD_5 正向偏置导通，而 VD_6 反向偏置截止。变压器二次侧电压 nU_g，通过二极管 VD_5 将一次侧的能量直接传递给输出滤波电感 L、输出电容 C 和负载 R。在这个区间，输出电感 L 两端的电压等于（nU_g-U）。因为 $nU_g>U$，所以电感电流 $i(t)$ 增加。

（2）区间 2，$[DT_s, T_s]$：VD_5 和 VD_6 同时导通 在 $t=DT_s$ 时刻，VF_1 和 VF_4 同时关断。由于输出电感 L 工作在 CCM 模式，所以两个整流二极管 VD_5 和 VD_6 同时续流，理论上均分输出电感的电流，但实际情况略有差别。因为 VD_5 和 VD_6 同时导通，使得变压器的二次侧短路，也导致变压器的一次侧短路。变压器一次侧短路，使得变压器的磁化电流 $i_M(t)$ 在这个区间保持不变。另外，由于变压器的二次侧短路，输出电感 L 两端的电压为（$-U$），使得输出电感的电流减少。

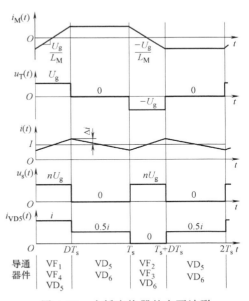

图 4.24 全桥变换器的主要波形

事实上，在第二区间，两个整流二极管的电流 i_{VD5} 和 i_{VD6} 是输出电感电流和变压器磁化电流的函数。只有在磁化电流等于零的理想工况，电流 i_{VD5} 才会等于 i_{VD6}。在实际电路中，因为变压器存在着磁化电流，两个整流二极管电流也与磁化电流有关。

图 4.23b 所示理想变压器电流满足的关系为

$$i_1'(t) - ni_{\mathrm{VD5}}(t) + ni_{\mathrm{VD6}}(t) = 0 \qquad (4.18)$$

变压器一次电流的方程为

$$i_1(t) = i_{\mathrm{M}}(t) + i_1'(t) \qquad (4.19)$$

将式 (4.18) 代入式 (4.19)，得

$$i_1'(t) - ni_{\mathrm{VD5}}(t) + ni_{\mathrm{VD6}}(t) = i_{\mathrm{M}}(t) \qquad (4.20)$$

由图 4.23b 可知，在第二区间，两个整流二极管的电流之和等于输出电感的电流，表示为

$$i_{\mathrm{VD5}}(t) + i_{\mathrm{VD6}}(t) = i(t) \qquad (4.21)$$

式 (4.20) 与式 (4.21) 联立求解，得

$$i_{\mathrm{VD5}}(t) = \frac{1}{2}i(t) - \frac{1}{2n}i_{\mathrm{M}}(t) \qquad (4.22a)$$

$$i_{\mathrm{VD6}}(t) = \frac{1}{2}i(t) + \frac{1}{2n}i_{\mathrm{M}}(t) \qquad (4.22b)$$

显然，只有在磁化电流远远小于输出电流的条件下，两个整流二极管的电流才近似相等。

在下一个开关周期，除了变压器的极性与上一个周期相反之外，电路的方式运行与上一个周期相似，这里不再赘述。

在 $[0, DT_{\mathrm{s}}]$ 区间，输出电感 L 两端的电压等于 $nU_{\mathrm{g}} - U$；在 $[DT_{\mathrm{s}}, T_{\mathrm{s}}]$ 区间，输出电感 L 两端电压为 $(-U)$，根据伏秒平衡得到电压增益公式为

$$A_{\mathrm{v}} = \frac{U}{U_{\mathrm{g}}} = nD \qquad (4.23)$$

与基本 Buck 变换器的增益公式相比，全桥变换器的增加了匝数比的控制量。因此，在全桥变换器中，输出电压既可以通过调节开关管的占空比 D 的来控制，也可以通过改变变压器匝数比 n 来控制。

半桥、全桥变换器与推挽变换器一样，上下两个开关管 VF_1 和 VF_2 及其 VF_3 和 VF_4 皆存在着"直通"现象。对于直通现象及其处理技术在 4.5 节中已有详细介绍。

全桥变换器结构复杂，需要四个开关管及相应的驱动电路，但变压器铁心的利用率高，通常应用于大功率场合。

4.6.2 全桥变换器的移相控制

全桥变换器的移相控制是通过控制驱动脉冲的相位来调节输出电压，其主电路的拓扑结构与图 4.23 所示的基本全桥变换器相同。移相控制方式是开关管 VF_1 和 VF_2 轮流互补导通，导通角度仍为 180°，开关管 VF_3 和 VF_4 也是互补导通。然而，VF_1 和 VF_4 并非同步导通，VF_1 超前于 VF_4 导通，超前导通的电角度为 $\alpha°$，如图 4.25 所示。因为 VF_1 和 VF_2 分别优先于 VF_4 和 VF_3 导通，故称 VF_1 和 VF_2 组成的桥臂为超前桥臂，VF_3 和 VF_4 组成的桥臂为滞后桥臂。两个桥臂的

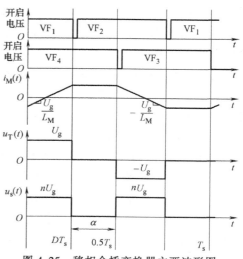

图 4.25　移相全桥变换器主要波形图

导通角相差一个移相角 α，该角度在 $0° \sim 180°$ 范围内连续可调，调节输出电压。当 $\alpha = 0°$ 时，VF_1 和 VF_4 或者 VF_2 和 VF_3 同时导通，输出电压达到最大值；当 $\alpha = 180°$ 时，VF_1 和 VF_3 或者 VF_2 和 VF_4 无导通的时间区间，输出电压为零。

通常将移相控制的全桥变换器简称为移相全桥变换器，如图 4.26 所示，如果考虑到变压器的漏感或者在变压器的一次侧串联一个谐振电感 L_r，则可以实现 $VF_1 \sim VF_4$ 的 ZVS 开启，大大降低了开关损耗，此为移相全桥变换器的最大优点，下面给予必要说明：

1）依靠输出电感 L 的储能完成 VF_1 和 VF_2 开关管输出电容的充放电，比较容易实现超前臂的 ZVS。

2）依靠谐振电感 L_r 的储能完成 VF_3 和 VF_4 开关管输出电容的充放电，实现滞后臂的 ZVS 有一定的困难。

3）变压器一、二次侧的占空比不一致，会出现二次侧占空比丢失的现象。

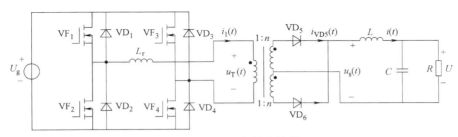

图 4.26　移相全桥变换器

4.7　半桥变换器

4.7.1　基本半桥变换器

推挽变换器开关管的耐压是输入电源电压的 2 倍，因此多用于低输入电压和高输入电流的场合。全桥变换器开关管所承受的电压等于输入电源电压，故常用于输入电源电压较高的场合，但需要四个开关管，结构复杂成本高。若用两个分压电容替代基本全桥变换器的开关管 VF_3 和 VF_4，就得到一个新的变换器，称之为基本半桥变换器，如图 4.27 所示。其中 C_a 和 C_b 为分压电容，二者电容值相等且电容值较大，B 点的直流电位等于输入直流电压 U_g 的一半，且基本不变。A 点的电位则取决于器件的工作情况。基本半桥变换器的主要波形如图 4.28 所示。

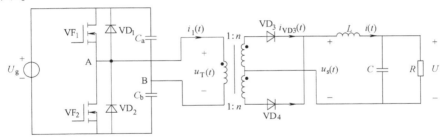

图 4.27　半桥变换器电路结构

（1）区间 1，$[O, DT_s]$，开关管 VF_1 导通　在 $t = 0$ 时刻，开关管 VF_1 导通，变压器一次电压为 $u_T = 0.5U_g$，使得磁化电流 $i_M(t)$ 以 $\dfrac{0.5U_g}{L_M}$ 的斜率增长。由变压器同名端可知，二次侧两个绕组的电压值均为 nU_g，二极管 VD_3 正向导通，VD_4 反偏截止，将一次侧的能量直接传递给输出滤波电感 L、输出电容 C 和负载 R。在此区间，输出电感 L 两端电压等于 $0.5nU_g - U$）。因为 $0.5nU_g > U$，所以电感电流 $i(t)$ 增加。

（2）区间 2，$[DT_s, T_s]$，VD_3 和 VD_4 同时导通　在 $t = DT_s$ 时刻，VF_1 关断。由于输出电感 L 工作在 CCM 模式，所以两个整流二极管 VD_3 和 VD_4 同时续流，使得变压器的二次侧和一次侧短路，产生如下两个效应：其一，磁化电流 $i_M(t)$ 保持不变。其二，输出电感 L 两端电压为 $-U$，导致输出电感的电流减少。

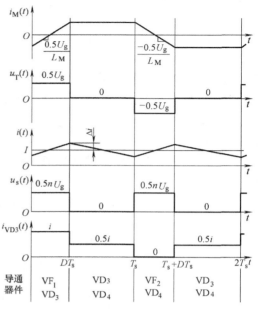

图 4.28　半桥变换器的主要波形

与全桥变换器相同，在下一个开关周期，除了变压器的极性相反之外，电路的方式运行与上一个周期相似。

在 $[O, DT_s]$ 区间，输出电感 L 两端的电压等于 $0.5U_g - U$；在 $[DT_s, T_s]$ 区间，输出电感 L 两端的电压为 $-U$，根据伏秒平衡，得到电压增益公式为

$$A_v = \frac{U}{U_g} = 0.5nD \tag{4.24}$$

4.7.2　LLC 谐振变换器

随着开关电源技术向高效率和高功率密度方向发展，软开关技术得到了深入的研究和广泛的应用，许多专家学者提出了许多高效率的软开关技术。本书主要介绍在工业界得到广泛认可的几种软开关技术。例如，4.4.2 节介绍的有源钳位技术和 4.6.2 节介绍的移相全桥技术等。直流变换器的控制技术分为 PWM 控制和调频控制，与之相对应的软开关技术为 PWM 软开关技术和谐振变换器技术。二者差异在于，调频控制可以实现全输入电压范围和全负载范围的软开关，而 PWM 控制只能在某些特定条件下实现软开关。

在诸多的谐振变换器中，LLC 谐振变换器的应用最为广泛，其主要优点如下：①结构简单。②从空载到满载的全负载范围内，实现了变压器一次侧 MOSFET 的 ZVS 和二次侧整流管的 ZCS，有利于提高开关频率及其效率。③宽输入电压范围。④充分利用了隔离变压器的磁化电感 L_M 和漏感 L_r，易于磁集成，从而减小了体积。

LLC 谐振变换器的拓扑结构如图 4.29 所示。它是由半桥逆变器、谐振槽路、变压器、全波整流器以及低通滤波器（low pass filter，LPF）等部分组成。通常，采用带有死区的互补对称信号控制两个开关管 VF_1 和 VF_2，使得半桥逆变器的输出为一个幅度为 U_g 方波信号。在谐

振电感 L_r 和谐振电容 C_r 构成的串联谐振支路的基础上，增加了变压器磁化电感 L_M，构成了 LLC 谐振槽路。通常，开关频率 ω_s 接近串联谐振频率 ω_0。在高品质因数工况，谐振回路的电流 i_{Lr} 近似为一个正弦波。因此，半桥逆变器与谐振槽路的共同功效是，从半桥逆变器输出的方波信号中提取基波信号作为谐振槽路的交流输入源。由此引出来谐振变换器的基波分析法。

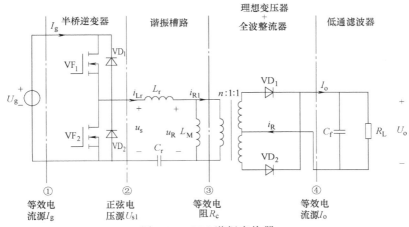

图 4.29　LLC 谐振变换器

在基波分析法中，对于半桥逆变器构成的二端口网络，用直流电流源 I_g 描述其的输入端口，用一个交流输入正弦源描述其输出端口。对于理想变压器与全波整流组成二端口网络，用等效电阻 R_e 描述其输入端口，用电流源 I_R 描述其输出端口。

交流输入正弦源的表达式为

$$u_{s1}(t) = \frac{2U_g}{\pi}\sin\omega_s t = U_{s1}\sin\omega_s t \tag{4.25}$$

等效电阻 R_e 的表达式为

$$R_e = \frac{8n^2 R_L}{\pi^2} \tag{4.26}$$

式中，U_g 是直流输入电压（V）；ω_s 是开关频率（Hz）；u_{s1} 是基波幅值，$U_{s1} = \frac{2U_g}{\pi V}$；$n$ 是变压器的匝数比；R_e 是负载电阻 R_L 的一次侧折射电阻。

基于上述描述，可得到 LLC 谐振变换器的稳态模型，如图 4.30 所示。从稳态模型中抽出谐振槽路的稳态模型，如图 4.31 所示。它是一个线性电路，用相量分析法可得到直流增益的表达式，即

$$M = \frac{nU_o}{U_g/2} = \left| H(j\omega_s) \right| = \frac{L_n f_n^2}{\sqrt{\left[(1+L_n)f_n^2 - 1\right]^2 + \left[QL_n f_n(f_n^2 - 1)\right]^2}} \tag{4.27}$$

式中，归一化频率 f_n、品质因数 Q、电感比 L_n、第一串联频率 f_0 和第二谐振频率 f_p 见表 4.1。

表 4.1　直流增益公式中的参数定义表

直流增益	第一串联谐振频率/Hz	第二串联谐振频率/Hz	品质因数	归一化频率/Hz	电感比
$M = \dfrac{nU_o}{U_g/2}$	$f_0 = \dfrac{1}{2\pi\sqrt{L_r C_r}}$	$f_p = \dfrac{1}{2\pi\sqrt{(L_r + L_M)C_r}}$	$Q = \dfrac{\sqrt{L_r/C_r}}{R_e}$	$f_n = \dfrac{f}{f_0}$	$L_n = \dfrac{L_M}{L_r} > 1$

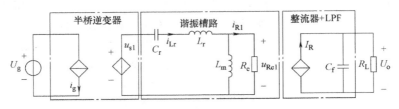

图 4.30 稳态模型

基于式 (4.27)，可以使用 Matlab 等仿真软件绘制出 LLC 谐振变换器的直流增益曲线，如图 4.32 所示。纵坐标为直流增益 M，横坐标为归一化频率 f_n，两个参变量分别为品质因数 Q 和电感比 L_n。令 $L_n = 5$，$Q = 0.1$，0.3，0.5，0.7，1，2，分别以第一串联频率 f_0 和第二谐振频率 f_p 为分界线，将曲线划分为三个区域。

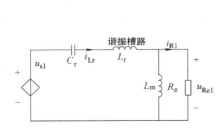

图 4.31 谐振槽路的稳态模型

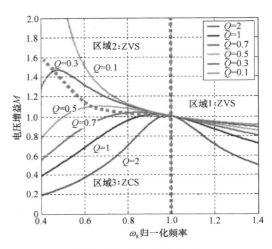

图 4.32 直流增益曲线

在区域 1，当 $f > f_0$，使得 $\omega L_M \gg R_e$，所以在如图 4.31 所示的并联支路中，R_e 起主导作用，近似认为 L_M 支路开路。故在区域 1 中，LLC 谐振变换器退化为一个 LC 串联谐振变化器。又因为开关频率大于谐振频率，所以谐振槽路的输入阻抗呈现出电感特性，使得开关管 VF_1 和 VF_2 满足 ZVS 条件。然而在区域 1，整流二极管 VD_1 和 VD_2 工作在 CCM 模式，存在反向恢复问题，不利于提高效率。区域 2 和 3 的分界线是 $f = f_p$ 且 $f < f_0$。

在区域 3，因为 $f < f_0$，所以谐振槽路的输入阻抗呈现出电容特性，使得 VF_1 和 VF_2 满足 ZCS 条件。因此，应该避免工作在区域 3。另外，当 $Q > 1$ 时，仍然满足 $\omega_s L_M \gg R_e$ 的条件，LLC 谐振变换器在次退化为 LC 串联谐振电路。

通常 LLC 谐振变换器工作在区域 2。区域 2 的主要特征如下：①$f_0 > f > f_p$，谐振槽路的输入阻抗为电感特性，是 ZVS 区域。②随着 Q 值的减小，直流增益 M 增加，使其具有良好的电压调整率和负载调整率。③由于磁化电感 L_M 的存在，LLC 谐振变换器可以开路运行。对于两个参量，L_n 的推荐值为 5，变化范围为 2.5~6，$Q = 0~0.5$ 是最佳设计。

必须指出，虽然 LLC 谐振变换器具有许多优良的品质，然而，它的设计程序却十分复杂。

习　题

4.1　简要叙述一下同步整流技术的工作原理。

4.2　图 4.6 所示的单管正激变换器，若输入电源电压为 60V，主输出的平均输出电压为 5V，开关频率 f_s 为 1kHz，输出电感电流纹波最大值为 0.1A，一次绕组匝数 n_1 为 60 匝，退磁绕组 n_3 和一次绕组 n_1 匝数比为 1，求：（1）二次绕组最小值 n_{2m}；（2）输出滤波电感 L 的值。

4.3　如图 4.16 所示的反激变换器，输入电压为 12V，开关频率 f_s 为 100kHz，额定负载电流为 1A，最小负载电流为 0.1A，要求平均输出电压为 48V，电压纹波小于 1%。变压器匝数比 $n = 4$，当输出电压在 ±10% 波动时，为了使输出电压稳定，占空比应该在什么范围内调节？

4.4　如图 4.16 所示的反激变换器，若变换器工作在连续模式，输入电压为 50V，平均输出电压为 100V，一次侧的励磁电感为 1mH，变压器匝数比 n 为 4。当开关频率 f_s 为 1kHz 时，求：（1）占空比；（2）变压器二次侧电感。

4.5　试分析反激变换器和正激式变换器的工作原理。

4.6　反激变换器是否可以空载运行，为什么？

4.7　试画图分析全桥变换器的工作原理。

4.8　为什么当直流变换电路的输入和输出电压差较大时，常常用正激和反激电路而不用 Buck 或 Boost 电路？

第5章

开关变换器的低频小信号模型

5.1 开关电源的闭环控制概述

　　在第 3 章和第 4 章介绍了基本变换器和隔离变换器，它们可以将一种直流电压变换为另一种直流电压。然而为了确保变换器能输出稳定的直流电压，使其不受输入电源电压和负载波动的影响，必须引入负反馈控制构成一个闭环系统，称之为闭环开关电源。闭环开关电源包含开关变换器与反馈控制两大部分，如图 5.1 所示。由此引发了两个基本问题：其一，由于开关变换器是一个强非线性系统，不能用传递函数表示其动态特性，也无法使用经典控制理论研究其稳定性，为此，本章将介绍开关变换器的低频交流小信号模型。其二，由于简单的负反馈不能保证系统的稳定性及相位裕度，必须在反馈环路中插入一个控制器，因此在第 6 章中将继续介绍开关电源控制器的设计。

　　下面以图 5.1 所示的 Buck 型闭环开关电源系统为例，介绍一般闭环开关电源的基本工作过程，包括稳态与动态调节两种工况。

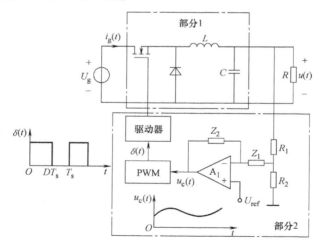

图 5.1　Buck 型闭环开关电源原理图

　　（1）工况 1，稳态工作　　当输入电压 U_g 和负载 R 皆处于稳定状态时，输出电压 $u(t)$ 经电阻 R_1 和 R_2 组成的电压采样网络分压后，在 R_2 两端得到的电压恰好等于参考电压 U_{ref}，则流经控制器输入阻抗 Z_1 的电流等于零，若 Z_2 为一个电容，则控制器的输出电压 $u_c(t)$ 保持不变。PWM 环节是一个电压比较器，如图 5.2a 所示，反相端的输入信号为一个高频锯齿波，同相端的输入信号为控制信号 $u_c(t)$，二者比较后产生占空比为 D 的稳态脉冲序列 $\delta(t)$，经驱动器后控制 MOSFET 开关器件的通断，满足方程 $u(t) = DU_g$。

（2）工况 2，动态调节过程　若负载 R 瞬间变小，由于 Buck 变换器时间常数很大，不能瞬间为负载提供更多的能量，输出电压 $u(t)$ 会有所下降。经过电压采样网络后，R_2 两端的电压也随之下降，导致控制器 A_1 的输出电压 $u_c(t)$ 上升，使得占空比 D 增加，从而为负载提供更多能量，使输出电压恢复到稳态值。占空比变化如图 5.2b 所示 。

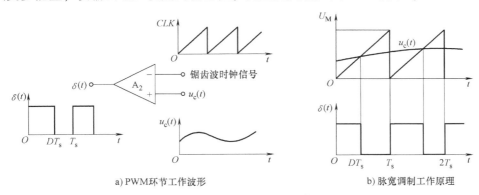

a) PWM环节工作波形　　　　　　　　　　b) 脉宽调制工作原理

图 5.2　PWM 环节原理示意图

在直流参考电压 U_{ref} 上叠加一个低频交流小信号扰动，测量输出电压 $u(t)$，可以得到其频谱如图 5.3 所示。由频谱图可以得到如下结论：

1）输出电压 $u(t)$ 的频谱中含有直流分量 U_0、低频扰动及其谐波分量：f_g，$2f_g$，$3f_g\cdots$、开关频率及其谐波分量：f_s，$2f_s\cdots$，以及边频分量：$f_s \pm f_g$，$2f_s \pm f_g\cdots$。

2）为了减少输出电压中的高频纹波分量，通常要求变换器中低通滤波器的转折频率 f_0 要远小于开关频率 f_s。

因此，输出电压中主要的频率分量为低频扰动分量 f_g 及其谐波分量 $2f_g$，$3f_g\cdots$，称为低频交流小信号分量。换言之，由于变换器中低通滤波器的作用，在研究低频交流小信号扰动响应时，可以忽略开关频率及其谐波分量与边频分量的影响。这个结论为开关变换器的低频小信号建模技术提供了方便。另一方面，衡量直流电源性能的两个重要指标是电压调整率和负载调整率，而输入电压和负载的变化是一个缓慢的能量变化过程，可以等效为低频小信号扰动。因此，研究开关变换器的低频交流小信号动态响应可以满足直流电源装置的动态要求。

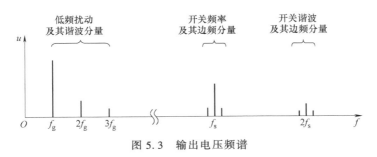

图 5.3　输出电压频谱

5.2　状态空间平均法

由于 PWM 型开关变换器是一个强非线性系统，因此变换器动态特性的解析始终是一个难题，这阻碍了开关电源的闭环分析与设计。但如 5.1 节所述，开关变换器输入电压和负载的变化规律可用低频交流小信号扰动描述，同时由于变换器中低通滤波器的作用，在研究开关变换器的动态特性时，可以忽略高频纹波的作用。基于上述实际工况，1976 年美国加利福尼亚理工大学 R. D. Middlebrook 和 Slobodan Cuk 提出了状态空间平均法，为 PWM 型开关变换器提供了较为有效的分析工具，随后也出现了等效受控源法和开关网络的平均模型等方法。

5.2.1 平均状态方程

为了剔除高频开关纹波的影响，使变换器各变量中的直流分量与交流小信号分量之间的关系突显出来，这里采用在一个开关周期内求取状态变量平均值的方法，将分段线性化状态方程转化为连续时间变量的状态方程。下面以图 5.4 所示的 Buck 变换器工作在 CCM 模式下为例，推导该变换器的平均状态方程。

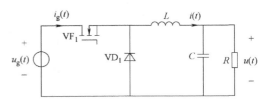

图 5.4　Buck 变换器原理图

在一个开关周期内，CCM 型变换器的工作过程可分为两个工作区间，等效电路分别如图 5.5a 和图 5.5b 所示。可以为每个区间分别建立线性状态方程。

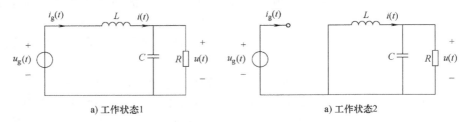

a) 工作状态1　　　　　　　　　　　a) 工作状态2

图 5.5　Buck 变换器两个工作区间的等效电路

（1）工作状态 1　在 $[O, DT_s]$ 区间，VF_1 导通，VD_1 截止，等效电路如图 5.5a 所示。它是一个线性电路。根据等效电路，可写出电感电压 $u_L(t)$ 与电容电流 $i_C(t)$ 的方程分别为

$$u_L(t) = L\frac{di(t)}{dt} = u_g(t) - u(t)$$

$$i_C(t) = C\frac{du(t)}{dt} = i(t) - \frac{u(t)}{R} \tag{5.1}$$

式中，电感电流 $i(t)$ 等于输入电流 $i_g(t)$，输出电压 $u(t)$ 等于电容电压，可以表示为

$$i_g(t) = i(t)$$
$$u(t) = u(t) \tag{5.2}$$

将式（5.1）和式（5.2）改写成状态方程与输出方程的形式，表示为

$$\begin{bmatrix} \dot{i}(t) \\ \dot{u}(t) \end{bmatrix} = \begin{bmatrix} 0 & -\dfrac{1}{L} \\ \dfrac{1}{C} & -\dfrac{1}{RC} \end{bmatrix} \begin{bmatrix} i(t) \\ u(t) \end{bmatrix} + \begin{bmatrix} \dfrac{1}{L} \\ 0 \end{bmatrix} [u_g(t)] \tag{5.3}$$

$$\begin{bmatrix} i_g(t) \\ u(t) \end{bmatrix} = \begin{bmatrix} 1 & 0 \\ 0 & 1 \end{bmatrix} \begin{bmatrix} i(t) \\ u(t) \end{bmatrix} + \begin{bmatrix} 0 \\ 0 \end{bmatrix} [u_g(t)] \tag{5.4}$$

为了将式（5.3）和式（5.4）写成更紧凑的形式，取电感电流 $i(t)$ 和电容电压 $u(t)$ 作为状态变量，组成二维状态向量 $\boldsymbol{x}(t) = [i(t), u(t)]^T$；取输入电压 $u_g(t)$ 作为输入变量，组成一维输入向量 $\boldsymbol{u}(t) = [u_g(t)]$；取电压源 $u_g(t)$ 的输出电流 $i_g(t)$ 和变换器的输出电压 $u(t)$ 作为输出变量，组成二维输出向量 $\boldsymbol{y}(t) = [i_g(t), u(t)]^T$。同时定义如下 $\boldsymbol{A}_1$、$\boldsymbol{B}_1$、$\boldsymbol{C}_1$ 和 $\boldsymbol{E}_1$ 系数矩阵，即

$$\boldsymbol{A}_1 = \begin{bmatrix} 0 & -\dfrac{1}{L} \\ \dfrac{1}{C} & -\dfrac{1}{RC} \end{bmatrix}, \boldsymbol{B}_1 = \begin{bmatrix} \dfrac{1}{L} \\ 0 \end{bmatrix}, \boldsymbol{C}_1 = \begin{bmatrix} 1 & 0 \\ 0 & 1 \end{bmatrix}, \boldsymbol{E}_1 = \begin{bmatrix} 0 \\ 0 \end{bmatrix} \tag{5.5}$$

基于上述定义，可以将式（5.3）和式（5.4）改写为以下形式，即

$$\dot{\boldsymbol{x}}(t) = \boldsymbol{A}_1 \boldsymbol{x}(t) + \boldsymbol{B}_1 \boldsymbol{u}(t) \tag{5.6a}$$

$$\boldsymbol{y}(t) = \boldsymbol{C}_1 \boldsymbol{x}(t) + \boldsymbol{E}_1 \boldsymbol{u}(t) \tag{5.6b}$$

（2）工作状态 2　在 $[DT_s, T_s]$ 区间，VF_1 截止，VD_1 导通，等效电路如图 5.5b 所示。它也是一个线性电路，电感电压 $u_L(t)$ 与电容电流 $i_C(t)$ 分别为

$$u_L(t) = L\frac{\mathrm{d}i(t)}{\mathrm{d}t} = -u(t)$$

$$i_C(t) = C\frac{\mathrm{d}u(t)}{\mathrm{d}t} = i(t) - \frac{u(t)}{R} \tag{5.7}$$

由于 VF_1 截止，输入电流 $i_g(t)$ 为零，输出电压 $u(t)$ 仍为电容电压 $u(t)$，则有

$$i_g(t) = 0$$
$$u(t) = u(t) \tag{5.8}$$

将式（5.7）与式（5.8）改写为成状态方程与输出方程的紧凑形式，即

$$\dot{\boldsymbol{x}}(t) = \boldsymbol{A}_2 \boldsymbol{x}(t) + \boldsymbol{B}_2 \boldsymbol{u}(t) \tag{5.9a}$$

$$\boldsymbol{y}(t) = \boldsymbol{C}_2 \boldsymbol{x}(t) + \boldsymbol{E}_2 \boldsymbol{u}(t) \tag{5.9b}$$

其中系数矩阵 $\boldsymbol{A}_2$、$\boldsymbol{B}_2$、$\boldsymbol{C}_2$ 和 $\boldsymbol{E}_2$ 定义为

$$\boldsymbol{A}_2 = \begin{bmatrix} 0 & -\dfrac{1}{L} \\ \dfrac{1}{C} & -\dfrac{1}{RC} \end{bmatrix}, \quad \boldsymbol{B}_2 = \begin{bmatrix} 0 \\ 0 \end{bmatrix}, \quad \boldsymbol{C}_2 = \begin{bmatrix} 0 & 0 \\ 0 & 1 \end{bmatrix}, \quad \boldsymbol{E}_2 = \begin{bmatrix} 0 \\ 0 \end{bmatrix} \tag{5.10}$$

状态空间平均法是用状态变量的平均值将式（5.6a）和式（5.9a）两个状态方程整合为一个时间连续状态方程，即平均状态方程。在一个周期内对状态方程取平均，即分别给状态方程式（5.6b）和式（5.9b）乘以持续时间 DT_s 与 $(1-D)T_s$，求和后再除以周期 T_s，得到平均状态方程为

$$\dot{x}(t) = \frac{1}{T_s}\left[DT_s\dot{x}(t) + (1-D)T_s\dot{x}(t)\right]$$

$$= \frac{1}{T_s}\left[DT_sA_1x(t) + DT_sB_1u(t) + (1-D)T_sA_2x(t) + (1-D)T_sB_2u(t)\right]$$

$$= \frac{1}{T_s}\left\{\left[DA_1 + (1-D)A_2\right]T_sx(t) + \left[D_sB_1 + (1-D)B_2\right]T_su(t)\right\} \qquad (5.11)$$

$$= \left[DA_1 + (1-D)A_2\right]x(t) + \left[D_sB_1 + (1-D)T_sB_2\right]u(t)$$

$$= Ax(t) + Bu(t)$$

式（5.11）中，矩阵 A 和 B 的定义为

$$A = DA_1 + (1-D)A_2 = D\begin{bmatrix} 0 & -\dfrac{1}{L} \\ \dfrac{1}{C} & -\dfrac{1}{RC} \end{bmatrix} + (1-D)\begin{bmatrix} 0 & -\dfrac{1}{L} \\ \dfrac{1}{C} & -\dfrac{1}{RC} \end{bmatrix} = \begin{bmatrix} 0 & -\dfrac{1}{L} \\ \dfrac{1}{C} & -\dfrac{1}{RC} \end{bmatrix} \qquad (5.12)$$

$$B = DB_1 + (1-D)B_2 = D\begin{bmatrix} \dfrac{1}{L} \\ 0 \end{bmatrix} + (1-D)\begin{bmatrix} 0 \\ 0 \end{bmatrix} = \begin{bmatrix} \dfrac{D}{L} \\ 0 \end{bmatrix} \qquad (5.13)$$

同理，在一个开关周期 T_s 内，采用同样的方法对式（5.6b）和式（5.9b）进行加权平均处理，可以得到平均输出方程为

$$y(t) = Cx(t) + Eu(t) \qquad (5.14)$$

式（5.14）中，矩阵 C 和 E 定义为

$$C = DC_1 + (1-D)C_2 = D\begin{bmatrix} 1 & 0 \\ 0 & 1 \end{bmatrix} + (1-D)\begin{bmatrix} 0 & 0 \\ 0 & 1 \end{bmatrix} = \begin{bmatrix} D & 0 \\ 0 & 1 \end{bmatrix} \qquad (5.15)$$

$$E = DE_1 + (1-D)E_2 = D\begin{bmatrix} 0 \\ 0 \end{bmatrix} + (1-D)\begin{bmatrix} 0 \\ 0 \end{bmatrix} = \begin{bmatrix} 0 \\ 0 \end{bmatrix} \qquad (5.16)$$

5.2.2 平均状态方程的稳态解

为了便于阅读，将平均状态方程和平均输出方程重新写在一起，即

$$\dot{x}(t) = Ax(t) + Bu(t) \qquad (5.17a)$$

$$y(t) = Cx(t) + Eu(t) \qquad (5.17b)$$

式中，各常数矩阵定义为

$$A = \begin{bmatrix} 0 & -\dfrac{1}{L} \\ \dfrac{1}{C} & -\dfrac{1}{RC} \end{bmatrix}, \quad B = \begin{bmatrix} \dfrac{D}{L} \\ 0 \end{bmatrix}, \quad C = \begin{bmatrix} D & 0 \\ 0 & 1 \end{bmatrix}, \quad E = \begin{bmatrix} 0 \\ 0 \end{bmatrix} \qquad (5.18)$$

当变换器进入稳态后，根据伏秒平衡和电荷平衡定律可知，状态变量的变化率等于零，则有

$$\dot{x}(t) = 0 \qquad (5.19)$$

用大写字母表示稳态变量及其解，则有

$$X = \begin{bmatrix} I \\ U \end{bmatrix}, \quad Y = \begin{bmatrix} I_g \\ U \end{bmatrix}, \quad U = [U_g], \quad D = D \tag{5.20}$$

将式（5.19）、式（5.20）代入式（5.17），得到电压增益公式为

$$A_v = \frac{U}{U_g} = D \tag{5.21}$$

电流增益公式为

$$A_I = \frac{I}{I_g} = \frac{1}{D} \tag{5.22}$$

以及输出电流公式为

$$I = \frac{U}{R} = \frac{DU_g}{R} \tag{5.23}$$

对照 3.4.2 节所介绍的开关变换器的直流变压器模型可知，平均状态方程的稳态解与直流变压器模型的分析结果完全一致。

5.3 开关网络的平均模型

在开关变换器的电路结构中，只有功率开关管和续流二极管为非线性开关器件。如果能够利用状态空间平均法得到的结论将这两个非线性开关器件变换为线性受控源，则可以用线性等效电路描述开关变换器的低频小信号动态特性。等效电路与原电路结构相同，保留信息多，概念清晰，符合电类专业人员的思维方式，有利于人们认识开关变换器稳态与动态特性。

5.3.1 Buck 变换器的受控源模型

Buck 变换器如图 5.6a 所示。当变换器进入稳态后，电感满足伏秒平衡、电容满足电荷平衡。伏秒平衡表明，在一个开关周期内，电感电压的平均值等于零，相当于短路。电荷平衡表明，在一个开关周期内，电容电流的平均值等于零，相当于开路。因此，当变换器进入稳态后，Buck 变换器的等效电路如图 5.6b 所示。

根据状态空间平均法的结论，当变换器进入稳态后，Buck 变换器的电压增益和电流增益可用式（5.21）和式（5.22）表示，现将其改写为

$$U = DU_g \tag{5.24a}$$

$$I_g = DI \tag{5.24b}$$

由图 5.6b 所示电路可知，式（5.24a）表明，开关管可等效为一个电流控制的电流源。式（5.24b）表明，二极管可等效为一个电压控制的电压源。由此得到 Buck 变换器的稳态受控源模型，如图 5.6c 所示。因为电路已进入稳态，占空比是一个常数，用大写 D 表示。所以图 5.6c 所示电路为一个线性电路。

若在直流稳态的基础上叠加低频小信号扰动，电感将不再满足伏秒平衡，电容也不再满足电荷平衡。因此，电感不再短路，电容也不再开路。由此得到 Buck 变换器的低频动态受控源模型如图 5.6d 所示。需要说明的是，因为存在着扰动，占空比不再是一个常数，而是一个变量，所以用小写 d 表示。因此图 5.6d 所示电路为一个大信号非线性电路。

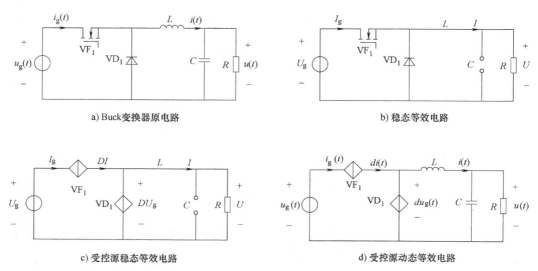

a) Buck变换器原电路　　　　　　　　　　　　b) 稳态等效电路

c) 受控源稳态等效电路　　　　　　　　　　　d) 受控源动态等效电路

图 5.6　Buck 电路的受控源模型

对于图 5.6 所示的电路说明如下：

1）虽然这个模型是以 Buck 变换器为例获得的，但可以证明它适合所有 Buck 类变换器，但不适合 Boost 类变换器。

2）对于 Buck 类变换器，用受控电流源替代开关器件，用受控电压源替代续流二极管。

3）对于受控源电路，应注意两个关键问题：其一，对于隔离型 Buck 类变换器，控制系数不再是占空比，而应该是电压增益。其二，控制变量必须为独立变量或状态变量，诸如电源电压、电感电流和电容电压等。因此对于 Boost 类变换器，应该用受控电压源替代开关器件，用受控电流源替代续流二极管，控制系数仍为电压增益。

4）可以使用图 5.6d 所示的电路直接仿真变换器的动态特性，不必进行稳态与小信号分离。

5.3.2　Buck 变换器的低频交流小信号模型

在图 5.7a 所示的 Buck 变换器中，VF_1 与 VD_1 两个开关器件组成了一个二端口开关网络，如图 5.7 中点画线框所示，端口电压与电流分别为 $u_1(t)$、$i_1(t)$ 和 $u_2(t)$、$i_2(t)$。将该二端口开关网络从 Buck 变换器中分离出来，如图 5.7b 所示，称为 Buck 型开关网络。

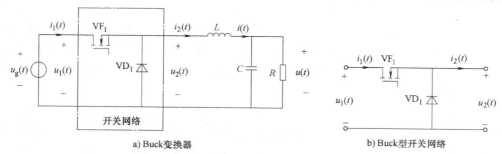

a) Buck变换器　　　　　　　　　　　　　b) Buck型开关网络

图 5.7　Buck 变换器及其开关网络

由图 5.7b 可知，应用状态空间平均法后，开关网络的特性仍满足式（5.24）。下面基于这个公式推导开关网络低频交流小信号模型。

为了推导小信号模型，先将式（5.24）中的所有变量改写为小写字母，表示在直流静态工作点的基础上叠加了一个交流扰动，表示为

$$u_2 = du_1 \tag{5.25a}$$

$$i_1 = di_2 \tag{5.25b}$$

假定在直流静态工作点的基础上叠加了一个交流扰动，上述各变量改写为

$$u_2 = U_2 + \hat{u}_2 \tag{5.26a}$$

$$u_1 = U_1 + \hat{u}_1 \tag{5.26b}$$

$$i_1 = I_1 + \hat{i}_1 \tag{5.26c}$$

$$i_2 = I_2 + \hat{i}_2 \tag{5.26d}$$

$$d = D + \hat{d}(d_0 = D_0 - \hat{d}_0) \tag{5.26e}$$

将式（5.26）各表达式代入式（5.25），得到表达式为

$$U_2 + \hat{u}_2 = (D + \hat{d})(U_1 + \hat{u}_1) = DU_1 + D\hat{u}_1 + U_1\hat{d} + \hat{d}\hat{u}_1 \tag{5.27a}$$

$$I_1 + \hat{i}_1 = (D + \hat{d})(I_2 + \hat{i}_2) = DI_2 + D\hat{i}_2 + I_2\hat{d} + \hat{d}\hat{i}_2 \tag{5.27b}$$

因为扰动量远远小于直流量，即

$$\hat{i} \ll I, \hat{u} \ll U, \hat{d} \ll D \tag{5.28}$$

忽略两个扰动量的乘积项，得到一个近似线性关系，即

$$U_2 + \hat{u}_2 \approx DU_1 + D\hat{u}_1 + U_1\hat{d} \tag{5.29a}$$

$$I_1 + \hat{i}_1 \approx DI_2 + D\hat{i}_2 + I_2\hat{d} \tag{5.29b}$$

根据非线性系统的谐波平衡理论，进行交-直流分离，得到直流分量表达式为

$$U_2 = DU_1 \tag{5.30a}$$

$$I_1 = DI_2 \tag{5.30b}$$

交流分量表达式为

$$\hat{u}_2 = D\hat{u}_1 + U_1\hat{d} \tag{5.31a}$$

$$\hat{i}_1 = D\hat{i}_2 + I_2\hat{d} \tag{5.31b}$$

式（5.31）就是 Buck 型开关网路的低频小信号模型。

基于式（5.30）绘制 Buck 型开关网络的直流稳态模型，如图 5.8a 所示。这个模型与第 3 章的图 3.18 所示的模型完全一致，不再赘述。

基于式（5.31）绘制 Buck 型开关网络的小信号等效电路如图 5.8b 所示。

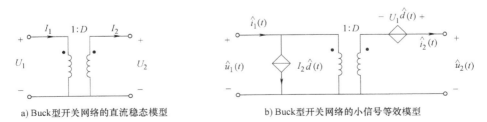

a) Buck型开关网络的直流稳态模型 b) Buck型开关网络的小信号等效模型

图 5.8　Buck 型开关网络的直流稳态模型和小信号等效模型

用图 5.8b 所示的小信号模型替代图 5.7a 中的开关网络，得到 Buck 变换器的小信号等效电路，如图 5.9 所示。

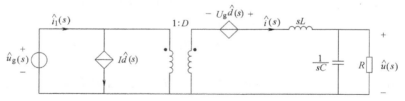

图 5.9　理想 Buck 变换器的小信号等效电路

对图 5.9 所示的电路说明如下：

1）它是一个复频域的等效电路，既可以用于瞬态分析，也进行低频交流小信号稳态分析。

2）它是以状态空间平均法为基础得到的小信号模型，不适应于分析高频开关纹波。

3）对于隔离型 Buck 类变换器，应该使用电压增益替代直流占空比 D，并将占空比的扰动量乘以变压器的匝数比。

4）它是在直流工作点附近的小信号等效电路，分析结果直接与直流工作点有关。直流工作点的参数有直流输入电压 U_g，负载电流 I 和占空比 D。因此，和小信号放大器的动态分析一样，首先需要求取静态工作点，然后在静态分析的基础上进行动态分析。

5）该模型不适合于分析 Boost 类变换器。

5.4　CCM 型变换器的传递函数

研究开关变换器小信号等效电路的目的在于求取传输函数，以便使用经典控制理论设计控制器、分析动态响应等，确保闭环开关电源在规定条件下稳定工作。

5.4.1　Buck 类变换器的传递函数

图 5.9 所示的 Buck 变换器小信号等效电路中有两个扰动变量，分别是输入电压和占空比。输入电压扰动量 $\hat{u}_g$ 描述输入波动，占空比扰动量 $\hat{d}(s)$ 表征了负载及其反馈过程的波动。

在图 5.9 所示等效电路中，令输入电压扰动量 $\hat{u}_g = 0$，变压器一次侧短路，得到求取控制-输出传递函数的等效电路如图 5.10a 所示。根据图 5.10a 所示等效电路，得到

$$G_{ud}(s) = \frac{\hat{u}(s)}{\hat{d}(s)}\bigg|_{\hat{u}_g(s)=0} = \frac{U_g}{1+s\dfrac{L}{R}+s^2 LC} \tag{5.32}$$

在图 5.9 所示等效电路中，令占空比扰动量 $\hat{d}(s) = 0$，受控电压源 U_g 短路，受控电流源 $I\hat{d}(s)$ 开路，可以得到求取输入-输出传递函数的等效电路如图 5.10b 所示。根据图 5.10b 所示等效电路，得到

$$G_{ug}(s) = \frac{\hat{u}(s)}{\hat{u}_g(s)}\bigg|_{\hat{d}(s)=0} = \frac{D}{1+s\dfrac{L}{R}+s^2 LC} \tag{5.33}$$

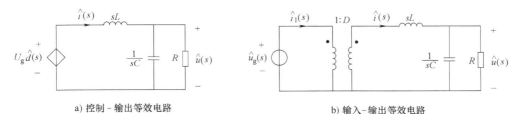

a) 控制－输出等效电路　　　　　　b) 输入－输出等效电路

图 5.10　求传递函数的等效电路

Buck 类变换器包括正激变换器、推挽变换器、半桥变换器和全桥变换器等，其小信号建模方法与 Buck 变换器相同。下面以图 5.11 所示的正激变换器及其小信号等效电路为例，介绍 Buck 类变换器的动态分析方法。

在 4.3.1 节已经述及，若将正激变换器二极管 VD_2 替换为开关管 VF_1，并将 VD_3 视为续流二极管，输入电源电压等效为 $\dfrac{U_g n_3}{n_1}$，则变压器二次侧所连接的电路就是 Buck 变换器。

所以在建模过程中，为占空比及其扰动参数乘以系数 $\dfrac{n_3}{n_1}$，即变压器的匝数比，则可得到正激变换器的小信号等效电路，如图 5.11b 所示。

在图 5.11b 中，令输入电压扰动量 $\hat{u}_g = 0$，变压器一次侧短路，得到求取控制-输出传递函数的等效电路如图 5.11c 所示。根据图 5.11c 所示等效电路，可以写出控制-输出的传递函数为

$$G_{ud}(s) = \frac{\hat{u}(s)}{\hat{d}(s)}\Bigg|_{\hat{u}_g(s)=0} = \frac{U_g\left(\dfrac{n_3}{n_1}\right)}{1 + \dfrac{L}{R}s + LCs^2} \tag{5.34}$$

式（5.34）也适应于所有隔离型 Buck 类变换器。

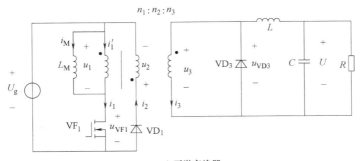

a) 正激变换器

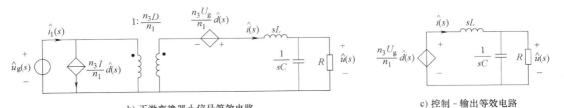

b) 正激变换器小信号等效电路　　　　　　c) 控制－输出等效电路

图 5.11　正激变换器及其小信号等效电路

5.4.2　基本变换器的传递函数

开关变换器平均建模的研究已经持续了四十余年之久，对于大多数开关变换器，学者们已经做了深入的研究，因此在设计开关电源时，建议直接使用已有研究结果。本书归纳了 CCM 型 Buck、Boost、Buck-Boost 和 Cuk 等常见变换器的传递函数，见表 5.1，供读者参考和使用。

表 5.1　四种基本开关变换器 CCM 模式下的传递函数

类型	$M(D)$	$\left.\dfrac{\hat{u}(s)}{\hat{u}_g(s)}\right|_{\hat{d}(s)=0}$	$\left.\dfrac{\hat{u}(s)}{\hat{d}(s)}\right|_{\hat{u}_g(s)=0}$
Buck	D	$\dfrac{D}{LCs^2+\dfrac{L}{R}s+1}$	$\dfrac{U_g}{LCs^2+\dfrac{L}{R}s+1}$
Boost	$\dfrac{1}{D'}$	$\left(\dfrac{1}{D'}\right)\left(\dfrac{1}{L_eCs^2+\dfrac{L_e}{R}s+1}\right)$	$\left(\dfrac{U_g}{D'^2}\right)\left(\dfrac{1-\dfrac{L_e}{R}s}{L_eCs^2+\dfrac{L_e}{R}s+1}\right)$
Buck-Boost	$-\dfrac{D}{D'}$	$\left(-\dfrac{D}{D'}\right)\left(\dfrac{1}{L_eCs^2+\dfrac{L_e}{R}s+1}\right)$	$\left(-\dfrac{U_g}{D'^2}\right)\left(\dfrac{1-\dfrac{L_eD}{R}s}{L_eCs^2+\dfrac{L_e}{R}s+1}\right)$
Cuk	$-\dfrac{D}{D'}$	$\left(-\dfrac{D}{D'}\right)\left(\dfrac{1}{\Delta(s)}\right)$	$\left(-\dfrac{U_g}{D'^2}\right)\left(\dfrac{L_eC_eD'^2s^2-\dfrac{L_e}{R}s+1}{\Delta(s)}\right)$

注：1. $D'=1-D$。

2. 由于 Cuk 变换器是一种双电感变换器，存在四个独立储能元件，所以它是一个四阶系统，传递函数为四阶函数，其中 $\Delta(s)=L_eC_eL_2C_2s^4+\dfrac{L_eC_eL_2}{R}s^3+(L_eC_e+L_2C_2+L_eC_2)s^2+\dfrac{L_e+L_2}{R}s+1$。

近年来，由于分布式供电系统、功率因数校正（PFC）以及电池供电系统的需要，Sepic 变换器得到越来越广泛的应用，其拓扑结构如图 5.12 所示。Sepic 变换器也是一个双电感变换器，其建模与控制比较困难。为此，下面直接给出控制-输出的传递函数，供读者参考。

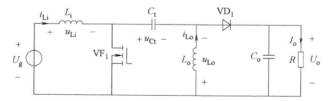

图 5.12　Sepic 变换器的拓扑结构

$$G_{ud}(s)=\frac{1}{D_0^2}\frac{\left(1-s\dfrac{L_i}{R}\dfrac{D^2}{D_0^2}\right)\left[1-s\dfrac{C_t(L_i+L_o)RD_0^2}{L_i}\dfrac{1}{D^2}+s^2\dfrac{L_oC_t}{D}\right]}{\left(1+\dfrac{s}{\omega_{p1}Q_1}+\dfrac{s^2}{\omega_{p1}^2}\right)\left(1+\dfrac{s}{\omega_{p2}Q_2}+\dfrac{s^2}{\omega_{p2}^2}\right)} \tag{5.35a}$$

其中

$$\omega_{p1} \approx \frac{1}{\sqrt{L_i\left(C_o \dfrac{D^2}{D_0^2}+C_t\right)+L_o(C_t+C_o)}} \tag{5.35b}$$

$$Q_1 \approx \frac{R}{\omega_{p1}\left(L_i \dfrac{D^2}{D_0^2}+L_o\right)} \tag{5.35c}$$

$$\omega_{p2} \approx \sqrt{\frac{1}{L_o \dfrac{C_t}{D^2}\ /\!/\ \dfrac{C_o}{D_0^2}}+\frac{1}{L_i C_t\ /\!/\ C_o}} \tag{5.35d}$$

$$Q_2 = \frac{R}{\omega_{p2}(L_i+L_o)\dfrac{C_t}{C_e}\dfrac{\omega_{p1}^2}{\omega_{p2}^2}} \tag{5.35e}$$

令参数 $L_i=L_o=100\mu H$，$C_t=680\mu F$，$C_o=2200\mu F$，$U_g=10V$，$U_o=15V$，利用式（5.35）进行仿真，可得到如图 5.13 所示的频率特性。下面对图 5.13 做必要说明：

1）与其他双电感变换器一样，Sepic 变换器也是一个四阶系统，含有一个位于左半平面 RHP 的零点。由于双电感变换器也是一个 Buck-Boost 变换器，具有升/降压功能，但由于含有一个位于左半平面的零点，所以隶属于 Boost 类变换器，是一个非最小相位系统。

2）这种变换器含有两个极点频率，即 ω_{p1} 和 ω_{p2}，且 $\omega_{p1}<\omega_{p2}$，ω_{p1} 为主导极点。

3）受第二个极点频率和 RHP 零点的影响，总相位延迟超过 630°。因此，无论采用何种控制器，使其闭环系统的穿越频率超越第二极点频率都是不可能的。

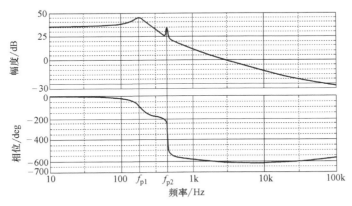

图 5.13　Sepic 变换器的低频特性

Cuk、Sepic 和 Zeta 等双电感变换器的建模与控制设计皆比较困难，建议增加电流控制，采用电流内环与电压外环的双环控制方式。增加电流内环的目的是为了通过电流内环的设计去掉电感状态变量的影响，使得系统降为二阶系统。由于采用了电流内环，两个电感可以等效为电流源，为此，在设计电压外环时仅考虑两个电容状态变量的影响即可，可以忽略电感的影响。

5.4.3 调制器的传递函数

脉冲宽度调制器（PWM）如图 5.14 所示。它是一个电压比较器，有两个输入端，反相端的输入信号 U_R 是一个高频锯齿波，其幅值为 U_M，周期为 T_s；同相端的输入信号 U_c 是控制信号。输出量为占空比 D。

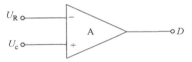

图 5.14 脉冲宽度调制器（PWM）

PWM 一种特殊的模数转换器，隶属于非线性电路，因此需要建立交流小信号模型，推导过程见 6.1.4 节有关内容。PWM 小信号模型为

$$\frac{\hat{d}}{\hat{u}_c} = \frac{1}{U_M} \qquad (5.36)$$

在功率因数校正和逆变器中，经常会用到滞回比较调制器，如图 5.15a 所示。它是由一个电压滞回比较器级联一个锁存器组成。滞回比较器的电压传递特性如图 5.15b 所示，滞回区间 $\Delta u = u_{h2} - u_{h1}$。锁存器保证在一个开关周期 T_s 内保持输出结果。滞回比较器的小信号模型为

$$\frac{\hat{d}(s)}{\hat{u}_i(s)} = \frac{e^{-sT_s}}{\Delta u_h} \qquad (5.37)$$

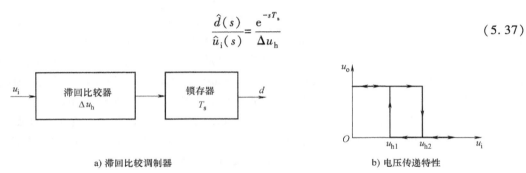

a) 滞回比较调制器

b) 电压传递特性

图 5.15 滞回比较调制器及其传递特性

5.5 DCM 型变换器的传递函数

5.5.1 Buck-Boost 变换器的 DCM 平均模型

Buck-Boost 变换器如图 5.16a 所示。当它工作在 DCM 模式时，电感电压和电流的波形如图 5.16b 所示。其中，i_{pk} 为电感电流的峰值，$d_1 T_s$ 和 $d_2 T_s$ 分别是开关管与续流二极管的导通时间。开关管与二极管组成了开关网络。输入端口的电压和电流分别为 u_1 和 i_1。

图 5.16 中输入电流的峰值为

$$i_{pk}(t) = \frac{u_g}{L} d_1 T_s \qquad (5.38)$$

若每个周期变换器从电源中汲取的能量为 E，则

$$E = \frac{1}{2} L i_{pk}^2 = \frac{d_1^2 T_s^2 U_g^2}{2L} \qquad (5.39)$$

每个周期变换器的平均输入功率 $p(t)$ 可以表示为

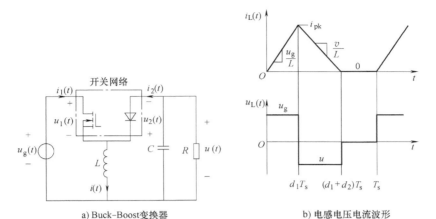

a) Buck-Boost变换器　　　　　　　　　b) 电感电压电流波形

图 5.16　Buck-Boost 变换器及其电感电压电流波形

$$p(t) = \frac{E}{T_s} = \frac{d_1^2 T_s U_g^2}{2L} = \frac{U_g^2}{R_e} \qquad (5.40)$$

式（5.40）中 R_e 为等效输入电阻。等效输入电阻 R_e 定义为

$$R_e = \frac{2L}{d_1^2 T} \qquad (5.41)$$

R_e 消耗的功率应该等于负载 R 消耗的功率。

平均输入电流表示为

$$I_1 = \frac{p(t)}{U_g} = \frac{U_g}{R_e} = \frac{U_1}{R_e} \qquad (5.42)$$

由式（5.42）可以得到以下结论：

1）根据伏秒平衡原理可知，电感两端的平均电压等于零，则 $U_1 = U_g$。

2）输入端口的平均值满足欧姆定律。

假定开关网络为无损网络，则平均输入功率等于输出功率，因此输出端口等效一个功率源。

$$p_o = p_i = \frac{U_1^2}{R_e} \qquad (5.43)$$

基于上述输入端口和输出端口的特性，对于图 5.17a 所示的开关网络，其 DCM 平均等效电路如图 5.17b 所示。

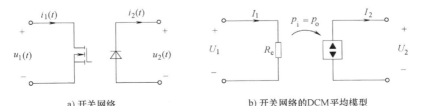

a) 开关网络　　　　　　　　　　　　b) 开关网络的DCM平均模型

图 5.17　开关网络及其 DCM 平均等效电路

5.5.2 Buck-Boost 变换器的 DCM 小信号模型

基于图 5.17b 所示的 DCM 平均模型，可以写出输入电流与输出电流的表达式：

$$I_1 = \frac{U_1}{2L}d_1^2 T_s \tag{5.44a}$$

$$I_2 = \frac{p_o}{\langle u_2(t)\rangle_{T_s}} = \frac{\langle u_1(t)\rangle_{T_s}^2}{\langle u_2(t)\rangle_{T_s} R_e(d_1)} = \frac{d_1^2 T_s U_1^2}{2LU_2} \tag{5.44b}$$

在小信号扰动条件下，输入电压 U_1（等于 U_g）、占空比 d_1 和输出电压 U_2 为自变量，对输入电流 I_1 和输出电流 I_2 求全微分，得到扰动量之间的关系式为

$$\hat{i}_1(t) = j_1\hat{d}_1(t) + \frac{1}{r_1}\hat{u}_1(t) - g_1\hat{u}_2(t) \tag{5.45a}$$

$$\hat{i}_2(t) = j_2\hat{d}_1(t) + g_2\hat{u}_2(t) - \frac{1}{r_2}\hat{u}_1(t) \tag{5.45b}$$

其中

$$
\begin{aligned}
&j_1 = \frac{\partial I_1}{\partial d_1} = \frac{2U_1}{D_1 R_e}, r_1 = \frac{\partial I_1}{\partial U_1} = R_e, g_1 = \frac{\partial I_1}{\partial U_2} = 0 \\
&j_2 = \frac{\partial I_2}{\partial d_1} = \frac{2U_1}{D_1 M_p R_e}, r_2 = \frac{\partial I_2}{\partial U_2} = M_p^2 R_e, g_2 = \frac{\partial I_2}{\partial U_1} = \frac{2}{M_p R_e}, M_p = \frac{U_2}{U_1}
\end{aligned} \tag{5.46}
$$

基于上述结果，可以得到 DCM 型 Buck-Boost 变换器的小信号等效电路，如图 5.18a 所示。在 DCM 条件下，电感电压的平均值等于零。即使在扰动条件下，电感电压的平均值也等于零，否则将变为 CCM。因此在 DCM 模式下，电感电流不再是一个状态变量，可以用短路线替代。由此得到 DCM 型 Buck-Boost 变换器的小信号模型，如图 5.18b 所示。

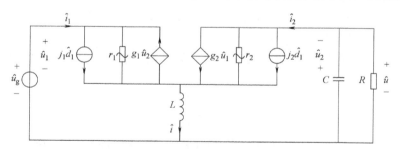

a) Buck-Boost 变换器的小信号 DCM 等效电路

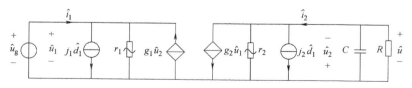

b) DCM 型 Buck-Boost 变换器的 DCM 小信号模型

图 5.18　Buck-Boost 变换器的 DCM 小信号模型

5.5.3 DCM 型变换器的标准传递函数

在 DCM 模型中，电感被视为短路，因此有

$$U_1 = U_g, \hat{u}_1 = \hat{u}_g, U = U_2, \hat{u} = \hat{u}_2 \tag{5.47}$$

令输入扰动量 $\hat{u}_g = 0$，写出的输出电压的表达式为

$$\hat{u}(s) = j_2 \hat{d}_1(s) \left(r_2 // \frac{1}{sC} // R \right) \tag{5.48}$$

由式（5.48）可得到 DCM 型 Buck-Boost 变换器控制-输出的传递函数为

$$G_{ud}(s) = \frac{\hat{u}(s)}{\hat{d}_1(s)} \bigg|_{\hat{u}_g(s)=0} = j_2 \left(r_2 // \frac{1}{sC} // R \right) = \frac{j_2}{\frac{1}{r_2} + sC + \frac{1}{R}} \tag{5.49}$$

将式（5.49）整理为控制-输出传递函数的标准形式：

$$G_{ud}(s) = \frac{G_{do}}{1 + \frac{s}{\omega_p}} \tag{5.50}$$

其中直流增益为

$$G_{do} = \frac{-2U}{M} \sqrt{\frac{1}{K}}, K = \frac{2L}{RT_s} \tag{5.51}$$

极点频率为

$$\omega_p = \frac{2}{RC} \tag{5.52}$$

在 DCM 型 Buck-Boost 变换器中，由于电感两端的平均电压等于零，$U_1 = U_g$，$U = U_2$，所以 $M_p = -M = U/U_g$。在无损网络的假设条件下，输入 R_e 所消耗功率等于负载 R 消耗的功率。因此，R_e 是 R 折算到输入端的等效电阻。动态电阻 $r_2 = M^2 R_e$，表明它是 R_e 折算到输出端的电阻，所以 $r_2 = R$。

特别指出，式（5.50）是标准传递函数，适合于 DCM 型 Buck、Boost、Buck-Boost 三种变换器。只是直流增益和极点的表达式有所差异。为了在设计开关电源时便于查阅，这里给出三种变换器的参数归纳，见表 5.2。

另外，工作在 DCM 模式的变换器，电感电流不再是状态变量，所以标准传递函数即式（5.50）为一个单极点系统。对于隔离型变换器，特别是反激变换器，因为通常需采用峰值电流控制，传递函数的表达式比较复杂，通常采用近似工程模型。

表 5.2 三种变换器传递函数参数表

类型	G_{do}	ω_p
Buck	$\dfrac{2U(1-M)}{M(2-M)} \sqrt{\dfrac{1-M}{K}}$	$\dfrac{2-M}{(1-M)RC}$
Boost	$\dfrac{2U}{2M-1} \sqrt{\dfrac{M-1}{KM}}$	$\dfrac{2M-1}{(M-1)RC}$
Buck-Boost	$-\dfrac{U}{M} \sqrt{\dfrac{1}{K}}$	$\dfrac{2}{RC}$

习　题

5.1　为连续导电模式下的理想 Boost 变换器建立标准型电路，并根据表 5.1 验证电路中元器件的参数。

5.2　考虑图 5.19 所示的非理想 Buck 变换器，输入电压源 $u_g(t)$ 的内阻为 R_g，忽略其他元器件的非理想因素。（1）考虑占空比 d 和输入电压 u_g 中的交流小信号分量，利用状态空间平均法确定电路中变量 i，u 和 i_g 的交流小信号表达式；（2）利用（1）得到的方程为变换器建立交流等效电路模型；（3）求解电路模型，确定输出对控制变量的小信号传递函数。

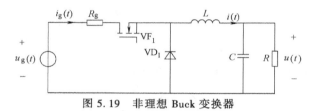

图 5.19　非理想 Buck 变换器

5.3　非理想反激（Flyback）变换器工作在连续导电模式下。MOSFET 开关的导通电阻为 R_{on}，二次侧二极管的正向导通压降为 U_{VD}，变压器一次电阻为 R_p，二次电阻为 R_s。（1）确定变换器的交流小信号方程；（2）为变换器建立能够描述以上各项损耗的完整的交流小信号等效电路。

5.4　如果考虑 MOSFET 开关的导通电阻 R_{on} 以及二极管的正向导通压降 U_{VD}，修正表 5.1 中各开关网络的等效电路模型。

第6章

直流变换器控制器设计

6.1 控制对象的基础知识

在开关调节系统的工程分析与设计时通常采用频域分析法，包括控制对象的频率特性、控制器的频率特性和开环传递函数频率特性等。为便于非自动控制类专业的学生及其他专业人员学习，这里首先简要介绍频域分析法的基础知识。

6.1.1 伯德图

通常用传递函数描述开关变换器控制对象的频率特性。频率特性是一个复数，在极坐标中用模和辐角表示。在电学领域中，将模和辐角随频率变化的关系分别称为幅频特性和相频特性，并用伯德（Bode）图直观表示输入信号经过系统后，输出信号相对于输入信号的幅度变化和相移。

幅频特性图和相频特性图的横坐标相同，均表示频率 f（或角频率 ω），采用对数 $\log_{10}f$（或 $\log_{10}\omega$）标度，单位为 Hz（或 rad/s）。横轴采用对数分度是为了把一个较宽频率范围的图形紧凑地表示在一张尺寸适当的图上。应注意的是横坐标的分度不是等分的，频率 f 每变化 10 倍，横坐标就增加一个单位长度，这个单位长度代表 10 倍频的距离，故又称为十倍频程，记作 "dec"。横坐标分度采用不等分的目的是为了将低频和高频同时表示在有限的长度内。

对数幅频特性的纵坐标表示幅值的对数值乘以 20，呈均匀分度，单位为分贝，记作 "dB"。对数幅频特性采用 $20\log_{10}|G|$ 的目的是将幅值的乘除运算化为加减运算，以简化曲线的绘制过程。

对数相频特性的纵坐标表示相角值，均匀分布，单位为度，记作 "°"。

6.1.2 单极点控制对象

1. 单极点控制模型

当开关变换器工作在 DCM 模式时，在一个开关周期内电感电压及其扰动量的平均值等于零，因此，电感电流不再是一个状态变量，交流小信号模型为一阶模型，称之为单极点模型，其统一等效电路如图 6.1 所示。在统一等效电路中，电阻 R 为负载，C 为输出电容，其余参数如第 5 章的图 5.18 所示。

基于图 6.1 所示电路写出的控制-输出的传递函数为

$$G_{ud}(s) = \frac{G_{do}}{1 + \dfrac{s}{\omega_p}} \tag{6.1}$$

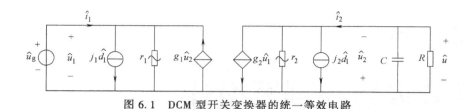

图 6.1　DCM 型开关变换器的统一等效电路

式（6.1）中，G_{do} 表示传递函数的直流增益，ω_p 是转折频率。三种基本变换器的参数见表 5.2。

传递函数的频率特性包括幅频特性和相频特性。在工程计算时，通常采用伯德图表示其幅频特性和相频特性。

幅频特性表达式为

$$|G_{ud}(j\omega)|_{dB} = 20\lg|G_{ud}(j\omega)| = 20\lg|G_{do}| - 20\lg\sqrt{1 + \left(\frac{f}{f_p}\right)^2} \qquad (6.2)$$

相频特性表达式为

$$\varphi = \arctan\left(\frac{\omega}{\omega_p}\right) \qquad (6.3)$$

基于上面的表达式可以绘制单极点模型的伯德图，如图 6.2 所示，由图可知，幅频特性曲线可用两条渐进线近似表示。当频率低于极点 ω_p 时，用一条直线表示。当频率大于 ω_p 时，用一条斜率为 $-20dB/dec$ 的直线表示。最大误差 $-3dB$ 出现在 ω_p 处。绘制相频特性的规则如下：当频率小于 $0.1\omega_p$ 时，用 $0°$ 直流表示，当频率大于 $10\omega_p$ 时，用 $-90°$ 直线表示。在 $0.1\omega_p \sim 10\omega_p$ 区间，用一条斜率为 $-45°/dec$ 的斜线表示，其最大误差为 $5.71°$。

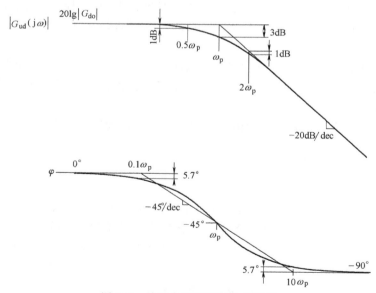

图 6.2　单极点传递函数的伯德图

DCM 型变换器通常应用于小功率等级的能量变换中，其典型电路为单端反激变换器。单端反激式变换器可以等效为 Buck-Boost 变换器。下面以 Buck-Boost 变换器为例介绍这类变换器控制-输出传递函数的主要特点。

由表 6.1 可知，DCM 型 Buck-Boost 变换器传递函数的直流增益公式和极点频率公式分别为

$$G_{do} = \frac{U}{M\sqrt{K}} = \frac{U_g}{\sqrt{K}} \qquad K = \frac{2L}{RT_s} \tag{6.4}$$

$$\omega_{po} = \frac{2}{RC} \tag{6.5}$$

式（6.4）和式（6.5）中，L 是电感的电感量（H）；T_s 是开关频率（Hz）；M 是稳态电压增益，$M = \frac{U}{U_g}$；R 是负载电阻（Ω）；C 是输出电容（F）。

当输入电压增加，直流增益随之增加；当负载减轻时，R 增加，极点频率 ω_{po} 减小。因此单极点模型的最坏工况是最轻负载和最高输入电压工况。

2. 单极点控制对象

输出滤波电容 C 存在着等效串联电阻，简写为 ESR，表示为 R_C。考虑 R_C 的影响，需要为控制-输出传递函数增加一个高频零点。ESR 的零点频率为

$$\omega_{zo} = \frac{1}{R_C C} \tag{6.6}$$

通常输出滤波电容为电解电容，其零点频率在 1kHz~5kHz 之间。如果选择钽电容，则零点频率在 10kHz~25kHz 之间。

定义除控制器以外的环节为控制对象，通常包括控制-输出传递函数和 PWM 小信号模型，如图 6.3 所示。

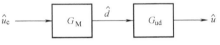

图 6.3　控制对象

在图 6.3 中，输入量为控制器的输出电压，输出量为开关变换器的输出电压。控制对象的传输函数为

$$G_{udm} = \frac{\hat{u}}{\hat{u}_c} = G_M G_{ud} \tag{6.7}$$

式中，G_M 是 PWM 的交流小信号模型，表示为

$$G_M = \frac{\hat{d}}{\hat{u}_c} = \frac{1}{U_M} \tag{6.8}$$

式（6.8）中，U_M 是三角载波的峰-峰值。

在考虑 ESR 零点影响时，定义单极点控制对象的传递函数为

$$G_{udm}(s) = \frac{A_{DC}\left(1 + \dfrac{s}{\omega_{zo}}\right)}{1 + \dfrac{s}{\omega_{po}}} \tag{6.9}$$

直流增益为

$$A_{DC} = G_{do}/U_M \tag{6.10}$$

3. 单端反激变换器的控制对象

反激变换器的拓扑结构如图 6.4 所示，它通常工作在 DCM 模式。其控制对象的近似传输函数表达式为

$$G_{udm}(s) = \frac{A_{DC}\left(1+\dfrac{s}{\omega_{zo}}\right)N_s}{1+\dfrac{s}{\omega_{po}}N_p} \tag{6.11}$$

直流增益公式为

$$A_{DC} = \frac{(U_g-U)^2 N_s}{U_g \Delta U_e N_p} \tag{6.12}$$

零点角频率公式为

$$\omega_{zo} = \frac{1}{R_c C} \tag{6.13}$$

极点角频率公式为

$$\omega_{po} = \frac{1}{RC} \tag{6.14}$$

式（6.12）中，ΔU_e 的含义在电压型控制中表示 PWM 三角调制波的峰-峰值，而在电流型控制中，ΔU_e 代表高频变压器一次电流在电流采样电阻上产生的峰值电压。

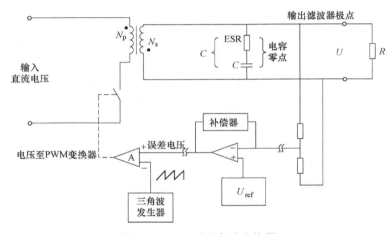

图 6.4　DCM 型反激式变换器

基于式（6.11）可以绘制单极点控制对象的幅频特性和相频特性，如图 6.5 所示。单极点控制对象具有以下特点：

1）在低频段和高频段，幅频特性具有平坦的特性。

2）在中频段，幅频特性以 −20dB/dec 的斜率下降。

3）单极点传递函数的最坏工况是最轻负载和最高输入电压工况。

6.1.3　双极点控制对象

在第 5 章中，基于三端开关器件模型推导出了 CCM 型 Buck 变换器的交流小信号模型，如图 6.6 所示。

基于图 6.6 所示的交流小信号模型，可以写出 CCM 型 Buck 变换器控制-输出的传递函数，表示为

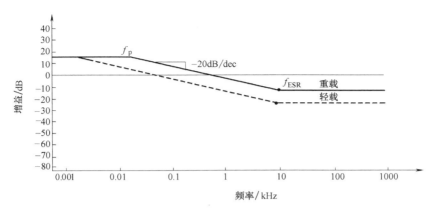

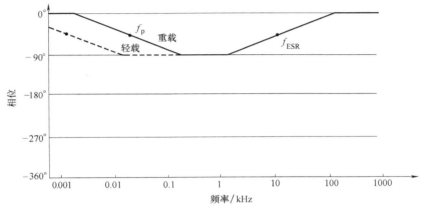

图 6.5 单极点控制对象的频率特性

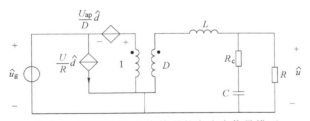

图 6.6 CCM 型 Buck 变换器的交流小信号模型

$$G_{ud}(s) = \frac{U_g}{1 + \dfrac{s}{Q\omega_{po}} + \left(\dfrac{s}{\omega_{po}}\right)^2} \tag{6.15}$$

谐振频率或极点频率为

$$\omega_{po} = \frac{1}{\sqrt{LC}} \tag{6.16}$$

品质因数为

$$Q = R\sqrt{\frac{C}{L}} \tag{6.17}$$

式（6.15）中 U_g 为直流输入电压。

$G_{ud}(s)$ 是一个双极点模型，品质因数 Q 对其频率特性有很大影响。图 6.7 给出了不同 Q 值的幅频特性和相频特性。由图 6.7 可见，在最轻负载时，Q 值最大，幅频特性的谐振峰值最大，又因为直流增益等于 U_g，所以输入电压增加，直流增益也随之增加，故定义最高输入电压和最轻负载为 CCM 型 Buck 变换器的最坏工况。同时注意到在谐振频率 f_{po} 附近相位变化十分剧烈，这给控制器设计带来一定困难。

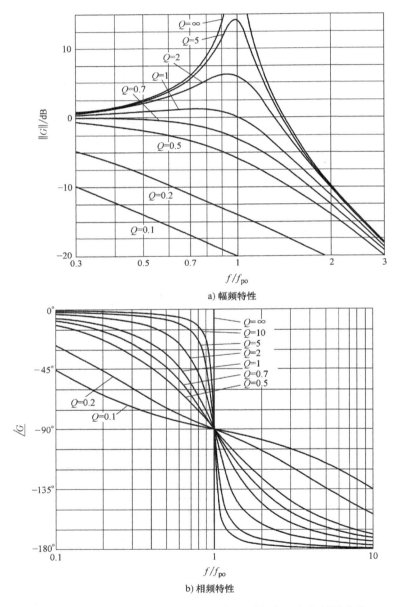

a) 幅频特性

b) 相频特性

图 6.7 不同 Q 值时 CCM 型 Buck 变换器的幅频和相频特性曲线

双极点模型的幅频特性为

$$20\lg \left| G(j\omega) \right| = 20\lg U_g - 20\lg \sqrt{\left[1 - \left(\frac{\omega}{\omega_0}\right)^2\right]^2 + \frac{1}{Q^2}\left(\frac{\omega}{\omega_0}\right)^2} \tag{6.18}$$

基于式（6.18）可以绘制出双极点模型的幅频特性，如图 6.8 所示。其中伯德图为两条渐近线（在图中用细实线表示）。在 $f < f_{po}$ 的低频段，伯德图为一条高度等于 $20\lg U_g$ 的直线，而在 $f > f_{po}$ 的高频段，伯德图为一条斜率为 $-40\mathrm{dB/dec}$ 的渐近线，两条线在 $f = f_{po}$ 处相交，且与 Q 值无关。如果直接用式（6.18）绘制幅频特性曲线，则得到图 6.8 中粗实线所示的真实幅频特性。在 f_{po} 点，真实幅频特性与伯德图之间的最大误差为

$$\Delta = 20\lg \left| G(j\omega_{po}) \right| = 20\lg Q \tag{6.19}$$

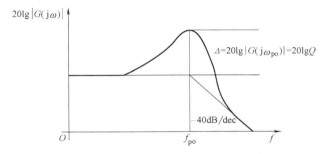

图 6.8　双极点模型的幅频特性及其波特图

双极点模型的相频特性为

$$\varphi = -\arctan\left[\frac{\frac{1}{Q}\left(\frac{\omega}{\omega_0}\right)}{1 - \left(\frac{\omega}{\omega_0}\right)^2}\right] \tag{6.20}$$

由图 6.7b 可知，相频特性在低频段相位趋近于零，在高频段相位趋近于 $-180°$，在谐振频率 f_{po} 处的相位是 $-90°$。另外，相频特性在谐振频率附近的变化与 Q 值有关，这为绘制其相频特性曲线的伯德图带来困难，下面介绍绘制双极点模型相频特性曲线的近似方法。

首先定义中频段的范围为 $f_a - f_b$，计算公式为

$$f_a = 10^{-1/(2Q)} f_{po} \tag{6.21}$$

$$f_b = 10^{1/(2Q)} f_{po} \tag{6.22}$$

在 $f < f_a$ 的低频段，相位为 $0°$ 直线；在 $f > f_a$ 的高频段，相位近似为 $-180°$ 的直线。中频段的渐近线是一条经过点 $(f_{po}, -90°)$ 并与 $(f_a, 0°)$ 以及 $(f_b, -180°)$ 相交的渐近线，如图 6.9 所示。

若考虑输出滤波电容 C 的串联等效电阻 R_C 的影响，需要增加一个零点，则双极点模型改写为

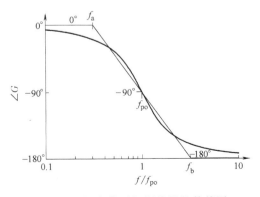

图 6.9　双极点模型相频特性的伯德图

$$G_{ud}(s) = \frac{U_g\left(1+\dfrac{s}{\omega_{zo}}\right)}{1+\dfrac{s}{Q\omega_{po}}+\left(\dfrac{s}{\omega_{po}}\right)^2} \tag{6.23}$$

基于式（6.23），定义 CCM 型 Buck 变换器双极点控制对象的传递函数为

$$G_{udm}(s) = \frac{A_{DC}\left(1+\dfrac{s}{\omega_{zo}}\right)}{1+\dfrac{s}{Q\omega_{po}}+\left(\dfrac{s}{\omega_{po}}\right)^2}, A_{DC}=\frac{U_g}{U_M} \tag{6.24}$$

正激式变换器可以等效为 Buck 变换器，若工作在 CCM 模式，则其双极点控制对象为

$$G_{udm}(s) = \frac{A_{DC}\left(1+\dfrac{s}{\omega_{zo}}\right)}{1+\dfrac{s}{Q\omega_{po}}+\left(\dfrac{s}{\omega_{po}}\right)^2}, A_{DC}=\frac{U_g N_s}{U_M N_p} \tag{6.25}$$

对于 Boost 类变换器，包括 Boost、Buck-Boost、Cuk 和反激等变换器，若工作在 CCM 模式，还需要增加一个右半平面的零点，使其变为一个非最小相位系统。

6.1.4　脉冲宽度调制器的模型

脉冲宽度调制器（PWM）如图 6.10 所示，主要波形如图 6.11 所示。它是一个电压比较器，有两个输入，反相端的输入信号 u_R 是一个高频锯齿波，其幅值为 U_R，周期为 T_s；同相端的输入信号 U_c 是直流控制信号。输出量为占空比 D。当 U_c 大于 u_R 时，比较器输出高电平；当 U_c 小于 u_R 时，比较器输出零电平。通常认为由控制器提供的直流控制信号 U_c 是 PWM 的输入信号，而占空比 D 是输出信号，所以 PWM 实际上是一种模数转换器，隶属于非线性电路，所以需要建立交流小信号模型以描述其动态特性。

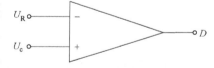

图 6.10　脉冲宽度调制器（PWM）

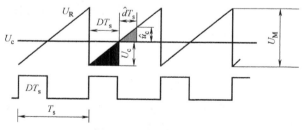

图 6.11　PWM 的波形

由相似三角形原理可得到两个直角边的比值公式，即

$$\frac{DT_s}{U_c} = \frac{T_s}{U_M} \tag{6.26}$$

消除 T_s 后得到 PWM 的直流模型，即

$$\frac{D}{U_{c}}=\frac{1}{U_{M}} \tag{6.27}$$

式（6.27）表明，占空比 D 与控制电压 U_{c} 呈现出线性关系，这个关系可以在图 6.11 中用大阴影三角形表示。若输入电压有一个扰动，引起占空比的扰动响应，二者的关系在图 6.11 中用小阴影三角形表示。大小两个阴影三角形相似，所以可得到 PWM 的交流小信号模型，表示为

$$\frac{\hat{d}}{\hat{u}_{c}}=\frac{1}{U_{M}} \tag{6.28}$$

6.2 开关调节系统的基础知识

6.2.1 闭环反馈系统

在开关电源中，通常需要引入电压负反馈，其目的如下：

1）使其变为一个随动系统，即输出电压 U_{o} 和参考电压 U_{ref} 之间为一个线性或近似线性关系。

2）电压反馈有利于减少电源输出电阻，使其输出更加接近一个恒压源。

3）即使开关变换器的参数在一定范围内变化，系统仍能够稳定工作，有利于批量生产。

典型负反馈系统如图 6.12 所示。其中，U_{ref} 为参考电压，U_{f} 为反馈电压，U_{e} 为误差电压。由于是负反馈，误差电压表示为

$$U_{e}=U_{ref}-U_{f} \tag{6.29}$$

U_{o} 为输出电压，表示为

$$U_{o}=A(j\omega)U_{e} \tag{6.30}$$

式（6.30）中，$A(j\omega)$ 为控制对象的传递函数。反馈电压 U_{f} 表示为

$$U_{f}=F(j\omega)U_{o} \tag{6.31}$$

式（6.31）中，$F(j\omega)$ 为反馈网络的传递函数。环路增益或开环增益定义为

$$T(j\omega)=\frac{U_{f}}{U_{e}}=A(j\omega)F(j\omega) \tag{6.32}$$

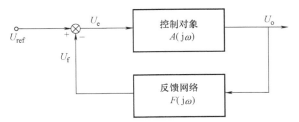

图 6.12 闭环负反馈系统

将式（6.30）、式（6.31）和式（6.32）代入式（6.29），得到

$$U_{ref}=[1+A(j\omega)F(j\omega)]U_{e} \tag{6.33}$$

将式（6.33）和式（6.30）联立得到闭环传递函数为

$$\frac{U_o}{U_{ref}} = \frac{A(j\omega)}{1+A(j\omega)F(j\omega)} \tag{6.34}$$

如果系统为深度负反馈或无静差系统，则

$$|T(j\omega)| \gg 1 \tag{6.35}$$

式（6.35）的物理意义是，误差电压在环路内被放大若干倍。理想工况是误差信号等于零，故称之为无静差系统（控制论）或深度反馈系统（电子学）。由此得到无静差系统的闭环近似表达式，即

$$\frac{U_o}{U_{ref}} \approx \frac{1}{F(j\omega)} \tag{6.36}$$

式（6.36）表明，在深度反馈条件下，输出电压与控制对象无关，仅取决于参考电压和反馈网络。对于给定的反馈网络，输出电压与参考电压为近似线性关系。

若开环增益 $A(j\omega)F(j\omega)$ 趋近于 -1，即闭环传输函数的分母趋近于零，则有

$$\lim_{A(j\omega)F(j\omega) \to -1} \frac{A(j\omega)}{1+A(j\omega)F(j\omega)} \to \infty \tag{6.37}$$

然而，因为该系统为一个物理可实现系统，输出电压 U_o 是一个有限值，则

$$\lim_{A(j\omega)F(j\omega) \to -1} U_{ref} \to 0, U_o = C \tag{6.38}$$

式（6.38）表明，当系统的输入等于零时，系统的输出不为零，说明系统出现了振荡。因此，系统不稳定的条件是

$$A(j\omega)F(j\omega) = -1 \tag{6.39}$$

6.2.2　反馈系统的相对稳定性

工程上，用相对稳定性度量系统偏离不稳定的程度。通常使用相位裕度和幅度裕度两个指标定义系统的相对稳定性。

首先将开环增益幅频特性等于 1 时所对应的频率定义为穿越频率 f_c 或 ω_c。它是闭环反馈系统的一个重要指标，大致反映系统的动态响应特性。通常，穿越频率越高，系统的动态响应速度越快。然而，在开关调节系统中，穿越频率与开关频率 f_s 直接相关，通常取

$$f_c = \frac{f_s}{5 \sim 20} \tag{6.40}$$

特别指出，当穿越频率大于 5 倍的开关频率时，可以避免开关系统的极点混叠现象。

如图 6.13 所示，在穿越频率 ω_c 处定义相位裕度 φ_m。在工程上，定义相位裕度为

$$\varphi_m = 45° \tag{6.41}$$

即在开环增益等于 1 的条件下，开环相频特性曲线距离 $-180°$ 还有 $45°$ 的余量。在开关调节系统中，建议相位裕度取 $60°$ 左右。

另外，在相频曲线等于 $-180°$ 处定义幅度裕度 G_m，取

$$G_m = 6dB \tag{6.42}$$

6.2.3　理想开环传递函数的幅频特性

由自动控制理论可知，开环传递函数的幅频特性伯德图的形状与系统的性能指标有着密

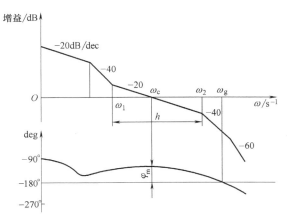

图 6.13　开环增益的幅频特性与相频特性

切的关系。图 6.14 给出了理想开环传递函数的幅频特性。

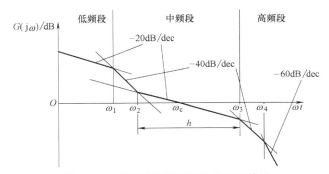

图 6.14　理想开环传递函数的幅频特性

　　开环传递函数幅频特性在低频段的形状直接反映了系统的稳态性能。对于开关调节系统，理想低频特性具有无限大的直流增益，并以 $-20\mathrm{dB/dec}$ 的斜率下降，以消除稳态误差。

　　中频段的幅频特性应该以 $-20\mathrm{dB/dec}$ 的斜率穿越 0dB 线。由式（6.40）可知，对于开关调节系统，增加穿越频率意味着开关频率的增加和超调量的增加，这会影响系统的稳定性。因此，在理想的中频特性中，需要附加一个以 $-40\mathrm{dB/dec}$（或 $0\mathrm{dB/dec}$）斜率下降的过渡频段，达到降低（提高）中频增益以限制过高的穿越频率，如图 6.14 所示。由于这个过渡频段位于中频的起始阶段，必然引起一定的附加相位滞后。因此，附加频段的宽度不能太大，否则会影响系统的稳定性。

　　在高频段，幅频特性衰减越快，系统的抗干扰能力越强。对于开关调节系统，理想高频特性应以 $-40\mathrm{dB/dec}$ 斜率下降，如图 6.14 所示。如果高频段的幅频特性斜率的绝对值增加，意味着控制器的结构复杂，这会给设计和调试带来不必要的麻烦。

6.2.4　开关调节系统的通用模型

　　典型的开关调节系统如图 6.15 所示。它是由开关变换器和控制电路两部分组成。图中点画线框内的电路为开关变换器，由开关网络和 LC 低通滤波网络组成，用以实现功率变换，将输入电源的能量变换为负载所需的直流电压和功率。控制电路包括采样网络 $H(s)$、误差放大器、补偿器、脉冲宽度调制器（PWM）以及功率开关管驱动器等。在模拟控制中，通常误差放大器和补偿器用一个集成运放及其外围的阻容元件实现，因此称之为控制器或补偿网络，其传递函数为 $G_c(s)$。在开关调节系统中，开关变换器、脉冲宽度调制器（PWM）和开关管驱动器是非线性电路，其余皆为可用传递函数描述其动态特性的线性电路。开关管驱动器是控制电路与功率变换器的接口电路，通常忽略其动态影响。这里基于 6.1 节中给出的 CCM 型 Buck 变换器的交流小信号模型和 PWM 的小信号模型，绘制出开关调节系统的交流小信号模型，如图 6.15b 所示。用 $G_{ud}(s)$ 和 $G_M(s)$ 分别表示开关变换器和 PWM 的交流小信号模型，可以得到电压控制型开关调节系统的通用模型，如图 6.15c 所示。

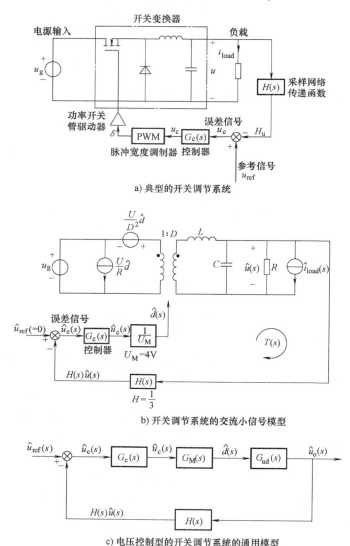

a) 典型的开关调节系统

b) 开关调节系统的交流小信号模型

c) 电压控制型的开关调节系统的通用模型

图 6.15　典型的开关调节系统

下面结合图 6.15 所示内容简要介绍开关调节系统的工作原理。若负载突然加重，则输出电压瞬间跌落，导致采样网络的输出电压低于参考电压 U_{ref}，求和器产生一个正误差电压

u_e。若认为控制器是一个同相放大器，则误差电压使其输出电压按比例增加，导致 PWM 输出的占空比 D 增加。因为输出电压 $U_o = DU_g$，所以 D 增加导致输出电压增加，使得输出电压稳定。

在 6.1 节中，用图 6.3 定义控制对象。它是 PWM 和开关变换器的级联，用符号 G_{udm} 表示其传递函数。基于图 6.15 所示的通用模型，定义电压型开关调节系统的开环增益 $T(s)$ 为

$$T(s) = H(s) G_c(s) G_M(s) G_{ud}(s) = H(s) G_c(s) G_{udm}(s) \qquad (6.43)$$

开关调节系统的频域设计就是根据控制对象的频率特性，选择合适的控制器，合成期望的开环频率特性，满足相位裕度和动态响应的要求。

6.2.5 常用控制器简介

开关变换器分为 CCM 工作模式和 DCM 工作模型，对应的控制对象分别为单极点控制对象和双极点控制对象。常有的控制器有三种，分别是双极点-双零点控制器、单极点-单零点控制器和 PI 控制器。为了便于读者掌握各个控制器特点，这些常用控制器的特性及其用途见表 6.1。

表 6.1 常用控制器的特性及其用途

控制器类型	物理实现方式	传递函数	伯德图	特点
双极点双零点控制器		$G_c(s) = \dfrac{K\left(1+\dfrac{s}{\omega_{01}}\right)\left(1+\dfrac{s}{\omega_{02}}\right)}{s\left(1+\dfrac{s}{\omega_{p1}}\right)\left(1+\dfrac{s}{\omega_{p2}}\right)}$ $\omega_{01} > \omega_{p1} > \omega_{02} > \omega_{p2}$		1) 双极点单零点控制对象 2) 谐振变换器电压环控制器 3) 考虑输出电容 ESR 的 Buck 变换器
单极点单零点控制器		$G_c(s) = -\dfrac{K(1+s/\omega_0)}{s(1+s/\omega_p)}$, $\omega_0 < \omega_p$ $K = R_2/R_{11}$, $\omega_0 = 1/(R_2 C_2)$, $\omega_0 = 1/(R_2 C_2)$		1) 双极点控制对象 2) 电流环控制器 3) 隔离反激变换器 T431 控制器 4) 忽略输出电容 ESR 的 Buck 变换器
PI 控制器		$G_c(s) = -\dfrac{1+s/\omega_0}{sR_{11}C_2}$ $K = R_2/R_{11}$, $\omega_0 = 1/(R_2 C_2)$		1) 单电压控制器 2) 隔离反激变换器 T431 控制器

6.3 CCM 型 Buck 变换器的电压控制器设计

6.3.1 频域设计的主要思想

开关调节系统频域设计的主要思路如图 6.16 所示。将系统的性能指标转化为开环传递

函数的伯德图，根据开环传递函数伯德图和控制对象伯德图的差值得到控制器的伯德图，基于控制器的伯德图，选择合适的控制器，并进行参数设计。

1. 绘制开环传递函数的伯德图

根据系统对稳态、动态和抑制高频干扰等方面的要求，大致绘制出希望的开环传递函数的伯德图。为了消除稳态误差，在低频段要求直流增益无限大，并以 -20dB/dec 的斜率下降，使其最大相位滞后不超过90°。开关调节系统的动态性能主要取决于开环传递函数伯德图的中频段，要求幅频特性在中频段以 -20dB/dec 斜率下降并穿越 0dB 线，以保证相频特性比较平坦。当控制对象的直流增益波动时，能够保证合理的相位裕度。在高频段，理想开环幅频特性应以 -40dB/dec 斜率下降，以便有效抑制高频干扰。

2. 绘制控制对象的伯德图

根据开关变换器的交流低频小信号等效电路，确定控制对象的直流增益、ESR 的零点频率和极点频率等参数，写出控制对象的传递函数，并绘制其伯德图。

3. 确定补偿网络或控制器的伯德图

将开环传递函数的伯德图与控制对象的伯德图相减，得到补偿网络或控制器的伯德图，并选择合适的控制器。

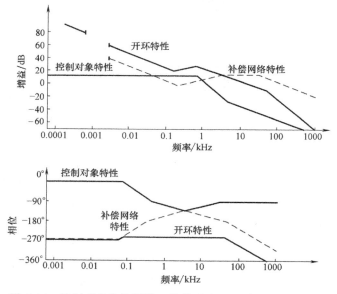

图 6.16 控制对象和控制器（补偿网路）及其开环的伯德图

6.3.2 忽略 ESR 的 Buck 变换器的闭环设计

闭环 CCM-Buck 变换器如图 6.17a 所示，小信号等效电路如图 6.17b 所示。已知参数值如下：$U_g = 28V$，$U_{ref} = 5V$，$U_o = 15V$，$I_o = 5A$，$R = 3\Omega$，$f_s = 100kHz$，$L = 50\mu H$，$C = 500\mu F$，PWM 锯齿波的峰-峰值为 $U_M = 4V$。试设计反馈系统，使其能够满足稳态和动态要求。

（1）步骤 1：电压采样网络设计 为消除稳态误差，在直流频率点，令开环传递函数的幅值趋近于无穷大，使其变为深度负反馈系统。根据式（6.36），电压采样网络的传递函数

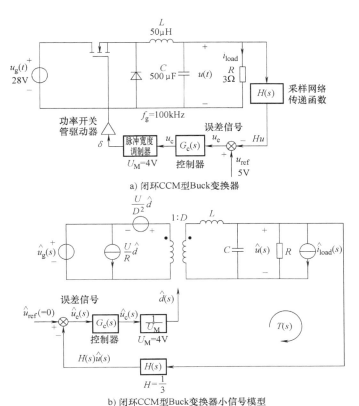

a) 闭环CCM型Buck变换器

b) 闭环CCM型Buck变换器小信号模型

图 6.17　闭环 CCM 型 Buck 变换器及其小信号模型

是参考电压与输出电压的比值, 表示为

$$H(s) = \frac{U_{\text{ref}}}{U_{\text{o}}} = \frac{5}{15} = \frac{1}{3} \tag{6.44}$$

（2）步骤 2：绘制控制对象的伯德图　CCM 型 Buck 变换器交流小信号模型如图 6.17b 所示。假定忽略输出电容等效串联电阻（ESR）的影响, 式（6.15）给出了 CCM 型 Buck 变换器的传递函数。为了叙述方便, 将式（6.15）重写为

$$G_{\text{ud}}(s) = \frac{U_{\text{g}}}{1 + \frac{s}{Q\omega_{\text{po}}} + \left(\frac{s}{\omega_{\text{po}}}\right)^2} \tag{6.45}$$

根据已知条件, 各参数计算公式如下：

1）占空比为

$$D = \frac{U_{\text{o}}}{U_{\text{g}}} = 0.536 \tag{6.46}$$

2）直流增益为

$$G_{\text{do}} = \frac{U}{D} = U_{\text{g}} = 28\text{V} \tag{6.47}$$

3）直流增益的分贝数为

$$|G_{do}|_{dB} = 20 \lg G_{do} = 29 dBV \tag{6.48}$$

4）极点频率为

$$f_{po} = \frac{\omega_{po}}{2\pi} = \frac{1}{2\pi\sqrt{LC}} = \frac{1}{2\pi\sqrt{50\times10^{-6}\times500\times10^{-6}}} Hz = 1kHz \tag{6.49}$$

5）品质因数及其分贝数为

$$Q_0 = R\sqrt{\frac{C}{L}} = 9.5 \tag{6.50}$$

$$|Q_0|_{dB} = 20 \lg Q_0 = 19.5 dB \tag{6.51}$$

由于双极点传递函数的相频特性曲线在极点频率附近变化非常剧烈，不能按常规的方法绘制相频特性的伯德图。为此，本书在 6.1.3 节介绍了一种近似绘制相频伯德图的方法。相频特性变化非常剧烈段的起始频率 f_a 和终止频率 f_b，可以式（6.21）和式（6.22）确定，即

$$f_a = 10^{-1/(2Q_0)} f_{po} = 10^{-1/(2\times9.5)} \times 1000 Hz = 886 Hz \approx 900 Hz$$

$$f_b = 10^{1/(2Q_0)} f_{po} = 10^{1/(2\times9.5)} \times 1000 Hz = 1129 Hz \approx 1100 Hz \tag{6.52}$$

在 $f<f_a$ 的低频段，相位为一条零度直线；在 $f>f_b$ 的高频段，相位近似为 $-180°$ 的直线；中频段的渐近线是一条经过点（f_{po}，$-90°$）并与（f_a，$0°$）和（f_b，$-180°$）相交的渐近线。基于上述计算值，可绘制出幅频特性和相频特性的伯德图，如图 6.18 所示。

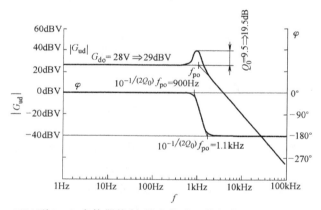

图 6.18　CCM 型 Buck 变换器控制-输出传递函数的伯德图（忽略 ESR 影响）

（3）步骤 3：选择最简单电压控制器　如果采用单位增益的反相放大器作为补偿网络，即 $G_c(s) = 1$。反相放大器引起了一个固定的 $180°$ 相移，其开环传递函数为

$$T(s) = G_c(s) \left(\frac{1}{U_M}\right) G_{ud}(s) H(s) = T_{uo} \frac{1}{1+\frac{s}{Q_0\omega_{po}}+\left(\frac{s}{\omega_{po}}\right)^2} \tag{6.53}$$

式（6.53）中直流增益为

$$T_{uo} = HU_g \frac{1}{U_M} = \frac{1}{3} \times 28 \times \frac{1}{4} = 2.33 \tag{6.54}$$

用分贝表示为

$$|T_{uo}|_{dB} = 20\lg T_{uo} = 7.4dB \tag{6.55}$$

根据上述计算结果，绘制开环传递函数的幅频和相频特性如图 6.19 所示。由图可知，穿越频率等于 1.8kHz，相位裕度小于 4.8°，闭环直流增益为 2.33。从控制论的观点看，穿越频率太低，将影响系统动态响应速度，相位裕度也过小，若参数稍有波动，系统将失稳，直流增益变小，存在较大的静态误差。因此，用一个简单的反相放大器作为电压控制器，不能满足闭环系统对中低频段特性的要求。

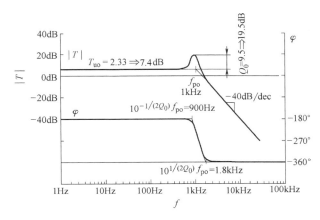

图 6.19 CCM 型 Buck 变换器的开环频率特性 （用反向放大器作为控制器）

为了简化控制器设计，下面介绍中频和低频分离补偿的技术，分别用不同补偿网络使其满足不同频段的要求。

（4）步骤 4：选择中频补偿器　在远低于穿越频率处增加一个零点，使得开环传递函数产生足够的超前相移，保证系统有足够的相位裕度。然而，高频段的下降斜率将由原来的 −40dB/dec 变为 −20dB/dec，同时应避免新增零点产生过渡的相位裕度而影响动态性能，所以在高于穿越频率的某个位置再布置一个极点。因此，中频补偿器的传递函数为

$$G_c(s) = G_{c0} \frac{\left(1 + \dfrac{s}{\omega_z}\right)}{\left(1 + \dfrac{s}{\omega_p}\right)}, \omega_z < \omega_c < \omega_p \tag{6.56}$$

下面介绍中频补偿网络参数的计算方法。选择穿越频率等于 1/20 的开关频率，表示为

$$f_c = f_s/20 = 100/20 \text{kHz} = 5\text{kHz} \tag{6.57}$$

设相位裕度为 52°，零、极点的计算公式为

$$f_z = f_c \sqrt{\frac{1 - \sin\varphi_m}{1 + \sin\varphi_m}} = 5\sqrt{\frac{1 - \sin52°}{1 + \sin52°}} \text{kHz} = 1.7\text{kHz}$$

$$\tag{6.58}$$

$$f_p = f_c \sqrt{\frac{1 + \sin\varphi_m}{1 - \sin\varphi_m}} = 5\sqrt{\frac{1 + \sin52°}{1 - \sin52°}} \text{kHz} = 14.5\text{kHz}$$

开环传递函数为

$$T(s) = G_{c0} \frac{\left(1 + \dfrac{s}{\omega_z}\right)}{\left(1 + \dfrac{s}{\omega_p}\right)} \left[\frac{T_{uo}}{1 + \dfrac{s}{Q_0 \omega_{po}} + \left(\dfrac{s}{\omega_{po}}\right)^2} \right] \quad (6.59)$$

在穿越频率点，开环传递函数模的近似表达式为

$$|T(j\omega_c)| \approx G_{c0} \frac{|T_{uo}|}{\left(\dfrac{\omega_c}{\omega_p}\right)\left(\dfrac{\omega_c}{\omega_{po}}\right)^2}, \quad \omega_c = \sqrt{\omega_z \omega_p}$$

$$= G_{c0} \frac{|T_{uo}|}{\sqrt{\dfrac{\omega_z}{\omega_p}}\left(\dfrac{\omega_c}{\omega_{po}}\right)^2} = 1 \quad (6.60)$$

$$G_{c0} = \frac{1}{|T_{uo}|}\sqrt{\frac{\omega_z}{\omega_p}}\left(\frac{\omega_c}{\omega_{po}}\right)^2 = \left(\frac{5\text{kHz}}{1\text{kHz}}\right)^2 \times \frac{1}{2.33} \times \sqrt{\frac{1.7\text{kHz}}{14.5\text{kHz}}} = 3.7 \quad (6.61)$$

采用中频补偿网络后，开环传递函数的伯德图如图 6.20 所示。仿真结果是穿越频率 $f_c =$ 5.1kHz，相位裕度等于 52°，所以中频段满足要求。

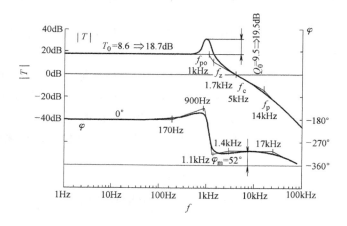

图 6.20　开环传递函数 $T(s)$ 的伯德图（中频补偿网络）

（5）步骤 5：选择低频补偿器　采用中频补偿器后，系统的动态响应和稳定性均能满足要求。然而，由图 6.20 可知，由于在 0～1kHz 范围内，幅频特性曲线是平坦的，因此，系统稳态误差大。为了消除稳态误差，可引入一个倒置零点作为低频补偿器，使得原来中频补偿器变为 PID 控制器，其电路结构如图 6.21 所示。

基于 PID 控制器电路，可以得到其传递函数，即

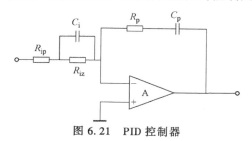

图 6.21　PID 控制器

$$G_c(s) = G_{cm} \frac{\left(1 + \dfrac{s}{\omega_z}\right)\left(1 + \dfrac{\omega_L}{s}\right)}{\left(1 + \dfrac{s}{\omega_p}\right)} \tag{6.62}$$

式中，$G_{cm} = -\dfrac{R_p}{R_{iz} + R_{ip}}$；$\omega_z = \dfrac{1}{R_{iz} C_i}$；$\omega_L = \dfrac{1}{R_p C_p}$；$\omega_p = \dfrac{R_{iz} + R_{ip}}{R_{iz} R_{ip} C_i}$。

倒置零点的表达式为 $\left(1 + \dfrac{\omega_L}{s}\right)$。

引入倒置零点的目的是改善开环传递函数的低频特性，而不影响其中高频段的特性。选择倒置零点的频率为穿越频率的 1/10，则有

$$f_L = \frac{f_c}{10} = \frac{5000}{10}\,\text{Hz} = 500\,\text{Hz} \tag{6.63}$$

其余参数保持不变，即 $G_{c0} = 3.7$，$f_z = 1.7\,\text{kHz}$，$f_p = 14.5\,\text{kHz}$，绘制 PID 控制器的伯德图，如图 6.22 所示。

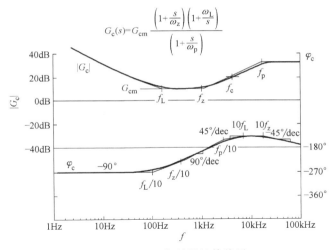

图 6.22　PID 控制器的伯德图

将数据 $G_{c0} = 3.7$、$f_z = 1.7\,\text{kHz}$、$f_p = 14.5\,\text{kHz}$、$f_L = 0.5\,\text{kHz}$、$T_{uo} = 2.33$ 等参数值代入，经仿真得到开环传递函数的伯德图，如图 6.23 所示。由仿真结果可知：

1) 低频段的下降斜率为 $-20\,\text{dB/dec}$，直流增益无限大，消除了稳态误差。

2) 中频段的下降斜率为 $-20\,\text{dB/dec}$，穿越频率 $f_c = 5.27\,\text{kHz}$，相位裕度为 $53.35°$，系统的响应速度和稳定性均能满足要求。

3) 高频段的下降斜率为 $-40\,\text{dB/dec}$，能够有效抑制高频噪声。

6.3.3　考虑输出电容 ESR 影响的 CCM 型 Buck 变换器的闭环设计

闭环电压控制 CCM 型 Buck 变换器如图 6.24 所示。已知输入电压 12V，输出电压 5V，负载电阻 5Ω，输出电感 $L = 100\,\mu\text{H}$，输出电容 $C = 100\,\mu\text{F}$，ESR 电阻 $R_c = 0.5\,\Omega$，开关频率 $f_s = 25\,\text{kHz}$，锯齿波的峰值电压 $U_M = 3.5\,\text{V}$，参考电压 $U_{ref} = 2.5\,\text{V}$。

（1）步骤1：电压采样网络设计　根据式（6.36），电压采样网络的传递函数是参考电压与输出电压的比值，表示为

$$H(s) = 2.5/5 = 0.5 \qquad (6.64)$$

（2）步骤2：绘制控制对象的伯德图　若考虑输出电容 ESR 影响，CCM 型 Buck 变换器控制对象的传递函数为

$$G_{ucm}(s) = \frac{U(s)}{U_c(s)} = \frac{U}{U_M} \frac{1 + \dfrac{s}{\omega_{zo}}}{1 + \dfrac{s}{Q\omega_{po}} + \left(\dfrac{s}{\omega_{po}}\right)^2}$$

$$(6.65)$$

参数计算如下，直流增益等于 12/3.5，对应分贝数为 $20\lg\left(\dfrac{U_s}{U_M}\right) = 10.7\text{dB}$。

极点频率为 $f_{po} = \dfrac{\sqrt{\dfrac{R}{LC(R+R_c)}}}{2\pi} = 1.52\text{kHz}$；

ESR 的零点频率 $f_{zo} = \dfrac{1}{2\pi R_{ESR} C_o} = 3.18\text{kHz}$。

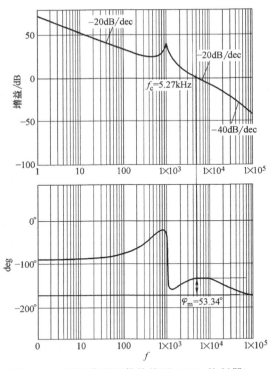

图 6.23　开环传递函数伯德图（PID 控制器）

将上述计算数据代入式（6.65），绘制控制对象幅频特性的伯德图，如图 6.25 中曲线 ABCD 所示。需要说明的是，图 6.25 所示曲线忽略了 Q 的影响，因此这个伯德图比较粗糙，但也基本能说明问题。所以工程上也常用这种近似方法绘制双极点控制对象的伯德图。

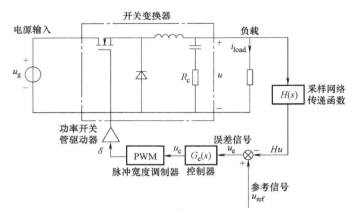

图 6.24　闭环电压控制 CCM 型 Buck 变换器（含 ESR 电阻）

（3）步骤3：选择控制器　为了消除稳态误差，控制器中必须包含一个积分环节 $1/s$，使得开环传递函数的低频幅频特性是以 -20dB/dec 下降。

选择穿越频率 f_c 为

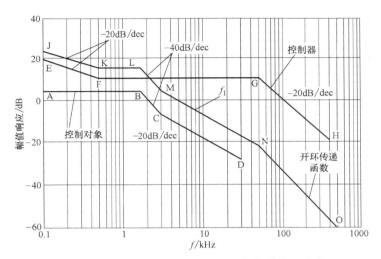

图 6.25 控制对象的幅频特性（曲线 ABCD）、开环幅频特性（曲线 JKLMNO）以及
控制器的幅频特性（曲线 EFGH）伯德图

$$f_{c} = \frac{f_{s}}{5} = \frac{25}{5}\text{kHz} = 5\text{kHz} \tag{6.66}$$

图 6.25 所示控制对象伯德图的突出优势是，在期望的穿越频率 5kHz(f_c) 点，控制对象伯德图的下降斜率为 -20dB/dec。这个斜率是适合的，但是对应的幅值约为 -15dB，所以控制器的中频段应该具有平坦的幅频特性，而且有 15dB 的增益，以便在 f_c 点穿越 0dB 线。

控制对象高频段的下降斜率为 -20dB/dec，所以控制器在高频段的下降斜率也应该是 -20dB/dec，实现高频下降斜率为 -40dB/dec，以便有效抑制高频噪声。

综上所述，应该选择单极点-单零点补偿网络作为控制器，如图 6.26 所示，其伯德图如图 6.27 所示。

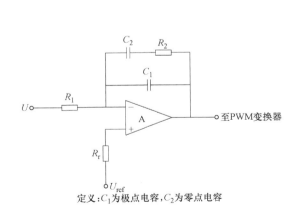

图 6.26 单极点-单零点补偿网络

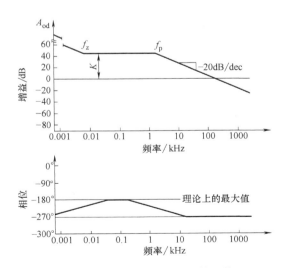

图 6.27 单极点-单零点补偿网络
幅频特性的伯德图

单极点-单零点补偿网络的传递函数为

$$G_c(s) = -\frac{K_1\left(1+\dfrac{s}{\omega_z}\right)}{s\left(1+\dfrac{s}{\omega_p}\right)}, \omega_z \ll \omega_p \tag{6.67}$$

零点频率为

$$\omega_z = \frac{1}{R_2 C_2} \tag{6.68}$$

极点频率为

$$\omega_p = \frac{C_1 + C_2}{R_2 C_1 C_2} \approx \frac{1}{R_2 C_1} \tag{6.69}$$

直流增益为

$$K_1 = \frac{1}{R_1(C_1 + C_2)} \approx \frac{1}{R_1 C_2} \tag{6.70}$$

在低频段，极点电容 C_1 近似开路，而零点电容 C_2 作用，幅频特性曲线大致以 $-20\mathrm{dB/dec}$ 下降；在中频段，C_1 和 C_2 电容皆开路，幅频特性平坦，其中频增益为

$$K_1 = \frac{R_2}{R_1} \tag{6.71}$$

为了补偿控制对象的衰减，对应分贝数为

$$20\lg \frac{R_2}{R_1} \approx 15\mathrm{dB} \tag{6.72}$$

在高频段，极点电容 C_1 作用，而零点电容 C_2 视为短路，幅频特性曲线以 $-20\mathrm{dB/dec}$ 下降。

（4）步骤 4：确定控制器的参数　设计控制器参数的基本思想如下：确定控制器的零极点，期望在穿越频率 f_c 点获得期望的 $45°$ 相位裕度。

在穿越频率点，控制对象的相移为

$$\varphi_{\mathrm{LC}} = -180 + \arctan \frac{f_c}{f_{zo}} = -122.5° \tag{6.73}$$

控制器在穿越频率点的相位表达式应该为

$$\varphi_c = -90 + \arctan\left(\frac{f_c}{f_z}\right) - \arctan\left(\frac{f_c}{f_p}\right) = -135° - (-122.5°) \tag{6.74}$$

则有

$$\arctan\left(\frac{f_c}{f_z}\right) - \arctan\left(\frac{f_c}{f_p}\right) = 77.5° \tag{6.75}$$

假设零、极点的位置与穿越频率点等距离，则

$$\arctan f'' - \arctan\left(\frac{1}{f''}\right) = 77.5° \tag{6.76}$$

用迭代法求解，得 $f'' = 4.5$。则极点频率 $f_p = 4.5 f_c = 22.5\mathrm{kHz}$，零点频率 $f_z = f_c/4.5 = 1.11\mathrm{kHz}$。

上述求解参数的难点在于如何求解式（6.76）。实际上，若选择控制器零点 f_z 近似等于

控制对象的极点频率 f_{po}，则可以求解这个方程。

联立求解下面的方程组，即

$$\begin{cases} 20\lg \dfrac{R_2}{R_1} \approx 15\text{dB} \\[2mm] f_z = \dfrac{1}{2\pi R_2 C_2} = 1.11\text{kHz} \\[2mm] f_p \approx \dfrac{1}{2\pi R_2 C_1} = 22.5\text{kHz} \end{cases} \qquad (6.77)$$

得到的参数为 $\qquad\qquad\qquad\qquad\qquad\qquad\qquad\qquad\qquad\qquad\qquad\qquad$ (6.78)

$$R_1 = 100\text{k}\Omega, R_2 = 500\text{k}\Omega, C_1 = 289\text{pF}, C_2 = 14\text{pF} \qquad (6.79)$$

将上述参数代入式（6.67），可以绘制出控制器或补偿网络以及开环的幅频特性，分别如图 6.25 的曲线 EFGH 和曲线 JKLMNO 所示。

由图 6.25 所示的曲线 JKLMNO 可知，在低频以 -20dB/dec 衰减，在中频段又以 dB/dec 穿越 0dB，在高频段以 -40dB/dec 衰减。穿越频率约为 5kHz，相位裕度的设计值为 45°，所以设计合理。

6.4 单极点控制对象的电压控制器设计

6.4.1 电压控制器设计的基本步骤

在 DCM 工作模式下，电感电流不再是状态变量，所以交流小信号模型退化为一阶模型。因此，DCM 型变换器是单极点控制对象，其传递函数标准形式为

$$G_{ud}(s) = \frac{G_{do}(1+s/\omega_{zo})}{1+s/\omega_{po}} \qquad (6.80)$$

式中，G_{do} 是直流增益；$\omega_{po} = 1/(RC)$ 是极点频率；$\omega_{zo} = 1/(R_c C)$ 是零点频率。

式（6.80）中，直流增益和极点频率的计算公式参见表 6.1，R_c 是输出电容 C 的 ESR。

电压控制器的设计要点是：最轻负载电阻和最大 ESR 原则，因为单极点模型的最坏工况是最轻负载和最高输入电压工况。极点频率反比于负载电阻 R，设计时应以最轻负载为标准。极点频率反比于 ESR，设计时应以 R_c 的最大值为标准。因为 ESR 的 R_c 大约为毫欧量级，而负载电阻 R 为欧姆量级，所以极点频率 $\omega_{zo} > \omega_{po}$，控制对象为滞后-超前环节。

（1）步骤 1：绘制单极点控制对象的伯德图　基于式（6.80）及其参数计算值，绘制单极点控制对象幅频特性的伯德图如图 6.28 所示。由图可知，低频段比较平坦，所以控制器需要一个积分环节，以消除静态误差；中频段以 -20dB/dec 斜率穿越 0dB，然而穿越频率受直流增益和零极点位置控制，不便设计出合理的穿越频率，故要求控制器在中频段具有平坦的幅频特性，以实现穿越频率的合理配置；幅频特性的高频段为平坦的直线，不利于抑制高频噪声，所以控制器高频段的下降斜率至少应为 -20dB/dec。

（2）步骤 2：选择控制器　经过上述分析，简单归纳出单极点控制对象对控制器的基本要求：

1）为消除静误差，控制器在低频段应为一个积分环节。

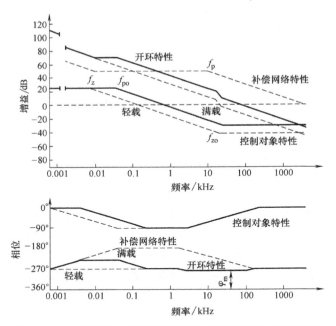

图 6.28　控制对象、控制器和开环三种幅频特性的伯德图

2）为了合理配置穿越频率，控制器在中频段应具有平坦幅频特性，使开环幅频特性以 -20dB/dec 斜率穿越 0dB 线。

3）为了抑制高频噪声，控制器在高频段应至少具有 -20dB/dec 的下降斜率。

基于以上要求，选择单极点-单零点控制器，它是一个超前-滞后环节，与滞后-超前的单极点控制对象匹配。

有关单极点-单零点控制器的知识已在 6.3.3 节中有详细论述，这里不再赘述。为了便于理解，单极点-单零点控制器的伯德图仍绘制在图 6.28 中。

（3）步骤 3：单极点控制对象的开环传递函数　开环传递函数表示为

$$T(s) = G_c(s) G_{ud}(s) G_M(s) H(s)$$

$$= \frac{K\left(1+\dfrac{s}{\omega_z}\right) G_{do}\left(1+\dfrac{s}{\omega_{zo}}\right)}{s\left(1+\dfrac{s}{\omega_p}\right)\ \left(1+\dfrac{s}{\omega_{po}}\right)} \cdot \frac{1}{U_M} \cdot H(s) = \frac{K\left(1+\dfrac{s}{\omega_z}\right) A_{DC}\left(1+\dfrac{s}{\omega_{zo}}\right)}{s\left(1+\dfrac{s}{\omega_p}\right)\ \left(1+\dfrac{s}{\omega_{po}}\right)} \tag{6.81}$$

式（6.81）中，$A_{DC} = G_{do} H(s) / U_M$。

（4）步骤 4：选取控制器的参数

1）在最轻负载处设置控制器的零点频率为

$$f_z = f_{pomin} \tag{6.82}$$

2）在最大 ESR 处设置控制器的极点频率为

$$f_p = f_{zomin} \tag{6.83}$$

经过处理使得开环传递函数的零极点对消，近似表示为

$$T(s) \approx \frac{A_{DC} K}{s} \tag{6.84}$$

3）选择穿越频率 f_c

$$f_\mathrm{c} = \frac{f_\mathrm{s}}{5 \sim 20} \tag{6.85}$$

4）在穿越频率点确定控制器的中频增益 K 为

$$|T(\mathrm{j}\omega_\mathrm{c})| \approx \left|\frac{A_\mathrm{DC}K}{\omega_\mathrm{c}}\right| = 1 \tag{6.86}$$

将上述计算参数代入式（6.81），绘制其单极点控制对象的开环伯德图，如图 6.28 所示。

6.4.2　闭环反激变换器的控制设计

反激变换器通常采用 UC3842/3/4/5 等控制芯片，如图 6.29 所示。这类控制芯片含有峰值电流控制内环以及电压控制外环。峰值电流控制内环作用如下：

1）在每个开关周期内限制一次侧电感电流的峰值，同时保护开关管和电感。

2）采用峰值电流等效于引入一个输入电压的前馈，使得变换器能在很宽的输入电压范围内正常工作。

3）引入峰值电流控制电感电流，则电感电流不再是一个状态变量，无论 CCM 模式还是 DCM 模式。因此反激变换器的小信号模型可以近似为单极点控制对象。

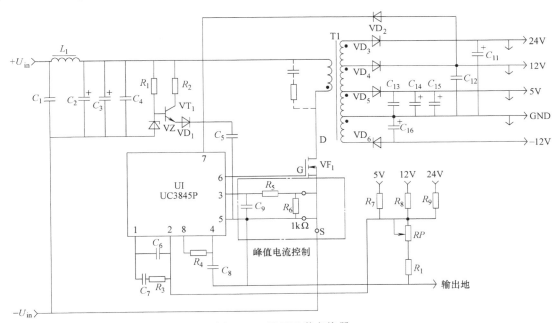

图 6.29　闭环反激变换器

在 6.1.2 节中，介绍了反激变换器的一种小信号工程化模型，如式（6.11），即

$$G_\mathrm{udm}(s) = \frac{A_\mathrm{DC}\left(1 + \dfrac{s}{\omega_\mathrm{zo}}\right)}{1 + \dfrac{s}{\omega_\mathrm{po}}} \tag{6.87}$$

式中，$\omega_{po} = \dfrac{1}{RC}$；$\omega_{zo} = \dfrac{1}{R_c C}$；$A_{DC} = \dfrac{(U_{gmax} - U_{out1})^2 N_s}{U_{gmax} \Delta U_C N_p}$；$\Delta U_C = U_{ref}$ 是参考电压。

反激变换器可以等效为基本 Buck-Boost 变换器，应该含有一个右边平面的零点。但是，如果采用峰值电流控制，则可以忽略这个零点的作用。

已知输入电压的额定值为 24V，变化范围为 18~36V，输出电压为四路输出，$U_{out1} =$ 5V，最大电流 2A，最小电流 0.5A；$U_{out2} = 12V$，电流 0.5A；$U_{out3} = -12V$，电流 0.5A；$U_{out4} = 24V$，电流 0.25A。控制芯片为 UC3845P，其内部参考电压 $U_{ref} = 2.5V$，PWM 输出的峰值 $U_M = 3V$，工作频率 $f_s = 40kHz$，输出电容 C 的总和为 440μF。

（1）步骤 1：确定控制对象传递函数的参数　在各路输出中，$U_{out1} = 5V$ 输出端的功率最大，应占检测电流的主要部分，所以视为主要的输出。对于 5V 输出端，变压器一次侧和二次侧的匝数分别为 $N_p = 17$ 匝，$N_s = 5$ 匝。

求最大直流增益为

$$A_{DC} = \frac{(U_{gmax} - U_{out1})^2}{U_{gmax} \Delta U_C} \cdot \frac{N_s}{N_p} = \frac{(36-5)^2}{36 \times 2.5} \times \frac{5}{17} = 3.14 \tag{6.88}$$

负载为

$$R = \frac{5}{0.5 \sim 2} \Omega = 10 \sim 2.5 \Omega \tag{6.89}$$

极点频率范围是

$$f_{po(hi)} = \frac{1}{2\pi R_{min} C} = \frac{1}{2\pi \times 2.5 \times 440} Hz = 144.7 Hz \tag{6.90}$$

$$f_{po(low)} = \frac{1}{2\pi R_{max} C} = \frac{1}{2\pi \times 10 \times 440} Hz = 36.2 Hz \tag{6.91}$$

根据上述计算结果，并假定零点频率 f_{zo} 为 20kHz，绘制出控制对象频率特性的伯德图，如图 6.30 所示。

（2）步骤 2：选择控制器　对于单极点控制对象，选用单极点-单零点补偿网络，如图 6.26 所示。

（3）步骤 3：控制器参数计算　穿越频率为

$$f_c \leqslant \frac{f_s}{5} = \frac{40}{5} kHz = 8kHz \tag{6.92}$$

布置控制器的零点位于控制对象的最低极点位置，根据式（6.82），得

$$f_z = f_{pomin} = 36.2 Hz \tag{6.93}$$

布置控制器的零点位于控制对象的零点位置，根据式（6.83），得

$$f_p = f_{zo} = 20kHz \tag{6.94}$$

根据式（6.86），计算控制器幅频特性曲线平坦段的增益，即

$$K = \frac{f_c}{f_{po(hi)} A_{DC}} = \frac{8}{0.144 \times 3.14} \approx 17.7 \tag{6.95}$$

根据上面计算的参数，可以绘制控制器和开环频率特性的伯德图，如图 6.30 所示。

1）由闭环特性的伯德图可知，在低、中和高频段皆以 -20dB/dec 衰减。

2）低频和中频段交界处插入了一个平坦的过渡段，目的在于提高穿越频率。

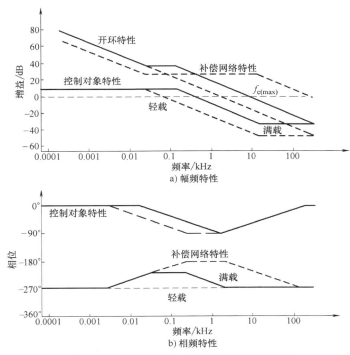

图 6.30　反激变换器三种频率特性的伯德图

3）相位裕度等于 90°，相位裕度偏大。

4）在负载变化时，穿越频率在 8kHz 附近波动。

5）穿越频率和相位裕度随控制器幅频特性伯德图平坦段（中频段）的增益变化。

下面计算控制器参数：

在多路输出开关变换器中，为了提高交叉调整性能，对正极性的各输出端电压进行检测，被检测的输出端有：$U_{\text{out1}} = 5\text{V}(\text{DC})$，$U_{\text{out2}} = 12\text{V}(\text{DC})$ 和 $U_{\text{out4}} = 24\text{V}(\text{DC})$。

首先选择检测电流，$I_{\text{test}} = 1\text{mA}$。确定电压采样网络的下端电阻 $R_{10} + R_{11}$，有

$$R_{10} + R_{11} = \frac{U_{\text{ref}}}{I_{\text{test}}} = \frac{2.5}{1 \times 10^{-3}}\Omega = 2.5\text{k}\Omega \tag{6.96}$$

选择 $R_{10} + R_{11}$ 为 2.7kΩ。为了使输出电压可以适当调整，R_{10} 采用 1kΩ 的电位器，并使调整端处于中点，即 $R_{10} = 500\Omega$，$R_{11} = 2.2\text{k}\Omega$。

实际的检测电流为

$$I_{\text{test}} = \frac{U_{\text{ref}}}{R_{10} + R_{11}} = \frac{2.5}{2.7}\text{mA} = 0.93\text{mA} \tag{6.97}$$

检测电流的分配比例为：5V，60%；12V，20%；24V，20%。

5V 端的采样电阻 $R_7 = \dfrac{5 - 2.5}{0.6 \times 0.93 \times 10^{-3}}\Omega = 4480\Omega$，取 4.7kΩ。

12V 端的采样电阻为 $R_8 = \dfrac{12.3 - 2.5}{0.2 \times 0.93 \times 10^{-3}}\Omega = 52.7\text{k}\Omega$，取 51kΩ。

24V 的采样电阻为 $R_9 = \dfrac{24.4 - 2.5}{0.2 \times 0.93 \times 10^{-3}} \Omega = 117.7\text{k}\Omega$，取 110kΩ。

$R_3 = KR_7 = 17.7 \times 4.7\text{k}\Omega = 83.2\text{k}\Omega$，取 $R_3 = 82\text{k}\Omega$。

零点电容为 $C_7 = \dfrac{1}{2\pi f_z R_3} = \dfrac{1}{2\pi \times 36.2 \times 82 \times 10^3}\text{F} = 0.0536\mu\text{F}$，取 $0.051\mu\text{F}$。

极点电容为 $C_6 = \dfrac{1}{2\pi f_p R_3} = \dfrac{1}{2\pi \times 20 \times 10^3 \times 82 \times 10^3}\text{F} = 97\text{pF}$，取 100pF。

习　题

6.1　如图 6.31 所示的补偿网络，在 1kHz 处有一个零点，在 5kHz 处有一个极点。在 4kHz 处补偿网络的增益为 4。试确定：（1）C_2、C_3、R_{11} 和 R_2 的值；（2）由补偿网络所引入的相位滞后；（3）由补偿网络和误差放大器所引起的相移。

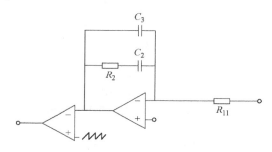

图 6.31　题 6.1 图

6.2　如图 6.32 所示的补偿网络，在 1kHz 处有一对二重零点，在 10kHz 处有一个极点，在 30kHz 处也有一个极点。二重零点处的增益为 0dB，假设 R_{11} 为 10kΩ。试确定：（1）C_1、C_2、C_3、R_1 和 R_2 的值；（2）由补偿网络引起的相位滞后。

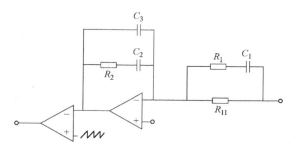

图 6.32　题 6.2 图

6.3　如图 6.24 所示的 Buck 变换器，其参数如下：$U_g = 12\text{V}$，$U = 5\text{V}$，输出电感 $L = 100\mu\text{H}$，输出电容 $C = 100\mu\text{F}$，ESR 电阻 $R_c = 1\text{m}\Omega$，开关频率 $f_s = 25\text{kHz}$，锯齿波的峰值电压 $U_M = 3\text{V}$，参考电压 $U_{ref} = 2.5\text{V}$。闭环 Buck 变换器的增益穿越频率约为 5kHz，试设计相位裕度为 45° 的补偿网络。

第 7 章

Psim 仿真技术

7.1 Psim 的基本情况

Psim 是美国 POWERSIM 公司推出的、专门为电力电子和电动机驱动以及开关电源系统控制设计及其动态系统分析的一个仿真平台，支持器件与电路仿真器引擎（例如 SPICE），可以和系统与控制仿真器引擎（例如 MATLAB/Simulink）协同仿真，具有仿真速度快、用户界面友好及易于掌握等优点，为电力电子系统分析和数字控制等研究提供了强大的仿真环境。

本章主要介绍基于 Psim 平台开发的开关电源仿真技术，该技术较好解决了开关电源仿真与环路设计等难题，主要内容如下：

1）开关变换器的瞬态仿真技术：介绍开关过程、启动冲击和缓冲电路的作用等内容，力图使读者深入理解动态元器件和寄生元器件对开关过程的影响，仿真时间尺度为纳秒量级。

2）开关电源平均模型仿真技术：高频开关纹波严重地影响仿真速度、收敛性及仿真电路规模，对人们认识开关电源低频动态特性造成干扰。因此，这里提出开关电源平均模型仿真技术，解决隔离变换器的仿真难题，仿真时间尺度为毫秒量级。

3）数字控制仿真技术：开关电源的数字控制是一个发展趋势，这里主要介绍离散化的基础知识和数字控制器设计基本步骤及其仿真技术，隶属于入门基础知识。

4）采样-调理电路的理想模型：大功率复杂开关电源目前多采用了以 DSP 为核心控制器件的数值控制，存在驱动接口电路与反馈信号接口电路，在第 2 章介绍了 DSP 驱动电路空间布局的理想模型，本章给出了采样-调理电路的理想模型，为 DSP 与开关变换器的接口电路提供了理想模型。

5）开关变换器数值建模：建模始终是开关电源工程师不可逾越障碍，这里介绍数值建模技术，用小信号频域扫描技术模拟环路增益测量仪的功能，测量开关变换器的小信号频率响应，建立闭式数学模型，或分析开关调节系统的环路频率特性，为工程师研究开关电源的稳定性及其动态特性提供一个有效的途径。

6）控制器的智能设计：Psim 中 SmartCtrl 模块为电力电子工程师提供了一个控制器智能设计的工具。

7.1.1 Psim 整体简介

Psim 中的模块与功能见表 7.1，它包括了仿真模块、接口模块、物理实现模块和设计模块。在仿真模块中提供了 PSIM——开关变换器的仿真、模拟控制和 Digital Control——z 域数字控制等功能；在接口模块中，提供了 SimCoupler——与 Matlab/Simulink 协同进行系统级仿真，以及与 FPGA 仿真软件 ModelSim 协同仿真等功能；在物理实现模块中提供了 PIL——TI DSP 硬件在线仿真和 C 代码的自动生成；在设计模块中，提供了 SmartCtrl——开关电源的智能设计功能等。

图 7.1a 是 Psim 仿真平台的示意图。首先，在 PSIM Schematic 中绘制待仿真电路的原理图，然后启动 Psim，最后在 SIMVIEW 中观察仿真结果。图 7.1b 是电力电子系统的结构示意图。Power Circuit 是开关变换器，Control Circuit 是控制电路。控制电路发出控制指令，通过 Switch Controller 接口电路将其指令传输给开关变换器，开关变换器的输出量通过 Sensor 接口电路传输给控制电路作为反馈信号。

在 Psim 界面→Element→Power，即开关变换器元器件库中，提供了 R、L、C 元件，功率开关管、二极管、电力半导体模块、耦合电感与变压器、电动机模块（如直流电动机、交流感应电动机、直流无刷电动机、开关磁阻电动机和各种电动机的机械负荷）等。在 Other，即其他元器件库中，含有理想运放、光电耦合器和 TL431 等。在 Psim 界面→Element→Control，即控制电路元件库中，提供了各种滤波器的传递函数、线性运算单元、非线性运算单元、逻辑电路单元和各种离散数字信号处理单元等，同时也提供了各种开关控制驱动器、晶闸管相控触发单元和电流、电压传感器、各类电工仪表，交、直流和特殊函数电流源与电压源，各类受控电流源和电压源。Psim 还提供了专门用于分析谐波畸变、频谱分析、三相电路 d-q 变换等单元。

表 7.1　Psim 中的模块与功能示意图

仿真	PSIM	开关变换器仿真及其模拟控制
	Motor Drive	电动机驱动器
	Digital Control	z 域数字控制器
	Thermal	开关和电感损耗计算
	Renewable Energy	太阳能电池组，风力发电机，蓄电池，超级电容器
	SPICE	SPICE 模型的精细仿真
接口	SimCoupler	与 MATLAB/Simulink 协同
	MagCoupler/MagCoupler-RT	与 FEA 软件 JMAG 协同
	ModCoupler-VHDL/Verilog	与 FPGA 仿真软件 ModelSim 协同
物理实现	PIL	硬件在环仿真
	SimCoder	自动代码生成
	F2833x/F2803x/F2806x/F2802x Targets	TI DSP 代码生成
设计	Motor Control Design Suite	电动机驱动系统设计
	HEV Design Suite	混合动力系统设计
	SmartCtrl	开关电源控制环路设计

7.1.2　Psim 入门知识

（1）Psim 主界面　图 7.2 是 Psim 主界面，共有 6 部分内容。在界面的顶部中，①为 Psim 的表识——商标；②为菜单栏，提供了 File（文件）、Edit（编辑）、SubCircuit（子电

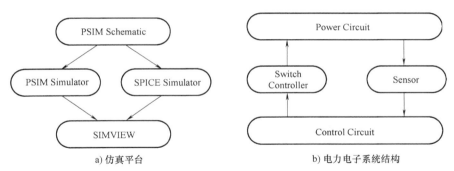

a) 仿真平台　　　　　　　　　　　　b) 电力电子系统结构

图 7.1　Psim 仿真平台与电力电子系统结构

路）、Simulate（仿真）、Options（设置）、Utilities（公共资源库）、Window（窗口）和 Help（帮助）选项；③为工具栏，在界面的中部；④为绘图工作区域，用于绘制/显示待仿真电路的原理图，在界面的底部；⑤为常用器件栏；⑥为状态显示栏，例如，当鼠标在⑤栏选中某个元器件或仪表后，在区域⑥会显示元器件的名称。

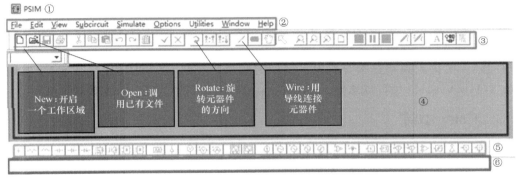

图 7.2　Psim 主界面

（2）绘制原理电路　如图 7.2 所示，首先在 Psim 主界面中，单击 New 按钮开启一个新的工作区域，建立一个新仿真文件。在绘图工作区域④绘制待仿真电路的原理图。第二步进行元器件布置：元器件的选取有两种方式，其一是在区域⑤单击选中常用元器件，放置在区域④；其二是在区域③中单击 Elements 选项然后选择所需元器件。第三步连接元器件：在区域③中单击 Wire 命令即用导线连接元器件构成电路。第四步改变元器件图像的方向：若所选元器件端口方向或者电源的放置方式不符合电路需求，则需要激活相关元器件，然后在区域③单击 Rotate 命令进行旋转操作。第五步元器件的参数设置：双击待设定参数的元器件，Psim 会弹出参数对话框，含有 Parameters、Other Info 和 Color 选项。单击 Parameters 选项可以输入元器件参数值或数学表达式；单击 Color 选项可以改变当前元器件符号的颜色，以示区别。对于 Other Info 选项，不同元器件有不同内容。

（3）调用已有文件　在 Psim 主界面中，单击 Open 按钮，调用一个已有文件，如图 7.2 所示。

（4）设置测试点　当用户完成电路搭建和参数设置之后，需要选择测量点及待观察的物理量。在 Psim 界面的区域⑤或区域②中提供了电流表头和电压表头，而电压表又分为测量电位的单端子测量表头和测量两端电压的双端子表头。在 Psim 中，未测量的物理量将不保存仿真结果，也无法在 SIMVIEW 中观察仿真结果。

（5）运行仿真分析　当用户完成电路搭建、参数设置和测量点后，在区域③单击 Run Simulation，则 Psim 进入 SIMCAD 开始仿真。

在电路理论中，有瞬时分析、交流分析和参数扫描分析等。Psim 同样含有这些分析方法，供用户选择。

（6）观察仿真结果　SIMVIEW 是 Psim 的波形显示和后置处理程序。SIM-VIEW 以 ASCII 文档格式或者 SIMVIEW 二进制格式读取数据。在仿真分析完成后，自动启动 SIMVIEW 的波形（Properties）对话框，如图 7.3 所示。在 Variable available 对话框中选择显示变量，单击 Add 按钮，可在 Variable for display 对话框中出现待显示变量，单击 Remove 按钮，则会消除不希望显示的变量。在选定待显示变量后，单击 OK 按钮，Psim 自动显示波形。在时域分析时，横

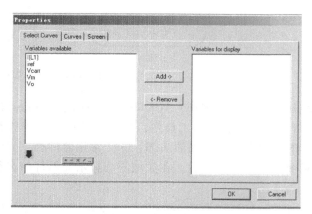

图 7.3　波形对话框

轴为时间轴；在交流频率扫频分析时，横轴为频率。当然，在 SIMVIEW 主界面的 Axis→Choose X-Axis Variable 中可以选择 Variable available 对话框中的任一个变量作为横轴。

7.1.3　Psim 小结

与 Saber、Pspice 等常用电力电子仿真软件相比，Psim 具有仿真速度快、易于收敛等特点；与 MATLAB、POWERSYSTEM 等其他系统级仿真软件相比，Psim 的界面更加友好，因而便于电力电子电路设计。该软件适合于电力电子系统与电力传动系统的初步设计，它可以加深工程师对电路与系统的原理及工作状态的理解，大大加速设计与实验过程，是与 Saber、Pspice 相辅相成的电力电子仿真工具。

图 7.4 是参数优化示意图。首先，根据电路理论与工程经验设置元器件的初始参数值，在 SIMCAD 平台上仿真，利用 SIMVIEW 观察仿真结果。如果仿真结果不理想，则需要修改元器件的参数值，甚至变更电路拓扑，再仿真直到得到满意的仿真结果为止。

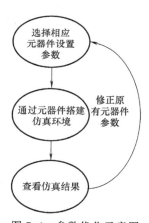

图 7.4　参数优化示意图

7.2　开关变换器的瞬态仿真技术

7.2.1　Buck 变换器开关过程仿真

图 7.5 是呈现在平台界面上的 Buck 变换器瞬态仿真电路。图中：

① 为 MOS 管，这里是 N 沟道增强型理想效应晶体管，当驱动信号为高电平时，MOS 管导通，导通电阻为 10μΩ，当驱动信号为低电平时，MOS 管关断，关断电阻为 1MΩ。它反并联了一个二极管，使其成为双向电流器件。但没有考虑寄生电容的影响。

② 为理想二极管。

③ 为 Gating Block 开关驱动模块，它只能用于驱动开关器件的控制端，不能与器件的其他端连接。需要设定的参数是：name（名称），例如 G1；frequency（开关频率）；No. of Points（在一个开关周期内，开关动作的次数，无论开通或关断均为动作一次），例如在一个开关周期内开通/关断各一次，则设定为 2；Switching points（驱动脉冲的前/后沿相位），例如 0 180，表示驱动脉冲的上升沿为 0°，下降沿为 180°，$D=0.5$。实际上用这个参数定义占空比，例如，0 90°，$D=0.25$。

④ 为 SubCircuit 子电路模块，在仿真一个较大规模的电路时，为了使整个电路的逻辑关系清晰，可将拓扑结构较为复杂的功能模块建成一个子电路，即在主电路中使用子电路的方法。在建立子电路时，通过 SubCircuit/Set Default Variable List（设定默认变量表）中设定子电路中的变量和参数。当主电路第一次调用子电路时，在主电路 main. sch 中的 Subcircuit→Edit Subcircuit 下，默认值将出现在 Subcircuit Variables 中，可以用新的变量替代默认变量，并改变变量的数值。新定义的变量和数值将存储在 main. sch 文件中，并在仿真中使用。根据调用子电路时可以修改子电路的变量和数值的特点，主电路可以多次调用同一个子电路，每次调用可以另行定义变量和修改参数。

⑤ 为参数目录文件 File，定义了储存元器件的参数和极限值。

⑥ 为仿真控制器，位于 Simulate→simulation control，参数及其设置如图 7.6 所示。

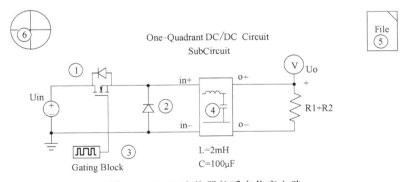

图 7.5　Buck 变换器的瞬态仿真电路

Time step：时间步长，单位为 s。在 Psim 仿真过程中，仿真时间步长是固定的。为了保证仿真精度，要合理选择时间步长。在开关电源中，开关周期、脉冲宽度以及瞬态波形的形状等都影响时间步长。原则上讲，时间步长应该比三者中最小者还要低一个数量级。然而，时间步长与仿真速度成反比。在 6.0 版本后，仿真平台提供了计算精确开关过程的修正技术，以增强在开关过程的仿真精度。Psim 将自动计算允许的最小时间步长，这一过程与设置步长无关。

Total Time：仿真总时间长度，单位为 s。由于开关变换器具有瞬态启动过程，仿真时间应至少大于 5 倍主电路的时间常数，否则电路不能形成稳态；对于 APFC 电路，因为交流频率为 50Hz，每个周期为 20ms，建议仿真时间应大于两个周期。

Print time：显示波形的时间起点。默认值为零时刻。若只希望观察稳态波形，避免瞬态启动过程带来视角干扰，则可以另行定义显示时间的起点。

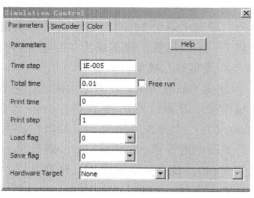

Print step：显示步长，默认值 1。含义是仿真结果文件中保存每次计算的数据。若设定为 10，表明每 10 个数据点在输出文件中存储一个数据。在仿真准直流系统时，例如锂电池系统，要求仿真时长以小时为单位，此情况下即使能仿真出结果，也无法显示仿真波形。所以应该适当增加显示步长，尽量少保存数据。

图 7.6　仿真控制器定义框

Load flag：加载功能，默认值为 0。如果设定为 1，则上次仿真结果将作为本次仿真的初始条件。

Save flag：存储功能，默认值为 0。如果设定为 1，则当前的仿真结果将存储在 .ssf 文件中。

Hardware Target：目标硬件。若选择 none，则不指定硬件；若选择 Genera_hardware：1，则为通用硬件目标，在仿真中使用 TI 公司的通用 DSP 芯片；若选择 Myway_PEExpert，则为 PE-expert4，即 Myway 公司研发 DSP 开发板，它使用 TI 浮点运算 DSP320C6657 和 Myway 公司 PE-OS 库。

7.2.2　启动过程的冲击现象

（1）开关变换器启动过程的仿真结果　仿真实验的条件：输入电压 $U_{in} = 12V$，占空比 $D = 0.5$，输出电压平均值 $U_o = 6V$，负载电阻 $R = 6\Omega$。电感 $L = 2mH$，电容 $C = 100\mu F$。仿真结果如图 7.7 所示，由图可知：

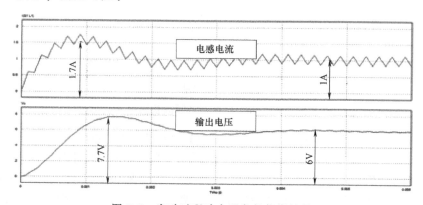

图 7.7　启动过程冲击现象的仿真结果

1）稳态平均输出电流 $I_o = 1A$，但启动阶段瞬时最大电流 $I_{max} = 1.7A$，冲击电流超过稳态电流的 170%。如果要求电感工作在线性区域，则电感裕度超过正常值 1.7 倍，造成极大的浪费；否则在启动过程会使电感饱和，烧坏 MOS 开关管。

2）稳态输出电压 $U_o = 6V$，但是启动电压的瞬态最大值 $U_{omax} = 7.7V$。电容耐压的裕度超过稳态电压的 28%，大大增加了电容成本。

（2）启动冲击的等效电路　图 7.8 是启动过程的等效电路。在 Buck 变换器中，MOS 管和续流二极管组成了开关网络，在第 5 章图 5.6d 给出了平均等效电路，重新绘制在图 7.8a 中。在研究启动冲击过程中，令图 7.8a 中的受控电流源 $di(t)$ 开路。由此得到分析启动过程的等效电路，如图 7.8b 所示。这是一个典型的二阶 RLC 电路。启动冲击现象等效为一个二阶 RLC 电路的阶跃响应。

其谐振频率为

$$\omega_{\mathrm{o}} = \frac{1}{\sqrt{LC}} \tag{7.1}$$

特征阻抗为

$$Z_{\mathrm{o}} = \sqrt{\frac{L}{C}} \tag{7.2}$$

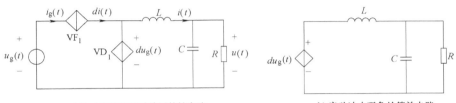

a) Buck 变换器的受控源等效电路　　　　　　b) 启动冲击现象的等效电路

图 7.8　启动过程的等效电路

当负载 $R < 0.5 Z_{\mathrm{o}}$ 时，系统的响应为衰减振荡，即出现了电感电流和输出电压的冲击现象。所以，开关电源中普遍采用软启动技术，使得启动过程变为二阶系统的斜波响应，同时轻载启动更加合理。

7.2.3　Flyback 变换器的仿真实例

（1）电路参数　在第 4 章已经述及，Flyback 变换器中所使用的变压器被称为反激变压器。为了防止铁心饱和，反激变压器的铁心必须开有气隙。铁心气隙会泄露一次绕组的部分磁通量，增强漏磁现象，所以反激变压器的模型中含有漏感。

仿真电路如图 7.9 所示，反激变压器的参数如下：一次侧漏感 $L_{\mathrm{p}} = 15\mu\mathrm{H}$，二次侧漏感 $L_{\mathrm{s}} = 5\mu\mathrm{H}$，磁化电感 $L_{\mathrm{m}} = 1\mathrm{mH}$，一次侧匝数 $N_{\mathrm{p}} = 100$，二次侧匝数 $N_{\mathrm{s}} = 8$。输入电压 $U_{\mathrm{in}} = 100\mathrm{V}$，占空比 $D = 0.5$，开关频率 $f_{\mathrm{s}} = 100\mathrm{kHz}$，工作模式为 DCM，输出电压 $U_{\mathrm{o}} = 6\mathrm{V}$，负载电阻 $R_{\mathrm{o}} = 5\Omega$。

（2）仿真结果　结果如图 7.9b 所示。由图可知，当驱动脉冲变为高电平时，MOS 管导通，I_{VF} 电流由零开始线性增加；在驱动脉冲变为低电平瞬间，MOS 管关断。在反激变压器漏感的作用下，MOS 管 D、S 两极之间的电压出现了一个尖峰 U_{DSmax}，$U_{\mathrm{DSmax}} = 350\mathrm{V}$，随后二次侧二极管 VD_1 导通，使得 $U_{\mathrm{DS1}} = 2U_{\mathrm{in}} = 200\mathrm{V}$；当一次侧磁化电感的能量全部传输给二次侧后，$\mathrm{VD}_1$ 断开，$U_{\mathrm{DS2}} = U_{\mathrm{in}} = 100\mathrm{V}$。因此，关断瞬间 MOS 承受的电压远大于输入电压。

MOS 承受的电压表示为

$$U_{\mathrm{DSmax}} = 2U_{\mathrm{in}} + \Delta U \tag{7.3}$$

式中，ΔU 是反激变压器漏感引起的电压增量，简称为漏感增量电压。漏感增量电压是 Flyback 电路设计应考虑的重要因素。

（3）关断缓冲电路　在图 7.9a 所示电路中，R_1、VD_2 和 C_3 组成了关断缓冲电路。在 MOS 管关断瞬间，变压器一次侧电感通过 VD_2 向缓冲电容 C_3 充电，使得电压 U_{DS} 由零缓慢上升，以减少 MOS 的关断损耗；当 U_{DS} 大于两倍的输入电压时，二次侧二极管 VD_1 导通，磁化电感两端的电压被输出电压钳位。同时，一次侧漏感 L_p 与 C_3 谐振，将 L_p 中存储的磁能转化为转换为电容 C_3 的电能，使得 U_{DS} 电压增加，从而出现尖峰电压现象。

电磁能量转换公式为

$$\frac{1}{2}L_s I_{VFm}^2 = \frac{1}{2}(C_3 + C_{DS})\Delta U^2 \tag{7.4}$$

漏感电压增量 ΔU 为

$$\Delta U = \sqrt{\frac{L_s}{C_3 + C_{DS}}}I_{VFm} \tag{7.5}$$

式中，C_{DS} 是 MOS 管的输出电容（F）。

由式（7.5）可知，漏感电压增量 ΔU 与漏感量及 MOS 管的峰值电流成正比，与 C_3 与 C_{DS} 之和成反比。

下面研究时间步长的影响。当时间步长为 $1\mu s$ 时，$U_{DSmax} = 230V$；时间步长为 $0.1\mu s$ 时，$U_{DSmax} = 300V$；时间步长为 $0.01\mu s$ 时，$U_{DSmax} = 353V$；时间步长为 $0.001\mu s$ 时，$U_{DSmax} = 353V$。由此可知，如果时间步长太大，则仿真过程中会丢掉很多细节，产生仿真结果失真现象。

L_p 与 C_3 的谐振周期 $T = 2\pi\sqrt{L_p C_3} = 2\pi\sqrt{15\times10^{-6}\times0.1\times10^{-9}}\,s = 0.24\mu s$，所以，时间步长小于 $0.24\mu s$。故当时间步长小于 $0.01\mu s$ 后，仿真结果正确。

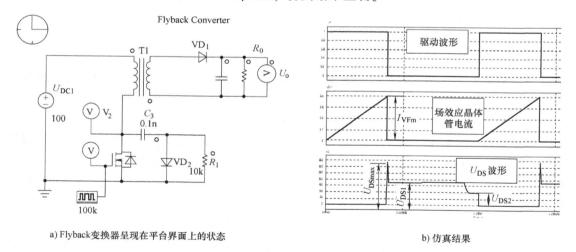

a）Flyback 变换器呈现在平台界面上的状态　　　　　　b）仿真结果

图 7.9　Flyback 变换器的仿真结果

7.3　开关电源平均模型仿真技术

7.2 节介绍了开关变换器瞬态仿真技术，主要用于研究开关变换器瞬态过程的电气特性，例如高频电压纹波、电流纹波及其缓冲电路的工作原理。然而下面两个约束条件限制了瞬态仿真技术的应用范围：其一，在仿真控制器中，为了保证仿真精度，时间步长（Time step）的设定值应小于最窄脉冲宽度的 1/10，从而大大增加了运算量，降低了仿真速度，以至于只能仿真小规模的简单开关变换器，不适合大规模的复杂开关电源系统。其二，开关电源是由开关变换器和控制电路两部分组成，开关变换器的时间常数大约为毫秒量级，而控制电路的时间常数在数十微秒量级，因此开关电源是一个刚性系统。若时间步长太小，则仿真电路的规模受限、速度降低；若时间步长太大，虽有利于扩大仿真电路的规模但损失仿真精度。从开关电源系统本身来看，首先，高频纹波掩盖了其自身稳定性及其低频动态响应等，其次，开关电源两个重要技术指标是电压调整率和负载调整率，然而电源电压 U_g 和 R_L 皆是变化十分缓慢的信号，隶属于低频扰动。所以略去高频纹波不会影响系统的稳定性、动态响应时间等主要低频特性。基于开关电源的特殊性，这里提出平均模型仿真技术。

在第 5 章和第 3 章中已经介绍了开关网络平均模型的推导方法，本节将简要地叙述有关内容。开关变换器平均模型的含义是，用受控源替代开关器件，建立平均等效电路，将原来的时变-非线性电路变换成时不变-线性电路。如图 7.10 所示，将开关网络从开关变换器中抽取出来，形成一个二端口或多端口网络，而剩余电路就是无源-线性-时不

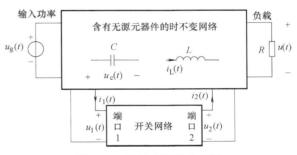

图 7.10　开关变换器分解图

变网络。因为基本变换器仅含一个功率开关管和一个功率二极管，所以可用一个二端口开关网络描述其电气特性。

7.3.1　Buck 变换器的平均模型

Buck 变换器如图 7.11a 所示，开关管 VF 和续流二极管 VD 组成了一个二端口开关网络，如图中点画线框所示，端口电压与电流分别为 $u_1(t)$、$i_1(t)$、$u_2(t)$ 和 $i_2(t)$。将该二端口网络从 Buck 变换器中分离出来，如图 7.11b 所示。

由于开关网络的平均模型是受控源等效电路。在受控源电路中，通常选择原电路的状态变量、输入变量作为独立变量，其余两个作为非独立变量，并用独立变量表示非独立变量。由图 7.11a 所示电路可知，输入端口电压 $u_1(t)$ 即为输入电压 $u_g(t)$，输出端口电流 $i_2(t)$ 即为电感电流 $i(t)$。因此，对于 Buck 型开关网络，选择输入端口电压 $u_1(t)$ 和输出端口电流 $i_2(t)$ 作为控制量，而输入端口电流 $i_1(t)$ 和输出端口电压 $u_2(t)$ 为受控量。在 CCM 模式下，两个受控量的表达式为

$$\begin{cases} i_1(t) = i_2(t), & 0 \leqslant t \leqslant dT_s \quad （VF 导通,VD 截止） \\ i_1(t) = 0, & dT_s \leqslant t \leqslant T_s \quad （VF 截止,VD 导通） \end{cases} \tag{7.6a}$$

$$\begin{cases} u_2(t) = u_1(t), & 0 \leqslant t \leqslant dT_s \quad （VF 导通,VD 截止） \\ u_2(t) = 0, & dT_s \leqslant t \leqslant T_s \quad （VF 截止,VD 导通） \end{cases} \tag{7.6b}$$

$i_1(t)$ 与 $u_2(t)$ 的波形如图 7.11c 所示。在一个开关周期内求取两个受控量平均值，得到平均量的表达式，即

$$\langle i_1(t) \rangle_{T_s} = d(t) \langle i_2(t) \rangle_{T_s}$$
$$\langle u_2(t) \rangle_{T_s} = d(t) \langle u_1(t) \rangle_{T_s} \tag{7.7}$$

式中，符号 $<x>_{T_s}$ 表示在一个开关周期内对变量 x 求平均值，$d(t)$ 是占空比。用受控源电路描述式（7.7），得到 Buck 开关网络等效电路，如图 7.11d 所示，由图 7.11a 所示电路可知，$u_1(t)$ 的平均值等于输入电压 U_g，$i_2(t)$ 的平均值等于电感 L 的平均电流值 $i_L(t)$。因此，等效电路的输入端可以与输入电源直接相连，输出端可以与电感直接相连，得到 Buck 变换器的平均等效电路，如图 7.12 所示，它作为一个大信号等效电路，可以分析变换器的各种低频特性。

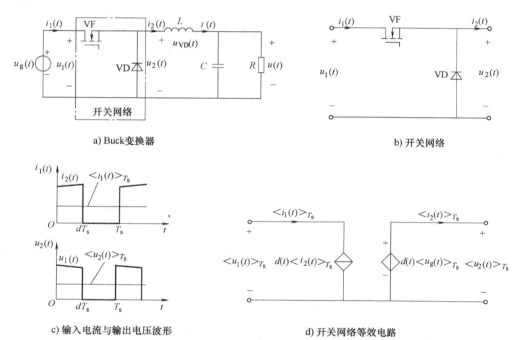

a) Buck变换器

b) 开关网络

c) 输入电流与输出电压波形

d) 开关网络等效电路

图 7.11　Buck 变换器的开关网络及其等效电路

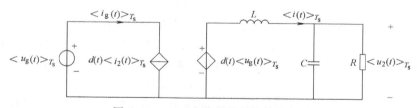

图 7.12　Buck 变换器的平均等效电路

图 7.13a 是基于 Buck 型开关网路进行小信号扫描的电路的仿真状态。下面给予必要说明。

在研究控制-输出的频率特性时，对于图 7.12 所示的电路，令其电流控制的电流源开路不会影响仿真结果，所以在图 7.13a 中只保留了电压控制的电压源及其相关电路，记为 UVCVS1。

UVCVS1 是电压控制的电压源，输出电压 U_{out} 与输入电压 U_{in} 满足线性关系式，即

$U_{out} = kU_{in} = U_g D$。式中，$k$ 是控制系数，数值上等于输入电压 U_g，控制量 U_{in} 是占空比 D。

CTOP 是控制电路-功率变换电路的接口模块或缓冲器，把控制电路的数值传递功率电路。对于功率电路而言，其输出端具有恒压源特性。在这个仿真电路中，CTOP 的输出是占空比 D 的数值。

LMT1 是限幅器。在控制电路中，为了防止控制器出现饱和现象，需要将控制量限定在某个数值范围内。在本例中，U_c 的数值表示占空比，所以限定幅度为 [0，1] 区间。

直流电压源 $U_c = 0.42V$，其含义是占空比 $D = 0.42$。

AC Sweep 和 Usweep 是小信号扫描命令，将在 7.5 节中详细介绍。

图 7.13b 是 Buck 变换器控制-输出的频率特性，由图可知，直流增益为 21.7dB，峰值增益为 32.2dB，谐振频率为 2.3kHz，最大相移为 180°。

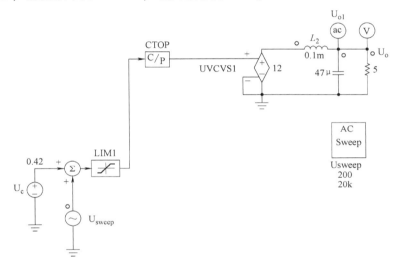

a) 基于平均模型的小信号扫描仿真电路

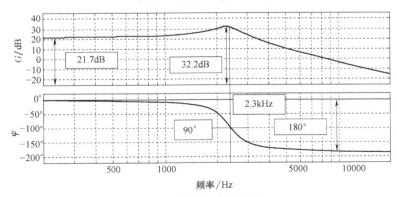

b) 控制-输出的频率特性

图 7.13　Buck 变换器的频率特性

7.3.2　正激变换器的平均模型

正激变换器如图 7.14a 所示，开关管 VF 和 VD_2 以及续流二极管 VD_3 为开关器件。选择

输入电压 U_g、滤波电感电流 i_L 和输出电压 U_o 作为控制量。因为二极管 VD_3 与电感直接相连，用受控电压源描述 VD_3 的平均特性，选择两端电压为受控量；开关管 VF 通过变压器一次侧与输入电压源相连，用受控电流源描述平均特性，选择受控量为电流。

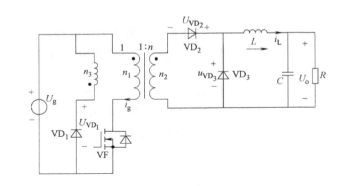

a) 正激变换器

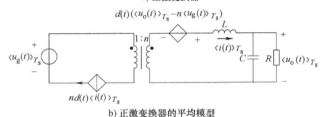

b) 正激变换器的平均模型

图 7.14　正激变换器及其平均等效电路

在 CCM 模式下，两个受控量的表达式为

$$\begin{cases} i_{VF}(t) = ni_L(t), & 0 \leqslant t \leqslant dT_s \quad (\text{VF 和 } VD_2 \text{导通}, VD_3 \text{截止}) \\ i_{VF}(t) = 0, & dT_s \leqslant t \leqslant T_s \quad (\text{VF 和 } VD_2 \text{截止}, VD_3 \text{导通}) \end{cases}$$

$$\begin{cases} u_{VD3}(t) = nU_g, & 0 \leqslant t \leqslant dT_s \quad (\text{VF 和 } VD_2 \text{导通}, VD_3 \text{截止}) \\ u_{VD3}(t) = 0, & dT_s \leqslant t \leqslant T_s \quad (\text{VF 和 } VD_2 \text{截止}, VD_3 \text{导通}) \end{cases} \tag{7.8}$$

由于磁化电感 L_m 的作用，需要列写二极管 VD_1 和 VD_2 的电压方程，即而

$$\begin{cases} u_{VD1}(t) = 2U_g, & 0 \leqslant t \leqslant dT_s \quad (\text{VF 和 } VD_2 \text{导通}, VD_1 \text{和 } VD_3 \text{截止}) \\ u_{VD1}(t) = 0, & dT_s \leqslant t \leqslant 2dT_s \quad (\text{VF 和 } VD_2 \text{截止}, VD_1 \text{和 } VD_3 \text{导通}) \\ u_{VD1}(t) = U_g, & 2dT_s \leqslant t \leqslant T_s \quad (\text{VF、} VD_1 \text{和 } VD_2 \text{截止}, VD_3 \text{导通}) \end{cases} \tag{7.9a}$$

$$\begin{cases} u_{VD2}(t) = 0, & 0 \leqslant t \leqslant dT_s \quad (\text{VF 和 } VD_2 \text{导通}, VD_1 \text{和 } VD_3 \text{截止}) \\ u_{VD2}(t) = nU_g, & dT_s \leqslant t \leqslant 2dT_s \quad (\text{VF 和 } VD_2 \text{截止}, VD_1 \text{和 } VD_3 \text{导通}) \\ u_{VD2}(t) = 0, & 2dT_s \leqslant t \leqslant T_s \quad (\text{VF、} VD_1 \text{和 } VD_2 \text{截止}, VD_3 \text{导通}) \end{cases} \tag{7.9b}$$

在正激变换器中，若采用理想变压器，则应删除退磁绕组 n_3 和 VD_1 支路，VD_2 的电压方程变为

$$\begin{cases} u_{VD2}(t) = 0, & 0 \leqslant t \leqslant dT_s \quad (\text{VF 和 } VD_2 \text{导通}, VD_3 \text{截止}) \\ u_{VD2}(t) = 0, & dT_s \leqslant t \leqslant T_s \quad (\text{VF 和 } VD_2 \text{截止}, VD_3 \text{导通}) \end{cases} \tag{7.9c}$$

在正激变换器的平均模型电路中，建议采用理想变压器。因此，基于式（7.9），在一

个开关周期内求取三个受控量平均值，得到的表达式为

$$\langle i_{\mathrm{VF}}(t) \rangle_{T_s} = nd(t) \langle i_{\mathrm{L}}(t) \rangle_{T_s} \tag{7.10a}$$

$$\langle v_{\mathrm{VD2}}(t) \rangle_{T_s} = 0 \tag{7.10b}$$

$$\langle u_{\mathrm{VD3}}(t) \rangle_{T_s} = nd(t) \langle u_{\mathrm{g}}(t) \rangle_{T_s} \tag{7.10c}$$

根据式（7.10），将 VF 用一个电流控制的电流源替代，令二极管 VD_2 短路，二极管 VD_3 用电压控制的电压源替代，得到其平均电路，如图 7.14b 所示。

7.3.3　变压器模型

在 Psim 元器件库 Element→Power→Transform 中，给出了理想变压器和单相变压器两类模型电路，如图 7.15 所示。理想变压器又包括同侧同名端和异侧同名端变压器，分别如图 7.15a 和图 7.15b 所示。理想变压器只需要设定一次侧匝数 N_{p} 和二次侧匝数 N_{s}。

图 7.15c 所示为单相变压器是一个实际电路模型，参数包括一次侧电阻 R_{p}、一次侧漏感电感 L_{p}、磁化电感 L_{m}、二次侧电阻 R_{s}、二次侧漏感电感 L_{s}、理想变压器一次侧匝数 N_{p} 和二次侧匝数 N_{s}。另外，元器件库中还提供了多绕组变压器，如图 7.16 所示。

a) 同侧同名端理想变压器仿真模型　　　　　　　　b) 异侧同名端理想变压器仿真模型

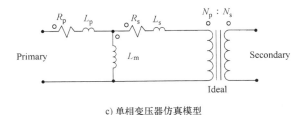

c) 单相变压器仿真模型

图 7.15　Psim 中的双绕组变压器模型

7.3.4　Flyback 变换器的平均模型

反激变换器如图 7.17a 所示，开关管 VF 和续流二极管 VD 为开关器件。选择输出电压 U_{o} 和输入电压源电压 U_{g} 及其电流 i_{g} 作为控制量。电流 i_{g} 实际是反激变压器的磁化电感的电流，是一个独立变量。选择开关管 VF 的电流 i_{VF} 和二极管的电压 u_{VD} 作为受控量。在 CCM 模式，两个受控量的表达式为

$$\begin{cases} i_{\mathrm{VF}}(t) = i_{\mathrm{g}}(t), & 0 \leqslant t \leqslant dT_s \quad （\text{VF 导通},\text{VD 截止}） \\ i_{\mathrm{VF}}(t) = 0, & dT_s \leqslant t \leqslant T_s \quad （\text{VF 截止},\text{VD 导通}） \end{cases} \tag{7.11a}$$

$$\begin{cases} u_{\mathrm{VD}}(t) = nU_{\mathrm{g}} + U_{\mathrm{o}}, & 0 \leqslant t \leqslant dT_s \quad （\text{VF 导通},\text{VD 截止}） \\ u_{\mathrm{VD}}(t) = 0, & dT_s \leqslant t \leqslant T_s \quad （\text{VF 截止},\text{VD 导通}） \end{cases} \tag{7.11b}$$

在一个开关周期内，求取两个受控量平均值，得到表达式为

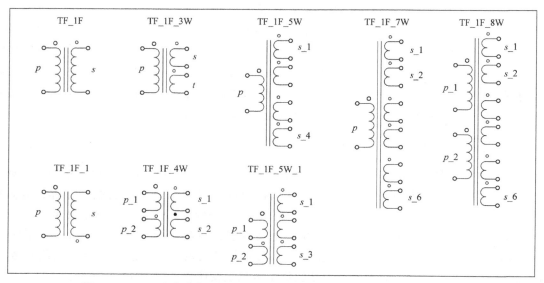

图 7.16 Psim 中的多绕组的变压器仿真模型（p 是一次侧，s 是二次侧）

$$\langle u_{VD}(t)\rangle_{T_s} = d(t)(nu_g(t)+u_o) \tag{7.12a}$$

$$\langle i_{VF}(t)\rangle_{T_s} = d(t)i_g(t) = d(t)i_m(t) \tag{7.12b}$$

式中，$i_m(t)$ 是反激变压器的磁化电流（A）。

根据式（7.11）和式（7.12），将 VF 替换为一个电流控制的电流源，二极管 VD 替换为电压控制的电压源，得到其平均电路，如图 7.17b 所示。特别说明：在反激变换器中，在开关管 VF 导通期间，变换器从输入电源中汲取能量，并存储在磁化电感 L 中，所以磁化电感是一个独立状态变量。因此，在使用平均模型时，反激变换器需使用实际变压器模型。

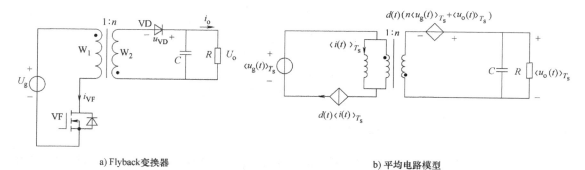

a) Flyback变换器   b) 平均电路模型

图 7.17 Flyback 变换器及其平均电路模型

图 7.18 所示为 Boost 变换器及其平均电路模型，下面给出推到过程。选择开关管 VF 的电流 i_{VF} 和二极管的电压 u_{VD} 作为受控量，表示为

$$\begin{cases} i_{VF}(t) = i_L(t), & 0 \leqslant t \leqslant dT_s \quad (\text{VF 导通，VD 截止}) \\ i_{VF}(t) = 0, & dT_s \leqslant t \leqslant T_s \quad (\text{VF 截止，VD 导通}) \end{cases} \tag{7.13a}$$

$$\begin{cases} u_{VD}(t) = U_o, & 0 \leqslant t \leqslant dT_s \quad (\text{VF 导通，VD 截止}) \\ u_{VD}(t) = 0, & dT_s \leqslant t \leqslant T_s \quad (\text{VF 截止，VD 导通}) \end{cases} \tag{7.13b}$$

求取两个受控量平均值，得

$$\langle u_{\text{VD}}(t)\rangle_{T_s} = d(t)u_o \tag{7.14a}$$

$$\langle i_{\text{VF}}(t)\rangle_{T_s} = d(t)i_g(t) \tag{7.14b}$$

最后指出，平均电路模型是大信号等效电路，可以分析变换器的各种低频特性，包括直流稳态分析、小信号频率响应及其时域的动态响应。它剔除了高频纹波的影响，使得人们更易观察到开关电源的本质特征，适合大规模复杂电源系统的实时分析等优点。另外，在一些书籍中，Boost 型变换器的平均模型是用受控电压源为开关管 VF 建模，用受控电流源为二极管 VD 建模。这个模型不能用来分析 Boost 类变换器的直流特性。因为在直流工况，电感短路，电容开路，所以用 Boost 型变换器平均模型分析低通动态特性时，必须为模型中的电感串联一个小电阻，否则存在收敛问题。

在 CCM 模式，上述平均模型正确，但在 DCM 模式不能直接使用上述模型。

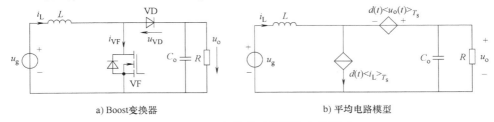

a) Boost变换器   b) 平均电路模型

图 7.18   Boost 变换器及其平均电路模型

7.4   数字控制的仿真技术

7.4.1   连续时域系统的仿真技术

图 7.19 是模拟电流控制 Buck 变换器仿真模型，用于在连续时域仿真电路的电气性能，

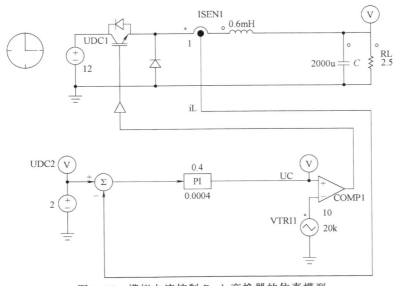

图 7.19   模拟电流控制 Buck 变换器的仿真模型

下面对其给予必要的说明。

1）ISEN1 是电流传感器，测量功率变换电路中电感的电流 i_L，并以电压 U 的形式传输给控制电路，设定参数为增益 $Gain$，定义式为

$$Gain = \frac{U}{I} \tag{7.15}$$

电流传感器的内阻为 $1\mu\Omega$。在本例中 $Gain = 1$，电流传感器的输出电压在数值上等于电感电流。

2）PI 控制器的传递函数为

$$H(s) = k\frac{1+sT}{sT} \tag{7.16}$$

式中，k 是增益；T 是时间常数（s）。

在本例中 $k = 0.4$，$T = 0.0004s$。增大 k 有利于减少静态误差、提高动态质量，但易于引起系统的振荡；增加 T 有利于减少超调和提高稳定性，但会使调节时间变长。

3）COMP1 是 PWM。

4）VTRI1 是三角波电压源，在本例中作为高频载波。如图 7.20 所示，参数定义如下：

V_peak_to_peak：峰-峰值，单位为 V，这里设为 10V；

Frequency：频率，单位为 Hz，这里设为 20kHz；

Duty Cycle：占空比，是指上升斜波时间与整个周期 T 的比值，这里设为 0.5；

DC Offset：直流偏置，这里设为 0；

Tstart：电源的起始时间点，在起始时间点之前，电压源输出零电压，这里设为 0；

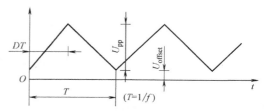

图 7.20 高频三角载波的示意图

Phase Delay：相位延迟，用以定义三角波起始相位。如果 Phase Delay = 0，则三角波的起始点为 Tstart；如果 Phase Delay = 90°，则三角波的起始点以 Tstart 开始，延迟 1/4 周期，这里设为 0。

5）VDC2，直流电压源，设定值为 2，含义是电感电流的设定值为 2A。

仿真结果如图 7.21 所示。由仿真结果可见：

1）达到稳态后，电感电流的平均值等于设定值 2A。由此表明系统能够稳定工作，静态误差等于零。因为采样电流为电感电流，所以隶属于平均电流控制。

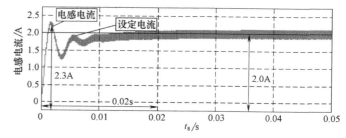

图 7.21 模拟电流控制 Buck 变换器的仿真结果

2）调节时间 t_s 等于 0.02s。

3）超调量 σ 等于 15.8%。

4）若取 $k = 1000$，$T = 0.0004s$，则 $t_s = 1.2ms$，增加 k 值可以减少调节时间；若取 $k = 1000$，$T = 0.04s$，则 $\sigma = 2.2\%$，增加 T 值可以减少超调量。

由此可见，可以利用 Psim 仿真工具优化控制器的参数。

7.4.2 大功率复杂开关电源系统简介

随着 DSP 技术的普及和开关电源的复杂化与大功率化, 譬如充电桩, 电动车的 DC-DC 变换单元, 用 DSP 控制大功率复杂开关电源是一个发展趋势, 使得模拟控制器进化为数字控制器。图 7.22 是 DSP 控制大功率复杂开关源系统的结构图。

(1) DSP 控制大功率复杂开关源系统的结构图 在开关电源控制系统中, 控制器对象是开关变换器。在第 5 章介绍了开关变换器的状态空间平均建模方法,

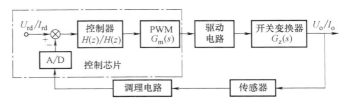

图 7.22 DSP 控制大功率复杂开关源系统的结构图

用传递函数 $G_p(s)$ 描述小信号低频特性, 隶属于连续时域系统。对于 DSP 控制的数字系统而言, 用传递函数 $G_p(s)$ 描述其动态特性具有很多局限性。在 2015 年, Luca Corradini、Dragan Maksimovic、Paolo Mattavelli 和 Regan Zane 等介绍了开关变换器的离散模型。然而, 相对于连续时间平均模型而言, 离散时间分析及其数学模型难以用等效电路表示。因此, 在开关频率不高的工况下, 连续时间平均模型得到广泛的认可和普遍使用。故这里仍使用平均小信号模型表示开关变换器的动态特性。

在小功率模拟控制开关电源中, 控制芯片中包括了驱动电路、PWM、控制器 $H(s)$ 和参考量 U_{rd}/I_{rd} 等, 传感器多为电阻采样网络。对于隔离型开关电源, 调理电路为光电耦合器件及其外围电路。通常, 整个开关电源安装在一个电路板上。

随着功率等级的增加, 导致功率器件和散热器的体积增加, 内部近场产生的干扰幅度可能会超过控制信号, 使得大功率开关电源的结构发生根本性变化。一般布局规律是, 驱动电路的后级、传感器与开关变换器布置在主电路板上; 控制芯片采用单片机或 DSP 等微处理器布置在控制电路板上, 微处理器包括了 A/D 转换器、控制器 $H(z)$ 和 PWM; 驱动电路与调理电路是主电路板与控制电路板的接口电路, 在第 2 章中介绍了 DSP 驱动电路空间布局的理想模型, 在 7.5 节将介绍采样-调理电路的理想模型。

(2) 连续-离散化控制器的设计方法 小功率模拟控制开关电源隶属于连续时间系统, 而 DSP 控制的电源则隶属于离散系统。目前, 在大功率复杂开关源系统的控制器设计中, 仍采用第 6 章介绍的设计方法。然而, DSP 是数字处理器, 需要将连续时间域的模拟传递函数 $H(s)$ 转换为离散域的数字传递函数 $H(z)$, 这种设计方法称为连续-离散化控制器的设计方法。主要步骤如下。

1) 步骤 1: 设计连续控制器 $H(s)$: 根据控制对象 $G_p(s)$ 及其系统的设计指标, 用第 6 章介绍的方法设计连续时间域的模拟控制器 $H(s)$。

2) 步骤 2: 将 $H(s)$ 离散化为 $H(z)$: 选择合适的离散化方法, 使得 $H(z)$ 更加逼近 $H(s)$ 的频率特性。

3) 步骤 3: 检验离散闭环系统性能: 用解析法或仿真法验证离散域数字系统的性能是否满足要求。

4) 步骤 4: 将 $H(z)$ 转化为差分方程, 并编制计算机程序。

步骤 2、3、4 均可用 Psim 仿真实现。

7.4.3 两种典型离散化方法

在 Psim 主页的公共资源库——Utilities 中，提供了连续系统的离散化方法—— s2z converter，包含了最常用的双线性变换 Biliear（Tustin）和向后欧拉 Backward Euler 两种离散化方法，下面介绍这两种离散化方法的基础知识。

（1）双线性化变换　设控制器的传递函数 $H(s)$ 是一个积分环节，表示为

$$H(s) = U_c(s)/U_e(s) = 1/s \tag{7.17}$$

积分环节的时域表达式为

$$u_c(t) = \int_0^t u_e(t)\mathrm{d}t = u_c(k-1) + \int_{k-1}^t u_e(t)\mathrm{d}t$$

式中，$(k-1)$ 是 $(k-1)T$ 的简写式；T 是采样周期；u_c 是控制信号；u_e 是误差信号。

令 $t = kT$，简写为 k，改写积分表达式为

$$u_c(k) = u_c(k-1) + \int_{k-1}^k u_e(t)\mathrm{d}t$$

假设在一个采样周期内 $u_e(t)$ 是单调变化的，周期 T 很小，可以用梯形面积近似积分，得到积分环节的离散化表达式为

$$u_c(k) = u_c(k-1) + \frac{T}{2}[u_e(k) + u_e(k-1)]$$

两边取 z 变换，得

$$U_c(z) = z^{-1}U_c(z) + \frac{T}{2}[U_e(z) + z^{-1}U_e(z)]$$

离散域传递函数为

$$H(z) = \frac{U_c(z)}{U_e(z)} = \frac{T(1+z^{-1})}{2(1-z^{-1})} = \frac{1}{\dfrac{2(1-z^{-1})}{T(1+z^{-1})}} \tag{7.18}$$

比较式（7.17）和式（7.18）可知，实现 $H(s)$ 离散化为 $H(z)$ 的方法是，令

$$s = \frac{2(1-z^{-1})}{T(1+z^{-1})} \tag{7.19}$$

由此得出，双线性离散化公式为

$$D(z) = D(s)\Big|_{s=\frac{2}{T}\frac{z-1}{z+1}} \tag{7.20}$$

双线性变换的性质如下：

1）将 s 平面的左半平面映射到 z 平面的单位圆内，如图 7.23a 所示。

2）若 $H(s)$ 是稳定的，则 $H(z)$ 也一定稳定。

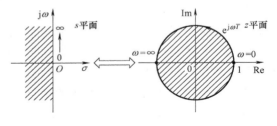

a) 线性的映射关系

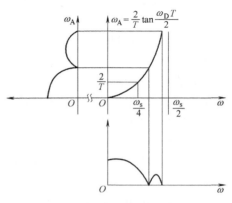

b) 双线性的频率失真现象

图 7.23　双线性变换的特性曲线

3）双线性变换是一对一映射，保证了离散频率不会产生频率混叠现象，但是产生了高频畸变问题，如图 7.23b 所示。

模拟频率 ω_A 与数字频率 ω_D 的关系式为

$$\omega_A = \frac{2}{T}\tan\frac{\omega_D T}{2} \qquad (7.21)$$

当 $\dfrac{\omega_D T}{2} \approx 0$ 时，

$$\omega_A \approx \omega_D \qquad (7.22)$$

（2）一阶向后欧拉法　在双线性变换中，用梯形面积近似积分面积。在欧拉法中，用矩形面积代替积分，得到变换公式为

$$s = \frac{1-z^{-1}}{T}$$

差分方程为

$$u_c(k) = u_c(k-1) + Tu_e(k)$$

向后欧拉法的主要特性为：

1）如图 7.24 所示，s 平面的左半平面映射到单位圆正实轴上的一个小圆内。因此，无频率混叠现象，但是频率被严重压缩，出现了频率特性失真问题。

2）若 $H(s)$ 稳定，则 $H(z)$ 一定稳定。

3）变换前后，稳态增益不变。

$$H(s)\big|_{s=0} = H(z)\big|_{z=1} \qquad (7.23)$$

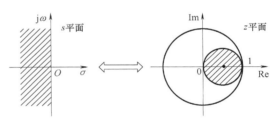

图 7.24　向后欧拉法的映射关系

7.4.4　离散时域系统的仿真技术

下面仍以图 7.19 所示的模拟电流控制 Buck 变换器为例，介绍离散时域的仿真技术。

在 Psim 主页，单击 Utilities→s2z Converter，出现连续-离散变换的界面，如图 7.25 所示。

1）s-Domain Function：Psim 提供常用传递函数，包括了 Integrator——积分环节、Proportional-Integral——PI 环节、Modified PI——单极点单零点环节、Single-pole/1st-Order Low-Pass Filter——一阶低通滤波器、2nd-Order Low-Pass Filter——二阶低通滤波器、2nd-Order High-Pass Filter——二阶高通滤波器、2nd-Order Band-Pass Filter——二阶带通滤波器、2nd-Order Band-Stop Filter——二阶带阻滤波器、General（1st/2nd/3nd-Order）——1/2/3 阶通用表达式。

2）Sampling Frequency fs——采样频率，20kHz（本例）。

3）Conversion Method——离散化方法：Bilinear（Tustin）——双线性变换、Backward Euler——向后欧拉法（本例中选用）。

4）s-Domain Function——显示选中连续域函数，本例选用 PI 控制器。

5）在左面的参数（Parameters）栏中输入连续域函数的参数。在本例中选择 $k = 0.4$，

$T = 0.0004$。

6）单击 Convert 后，在 z-Domain Function 中会显示选中连续域函数的离散化结构，包括结构及其表达式；在右面的参数（Parameters）栏中显示离散函数的参数。在本例中，$k_1 = 0.4$，$k_2 = 100$，$k_3 = 50$。

基于离散化控制器的结构图，在 Psim 中绘制数字电流控制 Buck 变换器，如图 7.26 所示。与图 7.19 所示连续时域控制器相比，数字控制器存在着三个变化，如图 7.26a 中阴影部分所示。首先，用离散域数字 PI 控制器替代连续域模拟 PI 控制器。其次，增加了一个零阶保持器（ZOH），以替代 A/D 转换器对反馈电流 i_L 的离散化处理。最后，用单位延迟器 U1 建模，表示数字控制器需要一个采样周期的延迟。数字控制过程是，在每个周期的起始点对反馈信号进行采样，控制器在该周期内完成控制量的运算。但是，因为完成控制量的运算需要时间，最新的计算值不会立刻送出，而是存放在锁存器中，在下一周期的起始点送出，与三角波载波信号比较产生占空比。

图 7.25　模拟控制器离散化方法

本例中采用向后欧拉离散化方法，离散积分器的表达式为 $y(n) = y(n-1) + Tu(n)$。式中，$y(n)$ 和 $u(n)$ 分别是当前的输入和输出量，$y(n-1)$ 表示上一个周期的输出量，T 表示采样周期。因此，用延迟单元 $1/z$ 与一个求和器表示图 7.26a 中的积分器，得到完整的数字控制器，如图 7.26b 所示。必须指出图 7.26a 中的系数 k_2 需要除以采样频率 20kHz，才能得到图 7.26b 中 k_3。

必须指出，由于离散化过程会产生量化误差和截断误差，对于同一控制器，系统在连续时间域内是稳定的，并能满足所有性能要求。然而经过离散化后，离散化系统就可能不稳定，或者某些技术指标不能满足要求。因此，必须对离散化后的数字系统进行仿真，验证其是否满足稳定性及其技术指标。如果数字系统不满足要求，则需要重新返回到连续时域，进行重新设计。

下面介绍离散化的基础知识。

1）采样频率至少要大于控制系统闭环带宽的 4 倍以上，否则离散化会产生零、极点的混叠现象。

2）Psim 提供了向后欧拉和双线性离散化方法。一般认为，最好的离散化方法是双线性离散化，即使采样频率略高于闭环带宽的 4 倍，离散系统也能很好的接近原始的模拟系统。一般而言，向后欧拉离散化方法要求采样频率必须大于 100 倍的闭环带宽，数字系统才能较好地接近原始的模拟系统。

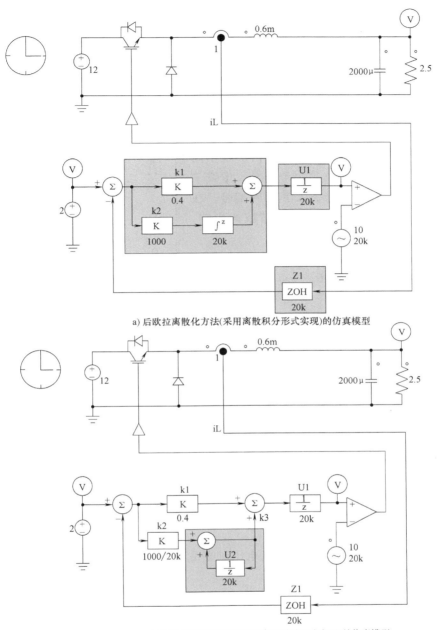

a) 后欧拉离散化方法(采用离散积分形式实现)的仿真模型

b) 后欧拉离散化方法(采用离散时域形式实现)的仿真模型

图 7.26　数字电流控制 Buck 变换器的仿真模型

7.5　采样-调理电路

7.5.1　A/D 的频谱混叠现象

（1）频谱混叠现象　在如图 7.26 所示的小功率数字控制的开关电源中，反馈信号经过传感器直接送入 A/D 转换器进行采样，如图 7.27a 所示。图中 $u_o(t)$ 是反馈电压，$u_{op}(k)$ 是经过 A/D 转换器后的离散信号。在第 5 章给出了输出电压-反馈电压的频谱，如图 5.3 所示。为了便于讨论 A/D 转换器采样引发的频谱混叠问题，重新绘制反馈电压的原始频谱 $U_o(j\omega)$，如图 7.27b，其中，钟形图表示直流分量及其扰动信号的频谱，简称为低频分量，实线三角形表示高频纹波或高频干扰的基波及其边带信号，虚线三角形表示高频干扰的高次谐波及其边带信号。在下面讨论中，将忽略高频信号高次谐波的影响，仅保留高频干扰基波及其边带信号。

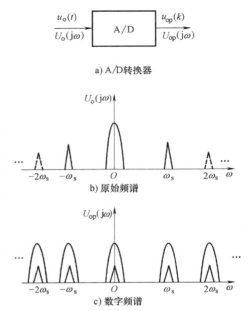

a) A/D 转换器

b) 原始频谱

c) 数字频谱

图 7.27　A/D 转换器及其频谱图

当输出电压 $u_o(t)$ 经过 A/D 转换器后，得到离散信号 $u_{op}(k)$，数字频谱 $U_{op}(j\omega)$ 表示为

$$U_{op}(j\omega) = \frac{1}{T} \sum_{n=-\infty}^{\infty} U_o(j\omega + jn\omega_s) \quad (7.24)$$

式（7.24）表明，在时域内，以等周期 T 对连续电压 $u_o(t)$ 采样，等价于在频域里对原始频谱进行周期拓展，如图 7.27c 所示。因此，A/D 转换器输出信号的数字频谱变为一个周期信号。若采样频率等于开关变换器的开关频率 ω_s，则原始信号的高频纹波或高频干扰，经过 A/D 转换器恰好与低频分量重叠。如图 7.27c 所示，在 $\omega = 0$ 附近，既有表示低频分量的钟形频谱，也有高频干扰的三角形频谱，这个现象被定义为 A/D 转换的频谱混叠现象。

（2）抗混叠滤波器　因为连续时间域的反馈信号经过 A/D 转换器后，会产生频谱混叠现象，使得高频干扰转换为低频干扰信号，甚至为直流干扰信号，影响开关电源的稳态跟踪性能。为了消除频谱混叠现象，反馈信号必须经过一个抗混叠滤波器（A-Filter）后，再送入 A/D 转换器采样，如图 7.28a 所示。

如果反馈信号为直流量（包括直流电压或直流电流），则反混叠滤波器为低通滤波器。理想低通滤波器的幅频特性为

$$|H_{pf}(j\omega)| = \begin{cases} 1 & -\omega_B \leqslant \omega \leqslant \omega_B \\ 0 & \omega < -\omega_B \text{ 或 } \omega > \omega_B \end{cases} \quad (7.25)$$

式中，ω_B 是截止频率，$|\omega_B| < 0.5\omega_s$。

当 $\omega_B < 0.5\omega_s$ 时，可以消除混叠现象。顺便指出，如果反馈信号为交流信号，譬如 PFC 电路，电流反馈信号是 50Hz 的工频交流信号，则反混叠滤波器应是低通滤波器。

下面基于图 7.28 所示频谱，介绍消除混叠现象的原理。原始信号 $u_o(t)$ 的频谱 $U_o(j\omega)$，如图 7.28b 所示。在频谱 $U_o(j\omega)$ 中，低频分量用钟形图表示，高频基波及其谐波等噪声信号用三角形图表示。图 7.28c 是抗混叠滤波器的幅频特性。它是一个低通滤波器，截止频率为 ω_B。在 $\omega_B < 0.5\omega_s$ 条件下，原始信号 $u_o(t)$ 通过反抗混叠滤波器后，滤除了大

于 ω_B 的高频干扰，其输出信号 $u_{o1}(t)$ 的频谱是 $U_{o1}(j\omega)$，如图 7.28d 所示，图中虚线表示已滤除的信号。当 $u_{o1}(t)$ 通过 A/D 转换器后，得到离散信号 $u_{op}(k)$，频谱是 $U_{op}(j\omega)$。它是原始信号中低频频谱的周期拓展。对照图 7.27c 和图 7.28e 可知，增加反抗混叠滤波器后，钟形低频分量中不再包含三角形的高频干扰。因此，增加反混叠滤波器，可以消除频率混叠现象。

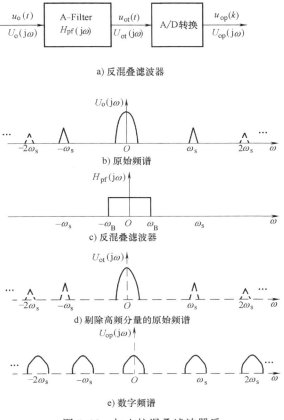

a) 反混叠滤波器

b) 原始频谱

c) 反混叠滤波器

d) 剔除高频分量的原始频谱

e) 数字频谱

图 7.28　加入抗混叠滤波器后
A/D 变换器输出频谱图

7.5.2　采样-调理电路的理想模型

在小功率数字控制的开关电源中，通常使用电阻或电阻分压网络作为传感器，采集反馈信号。若希望消除 A/D 转换引起的频谱混叠现象，反馈信号必须通过反抗混叠滤波器后，再送入 A/D 转换器，如图 7.28 所示。然而，随着功率等级的增加，导致功率器件体积增加和连接导线延长，内部近区电磁场产生的干扰幅度可能超过控制信号，共模干扰也可能超过控制信号，内部热场的分布也足以影响控制精度。因此，这里提出了采样-调理电路的理想模型，如图 7.29 所示。下面给予必要的说明，以便为采样-调理电路设计提供新的思路。采样-调理电路的设计目的是令有用反馈信号顺利地到达 A/D 转换器，并适当调节幅度使其与 A/D 转换器输入电压的范围相匹配，最大限度地提高反馈信号的灵敏度和线性度，最大限度地抑制各种干扰。

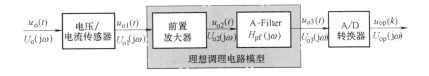

图 7.29　采样-调理电路的理想模型

（1）电压/电流传感器　在大功率开关电源中，由于共模干扰、接地线干扰以及非接触式空间干扰十分严重，足以使系统控制失灵。为了防止干扰窜入到反馈通路中，通常采用隔离式专用电压传感器。一般而言，专用传感器为一个有源器件，输入-输出相互电气隔离，具有电磁屏蔽防护，理想输出为浮地对称输出。电气隔离可以有效消除地线干扰，电磁屏蔽可以有效消除空间干扰，使得干扰只能从输入端口、输出端口与电源供电端窜入。浮地输出便于与前置放大器的差分输入匹配，抑制共模干扰。

（2）前置放大器　采样-调理电路是一个高输入阻抗、低噪声、低漂移、高共模拟制比的高精度直流放大器。设计时应考虑如下因素：

1）高共模拟制比 k_{CMR}：通用运放的有效共模抑制比 $k_{CMR} = 60dB$。共模电压的分析模型为等效同相放大器。假定同相放大器的放大倍数 $A_f = 10$，输入共模干扰电压 $U_{ic} = 100V$，则放大器的输出干扰电压 $U_{oc} = A_f U_{ic}/k_{CMR} = 1V$。A/D 转换器最大输入 $U_{iA} = 3V$，则共模电压引起的最小误差等于 33.3%。对于高精度仪用放大器，k_{CMR} 为 100～140dB，U_{oc} 为 10～0.1mV，最小误差为 0.33%～0.003%。

2）低温度漂移系数：由于运放输入端存在着失调电压和失调电流，这两个参数均是温度的函数，故称之为温度漂移系数。由于开关电源存在着功耗，内部温度随环境和输出功率变换而变化，使得输出电压因失调电压和电流的变化而导致输出电压的波动，引起反馈信号的误差。

3）非线性度：非线性度影响反馈信号的精度，定义式为

$$非线性度 = \frac{实际输出 - 理想输出}{额定满刻度输出}$$

4）悬浮输入：采样-调理电路是开关变换器与控制电路的接口电路，输入端存在着很高的共模电压，量级等于或超过直流电源的电压，并且不建议在输入端使用 LC 共模滤波器，以免对反馈量产生附加相位延迟，使得系统变为一个大滞后系统。

（3）理想前置放大器

1）传感器采用对称悬浮输出，前置放大器采用对称差分输入，在传感器输出与前置放大器之间插入对称的共模 RC 低通滤波器。特别指出，在使用隔离传感器后，共模干扰信号主要为交流分量。

2）前置放大器的噪声信号、共模信号、失调信号及其温漂影响，以及供电电源电压的波动影响统统会转换为输入误差信号 ΔU_I，经过前置放大器、反混叠滤波器放大到达 A/D 转换器的输入端。所以应选择高阻抗、低噪声、低漂移且高共模拟制比的精密仪用放大器，而不是普通的运算放大器。另外，应为前置放大器的输入端设置直流通路，决定放大倍数的电阻应为精密电阻。

3）尽可能增强传感器输出的信号，但最大幅度不宜超过 A/D 转换器的最大输入电压。其目的在于令采样-调理电路总放大倍数 A_f 小于或等于 1，以便减少误差电压的影响。为了提高微弱反馈信号的控制精度，可以采用程控增益的仪用放大器。

4）接地线采用一点接地技术。总接地点应为前置放大器的接地点。

5）供电电源端采用两级 RC 退耦合电路，防止通过电源供电端窜入的干扰。

（4）反抗混叠滤波器　对于直流反馈信号，反混叠滤波器是一个高阶低通滤波器。

（5）抑制开关噪声的带阻滤波器　由于开关变换器是以开关模式处理大功率的电路，所以开关电源内部的干扰主要集中在开关频率附近，称之为开关频率噪声。如果在前置放大器与反混叠滤波器之间插入一个带阻滤波器，则可以减少开关频率噪声的影响。图 7.30 所示为集成滤波器，可以实现低通滤波器和带阻滤波器的功能。

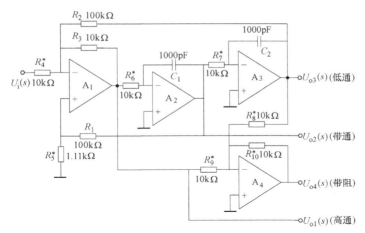

图 7.30　集成滤波器 AF100 的内部结构

7.6　开关变换器数值建模

通常工程师使用环路增益测量仪测量开关变换器的低频小信号频率特性，以验证其小信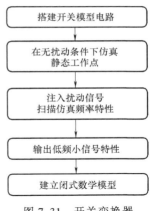号模型的正确性及其控制器设计。随着仿真技术的进步，出了小信号时域仿真技术，模拟环路增益测量仪的功能，为开关变换器数值建模开辟了新的途径。时域仿真技术几乎等价于实测结果。因此，本节基于 Psim 平台，介绍建立在时域仿真技术基础上的数值建模方法。

搭建开关模型电路

在无扰动条件下仿真
静态工作点

注入扰动信号
扫描仿真频率特性

输出低频小信号特性

建立闭式数学模型

图 7.31　开关变换器
数值建模的步骤

7.6.1　仿真数值建模方法

图 7.31 所示为开关变换器小信号建模的主要步骤。本节以图 7.32 所示的 Buck 变换器为例，介绍小信号建模的基础知识。

（1）步骤 1：搭建开关变换器小信号扫描仿真电路　为了保证仿真结果的准确性，一般直接使用开关变换器的原理电路。当然，在仿真过程中，因开关变换器中存在高频纹波，仿真时间较长。为了凸显变换器的低频小信号动态特性和提高仿真速度，也可以采用平均模型电路。

（2）步骤 2：仿真静态工作点　开关变换器是一个强非线性系统，原本不能使用传递函数、频率特性等模型描述其性能。然而，当静态工作点固定后，在低频小信号扰动的条件下，开关变换器可近似为一个线性时不变电路。所以，选择合适的静态工作点是小信号分析的基础。在图 7.32 所示的 Buck 变换器中，U_c 是直流控制电压，U_{cW} 是一个单位幅值的高频锯齿波作为载波，U_{sweep} 的是频率扫描电压源。在无扰动信号时，U_{sweep} 的幅度等于零，U_c 和 U_{cW} 二者通过比较器产生占空比 D 的静态数值。因为 U_{cW} 的幅度等于 1，所以 $D = U_c$。CCM 工作模式的占空比公式为

$$D = \frac{U_o}{U_g} = V_c \tag{7.26}$$

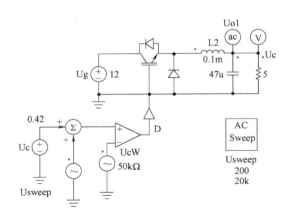
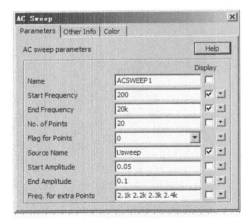

a) 界面上呈现出的Buck变换器小信号特性的仿真电路　　　　　　　b) 交流小信号扫描的设置框

图 7.32　Buck 变换器小信号特性的仿真电路

式中，U_o 和 U_g 分别是直流输出电压和输入电压（V）。

需要指出，静态占空比 D 的最大值应小于 U_{cw} 的幅值，最小值应大于 U_{cw} 的直流偏置，建议 D 取值范围为 $0.25 \sim 0.8$。如果 D 值较大，则在调节输出过程中会出现瞬时占空比 $d=1$ 的区间，本书定义为饱和失真；如果 D 值过小，则会出现瞬时占空比 $d=0$ 的区间，本书定义为截止失真。在本例中，$U_o = 5V$，$U_g = 12V$，$D \approx 0.42$。U_{cw} 的幅值为 1，直流偏置为零，静态占空比基本位于 U_{cw} 的中点附近，所以静态占空比设置合理。

因为低频小信号仿真是以合理的静态工作点为基础，所以需要完成下面工作：

1）依据理论公式计算出静态占空比的理论值，以此作为控制电压的初始值。

2）根据理论计算或静态仿真结果确定电容电压和电感电流平均值，以此作为状态变量的初始值。需要指出，在 Buck 变换器启动之前，开关管和续流二极管处于静止状态时，电感电流没有通路，所以不必为 Buck 变换器的电感设置初始值。

3）高频锯齿波的设置原则是，令静态占空比 $D(U_c)$ 近似位于 U_{cw} 的峰-峰值的一半的位置，表示为

$$D = U_c = U_{offset} + 0.5 U_{pp} \tag{7.27}$$

参考图 7.20，式中 U_{offset} 是直流偏置，U_{pp} 是三角波的峰-峰值。

（3）步骤 3：增加频率扫描扰动信号 U_{sweep}　为了得到控制-输出的频率特性，需要在直流控制信号 U_c 的基础上，增加一个频率扫描电压源 U_{sweep}。U_{sweep} 是一个幅度固定、频率在指定范围内扫描的正弦信号源，并假定初始相位等于零。图 7.32b 所示为 U_{sweep} 的参数设置框。

在介绍 U_{sweep} 的参数设置原理之前，简单回顾一下 Buck 变换器的小信号模型，其表达式为

$$\frac{\hat{u}_o(s)}{\hat{u}_c(s)} = \frac{K_m U_g}{1 + \dfrac{s}{\omega_0 Q} + \dfrac{s^2}{\omega_0^2}}$$

$$\omega_0 = \frac{1}{\sqrt{LC}}, \quad Q = R_L \sqrt{\frac{C}{L}}, \quad K_m = \frac{1}{U_{cw}} \tag{7.28}$$

在仿真电路中，$U_g = 12V$，$R_L = 5\Omega$，$L = 0.1mH$，$C = 47\mu F$，$U_{cW} = 1$，求得谐振频率 $f_o = 2.32kHz$，$K_m = 1$，品质因数 $Q = 3.43$。下面介绍 U_{sweep} 的参数设置原理。

1）起始频率（f_{SF}：start frequency）：对于式（7.28）而言，当频率小于 $1/10$ 谐振频率 f_o 时，频率特性的伯德图没有明显变化。因此，确定起始频率的公式为

$$f_{SF} \approx \frac{f_o}{10} \tag{7.29}$$

在本例中，$f_o = 2.32kHz$，取 $f_{SF} = 200Hz$。

2）终止频率（f_{EF}：end frequency）：由于采用开关变换器的原理电路仿真，高频纹波及其高频分量会对变换器的低频小信号特性产生频率混叠现象。为了消除混叠现象，根据香农定理，终止频率应小于一半的开关频率 f_s，即 $f_{EF} < f_s/2$。在本实例中，U_{cW} 的频率 $f_s = 50kHz$，取 $f_{EF} = 20kHz$。

3）测量频率点的数目 N（No. of point）：在起始频率 f_{SF} 和终止频率 f_{EF} 之间均匀分布 N 个频率点，作为正弦扰动信号的频率。一般而言，N 越大，扫描频率更加密集，仿真结果更加准确，但仿真的时间也越长。在本例中，$N = 21$。

4）确定扰动信号的幅度（amplitude）：首先强调，为了剔除噪声，在仿真控制-输出频率特性过程中，Psim 仿真平台应该使用了相关技术，致使测得的频率特性与扰动信号幅值大小无关。其次，PWM 开关变换器是一个强非线性时变系统，只有在低频小信号扰动的条件下才可以近似为一个线性非时变系统。最后指出，开关变换器控制-输出频率特性基本呈现低通滤波器的特性，在高频段，其幅值随着频率的增加而迅速下降，斜率一般为 $-20 \sim -40dB/dec$。为了提高信噪比，扰动信号的起始幅度 A_S 应远小于终止幅度 A_E。在本例中，起始幅度（start amplitude）$A_S = 0.05V$，而终止幅度（end amplitude）$A_E = 0.1V$。事实上，小信号仿真是在直流静态工作点的基础上，叠加一个低频小信号的正弦扰动信号。要求扰动信号的幅值远远小于静态工作点的数值，以防止饱和失真与截止失真。基于这一原则，下面给出选择扰动幅度的一般原则和典型数值，即

终止频率的幅度：　　　　　$A_E \ll U_c$，取 $A_E = U_c/(10 \sim 100)$ （7.30a）

初始频率的幅度：　　　　　$A_S = A_E/(2 \sim 10)$，且 $A_S \geqslant 1mV$ （7.30b）

5）附加频率点（freq. for extra points）：由表 5.1 可知，CCM 型开关变换器的小信号特性，均含有一个如式（7.28）所示的二阶环节。图 7.33 给出了不同 Q 值时 CCM 型 Buck 变换器的幅频和相频特性曲线。由图 7.33 可知，当 $Q > 0.5$ 时，幅频特性和相频特性在谐振频率 f_o 附近的变化十分剧烈。而 Psim 在频率扫描时，均匀的选取测试频率。因此，无法准确获取 f_o 附近的频率特性，需要增加额外的附加频率测试点。这些附加频率点至少包括谐振频率 f_o、二阶极点的起始频率 f_a 和终止频率 f_b，计算公式为

$$f_o = \frac{1}{2\pi\sqrt{LC}}, f_a = 10^{-1/(2Q)}f_o, f_b = 10^{1/(2Q)}f_o \tag{7.31}$$

（4）步骤 4：输出低频小信号特性　　交流扫描探针：Psim 界面的 Element→other→probes→ac sweep probe，即交流探针，如图 7.32 中的 Uo1 ac 标记所示。用交流探针测量控制-输出的频率特性，包括增益的幅频特性和相频特性。其含义是

$$H(j\omega) = \frac{\hat{u}_o(s)}{\hat{u}_c(s)}, \text{幅频特性}, \text{amp}(H) = 20\lg|H(j\omega)|, \text{phase}(H) = \angle H(j\omega) \tag{7.32}$$

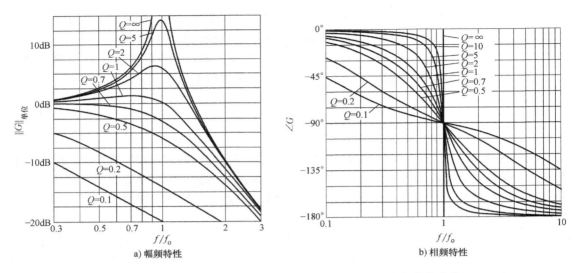

a) 幅频特性   b) 相频特性

图 7.33   不同 Q 值时 CCM 型 Buck 变换器的幅频和相频特性曲线

Psim 仿真结果如图 7.34 所示。由仿真结果可知，直流增益 $A_o = 21.65\text{dB}$，谐振频率 $f_o = 1.98\text{kHz} \approx 2\text{kHz}$，幅频特性的峰值为 $A_M = 27.14\text{dB}$。基本接近理论计算值。

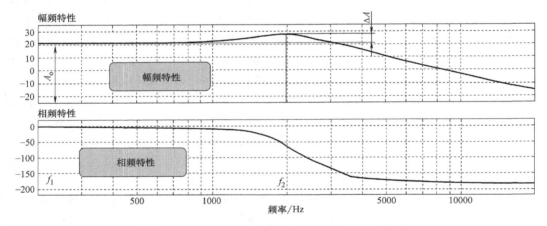

图 7.34   CCM-Buck 变换器的幅频和相频特性曲线

（5）步骤 5：建立数学模型——小信号特性的闭式表达式   由图 7.34 所示的频率特性可知，在低频段，$f < 1\text{kHz}$，幅频特性基本保持不变，相移近似为零；在高频段，$f > 4\text{kHz}$，相移等于 180°，幅频特性衰减的斜率为 -40dB/dec；在中频段，$1\text{kHz} < f < 4\text{kHz}$，幅频特性和相频特性剧烈变化。由于频率特性的上述特征与高 Q 值的巴特沃斯低通滤波器的频率特性十分吻合，故选用高 Q 值的巴特沃斯低通滤波器作为 CCM 型 Buck 变换器的小信号模型，得到闭式表达式为

$$H(s) = \frac{\hat{u}_o(s)}{\hat{u}_c(s)} = \frac{A_o}{1 + \dfrac{s}{\omega_0 Q} + \dfrac{s^2}{\omega_0{}^2}} \qquad (7.33)$$

巴特沃斯低通滤波器有三个参数：直流增益 A_o、转折频率 f_c 和品质因数 Q 值。选择 $f =$

f_{SE}，在幅频特性曲线的 f_{SE} 频率点直接提取直流增益的分贝值作为直流增益，相移为 90°对应的频率为转折频率 f_c，令 $f_c = f_o$，品质因数 Q 的计算公式为

$$20 \lg Q = A_M - A_o \tag{7.34}$$

在设计电压型控制器时，可以用式（7.33）作为控制对象，进行闭环分析与设计。不必再用时域仿真技术，以便提高设计效率。

由此证明，可以通过数字仿真，得到控制-输出传递函数。这种方法可以避开了烦琐的数学推导和证明。

7.6.2 开关电源环路增益的仿真方法

开关变换器建模的目的是，建立开关变换器的低频小信号模型，作为开关电源闭环设计的控制对象，再利用第 6 章介绍的频域设计法，设计合理的控制器，使其稳定工作，满足动态指标要求。在频域设计中，获取满意的环路增益是最终目标。环路增益包括了控制对象、PWM、控制器、传感器和信号调理电路的传递函数。下面解释几个术语：相对于闭环增益，经典控制论将环路增益称之为开环增益，所以第 6 章采用了"开环增益"这一术语。但在 Psim 中，"环路增益"是 loop gain 的直译，为了便于读者使用 PSIM，在本章采用环路增益的名称。

环路增益传递函数幅频特性的形状直接与开关电源的闭环性能有关。理想的低频特性应具有无限大的直流增益，并以 -20dB/dec 的斜率下降。直流增益无限大，可以消除稳态误差，使得开关电源成为一个无静差系统，斜率下降为 -20dB/dec，使得系统在低频段最大相移不超过 90°，为中频段相位裕度留下足够的余量。

中频段的定义比较混乱，不同书有不同的定义。本书定义中频段是指以 -20dB/dec 斜率穿越 0dB 线的频段。幅频特性穿越 0dB 线对应的频率定义为穿越频率 f_c。由于开关电源系统工作在开关模式，也是一种数字系统。为了消除零极点混叠，穿越频率 f_c 小于 1/4 开关频率，通用公式为 $f_c = \dfrac{f_s}{(5 \sim 20)}$。

增加穿越频率意味着开关频率的增加和超调量的增加，影响系统的稳定性。在低频段与中频段之间存在一个过渡频段，过渡频段的斜率是 -40dB/dec 或 0dB/dec。如果为了降低中频段增益以限制过高的穿越频率，过渡频段的斜率是 -40dB/dec；如果为了抬高中频段增益以提高的穿越频率，则过渡频段的斜率是 0dB/dec。由于过渡频段位于中频的起始阶段，必然引起一定附加相位滞后，因此过渡频段的宽度不能太大，否则会影响系统的稳定性。

穿越频率在相频曲线对应的角度 φ，在 Psim 仿真过程中，已经扣除了负反馈带来 -180° 相移，所以相位裕度的定义是 $\Delta\varphi = 180° + \varphi$，$\varphi < 0$。环路增益涉及穿越频率和相位裕度两个重要指标。

在高频段，幅频特性衰减越快，系统的抗干扰能力越强。对于开关电源，理想高频特性应以 -40dB/dec 斜率下降。如果高频段幅频特性斜率的绝对值增加，意味着控制器的结构复杂，这会给设计和调试带来不必要的麻烦。

下面通过两个实例介绍开关电源环路增益的仿真方法。

（1）例 1：仿真电压控制 Buck 型开关调节器的环路增益

环路交流增益探针：位于 Psim 界面，选择 Element→other→probes→ac sweep probe

（loop），即为环路增益探针，如图 7.35 中 Uo 标记所示。用环路交流探针可测量闭环控制系统的环路频率特性，包括幅频特性和相频特性。下面结合图 7.35 所示的电压控制 Buck 型开关调节器说明一些基本概念。

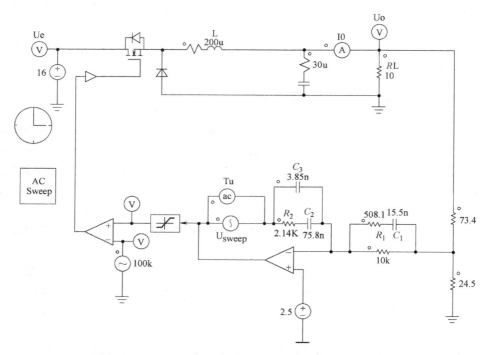

图 7.35　电压控制 Buck 型开关调节器环路增益的仿真电路

1）在电压反馈通道上插入一个交流扫描电压源 U_{sweep} 作为扰动输入。

2）带黑点"·"一端表示环路增益的输入端 u_{x}，另一端是环路增益的输出端 u_{y}，环路增益的定义为

$$T(\text{j}\omega) = \frac{u_{\text{y}}}{u_{\text{x}}}, \text{幅频特性}, \text{amp}(T_{\text{i}}) = 20\lg \left| T(\text{j}\omega) \right|, \text{phase}(T_{\text{i}}) = \angle T(\text{j}\omega) \qquad (7.35)$$

3）环路增益仿真的三个关键点：其一，低频段和中频段幅频特性的斜率应为 -20dB/dec。其二，高频段幅频特性的斜率应为 -40dB/dec。其三，穿越频率 f_{c} 和相位裕度。必须指出，f_{c} 应小于 1/4 开关频率 f_{s}，相位裕度应该超过 45°，对于开关电源，建议相位裕度大于 50°。

电压控制 Buck 型开关调节器的仿真结果如图 7.36 所示。由仿真结果可知 $f_{\text{c}} = 4.35\text{kHz}$。开关频率 $f_{\text{s}} = 100\text{kHz}$，$f_{\text{c}} \approx f_{\text{s}}/23$，相位裕度 $\Delta\varphi = 50°$，设计合理。

（2）例 2：PWM-IC 控制的实际开关变换器的环路增益

对于 DC-DC 变换器而言，PSIM 子电路库中的 Power IC 包含了 Unitrode UC3842/3/4、MC33260、UC3823A/B、UC3854、UC3872 和 UC2817 等典型的控制芯片，为工程师直接仿真实际系统提供了方便。

UC3842 PWM IC 控制的 Buck 变换器环路增益的仿真电路如图 7.37 所示，其说明如下：首先，这是一个带有峰值电流控制的电压调节器，即双环控制系统；其次，在运放的反馈通

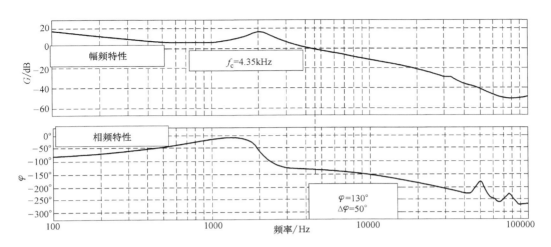

图 7.36　电压控制 Buck 型开关调节器环路增益的仿真电路

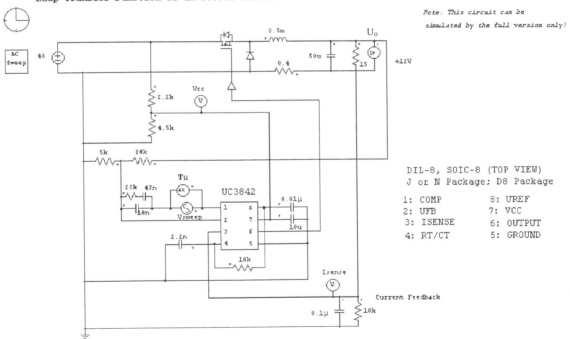

图 7.37　UC3842 PWM IC 控制的 Buck 变换器环路增益的仿真电路

路中插入交流扫描电压源 U_{sweep} 和环路交流扫描探针，以测量双环控制系统电压控制环路增益的频率特性。最后指出，带有峰值电流控制的电压调节器具有输入电压范围宽、高压-轻载-DCM 模式控制频带宽和峰值电流保护等优点。缺点是存在着次谐波振荡以及抗干扰能力差。

图 7.38 是 UC3842 PWM IC 控制的 Buck 变换器环路增益的仿真结果，由图可知，f_c = 1.32kHz。相位裕度 $\Delta\varphi = 48°$，设计合理。

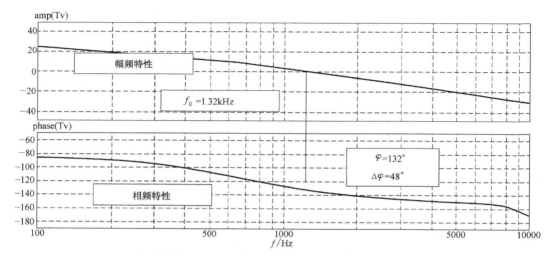

图 7.38　UC3842 PWM IC 控制的 Buck 变换器环路增益的仿真结果

7.7　控制器的智能设计

Psim 仿真软件为用户提供了开关电源控制环路设计与优化的智能工具，即 SmartCtrl，适用于常用的 DC-DC 变换器和 PFC 变换器等。为了便于设计和评估稳定效果，SmartCtrl 程序提供了稳定工作区域，称之为 solution map。基于选定的控制对象、传感器和控制器的类型，稳定工作区域展示了穿越频率 f_c 和相位裕度的取值范围。根据已确定的穿越频率和相位裕度，用户在稳定工作区域内选择一个对应工作点，SmartCtrl 即自动求取控制器（regulator）的参数。在稳定工作区域选定工作点后，SmartCtrl 提供了一种非常直观评估的方法——环路性能分析图，包括伯德图、极坐标图和瞬态响应曲线等。换句话讲，在稳定工作区域里，一个工作点唯一地对应一幅环路性能分析图，可用环路性能分析图评估系统的优劣。最后，SmartCtrl 还提供了十分简便的优化技术和瞬态仿真验证方法。本节以电压控制 Buck 变换器为例，介绍控制器智能设计工具——SmartCtrl 的使用步骤及其相关的基础知识。

电压控制 Buck 变换器仿真电路如图 7.39 所示。它是一个单环控制环路，用点画线线框表示待设计的控制器。电路参数如下：输入电压为 16V，输出电压为 10V，参考电压为 2.5V，输出电感 200μH，输出电容 30μF，开关频率 100kHz。

7.7.1　选择控制对象

步骤 1：启动 SmartCtrl。如图 7.40 所示，在 PSIM 主界面上按下 SmartCtrl 按钮，程序进入控制器智能设计环境，如图 7.41 所示。

Psim 将待设计的控制对象分为两类，如图 7.41 所示。其一是新的控制对象，位于图的左侧，包括了单环 DC-DC 变换器（single loop DC/DC converter）、用传递函数描述的单环变换器（single loop converter using an imported transfer function）、双环 DC-DC 变换器（double loop DC/DC converter）和 PFC 变换器（PFC converter）。其二是已有的控制对象，位于图的

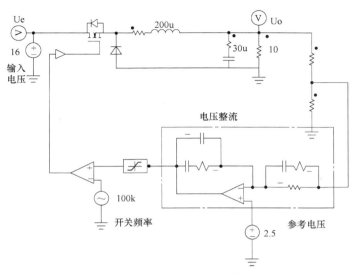

图 7.39　电压控制的 Buck 变换器仿真电路

图 7.40　PSIM 主页面中的 SmartCtrl 按钮

右侧，包括最新保存的文件（recently saved file）、先前保存文件（previously saved file）和预定义的变换器（predefined converter）。

步骤 2：确定变换器的类型。在图 7.41 控制器智能设计界面，按下单环 DC-DC 变换器按钮，即 single loop DC/DC converter，进入控制对象选择界面，如图 7.42 所示。在这个界面中，选定电压控制 Buck 变换器，即 Buck（voltage mode controlled），随后进入开关变换器参数设定界面，如图 7.43 所示。在这个界面中定义功率级电路的参数，诸如输入、输出电压，电感及其寄生电阻 R_L、电容及其 ESR 电阻和输出功率等。

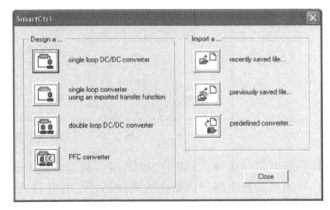

图 7.41　控制器智能设计界面

7.7.2　确定采样网络

步骤 3：确定电压采样网络的类型。当选定功率级拓扑并完成参数输入后，程序进入电压采样网络，即 sensor 的选择阶段，如图 7.44 所示。SmartCtrl 提供了两类电压采样网络，

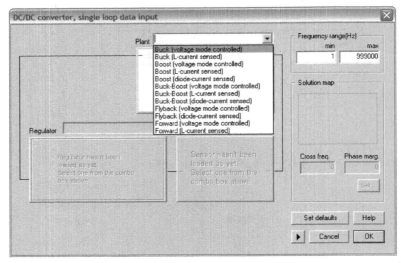

图 7.42　控制对象选择界面

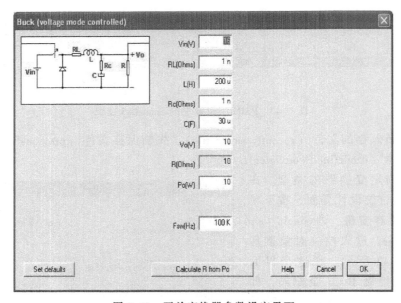

图 7.43　开关变换器参数设定界面

其一是电阻分压器，如图 7.45 所示，其二是嵌入式电压采样网络。

如果选择电阻分压器作为采样网络，程序进入采样网络参数设计界面，如图 7.45 所示。设计者必须输入参考电压，本例中 $U_{ref} = 2.5V$。根据变换器的输出电压和参考电压，SmartCtrl 可自动计算出分压比 U_{ref}/U_o 及其分压电阻的阻值。

若在 sensor 选项中选择嵌入式电压采样网络，程序将进入如图 7.46 所示的界面。因 R_{11} 和 R_{ar} 组成的分压器镶嵌于控制器中。当输出电压、参考电压和 R_{11} 确定后，SmartCtrl 会自动计算电阻 R_{ar} 的阻值。需要说明如下两点：

1）电阻 R_{11} 是控制器中的一个电阻，其阻值应由控制器的参数决定。

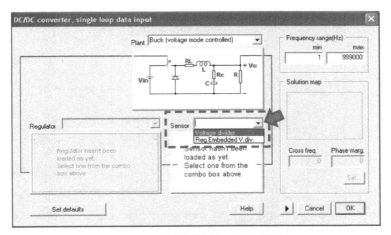

图 7.44　采样网络类型选择界面

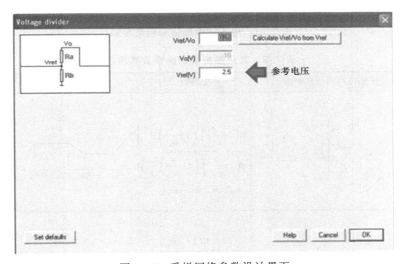

图 7.45　采样网络参数设计界面

2）根据运放的虚短与虚断原则，可得到电压采样网路的直流增益关系式，即

$$\frac{U_{\text{ref}}}{U_{\text{o}}} = \frac{R_{\text{ar}}}{R_{\text{ar}} + R_{11}} \tag{7.36}$$

7.7.3　选择控制器的类型

步骤 4：选择控制器类型。SmartCtrl 提供了四类常用控制器，分别是双极点双零点控制器（Type 3 Regulator）、单极点单零点控制器（Type 2 Regulator）、PI 控制器（PI Regulator）和单极点控制器（Single pole Regulator）。为了便于读者掌握各个控制器特点，本书将这些常用控制器的特性及其用途归纳成一个表格，见表 7.2。

注意：零极点形成规律为，在反馈回路中，RC 串联支路形成一个零点，RC 并联支路形成一个极点，在输入回路中则相反。

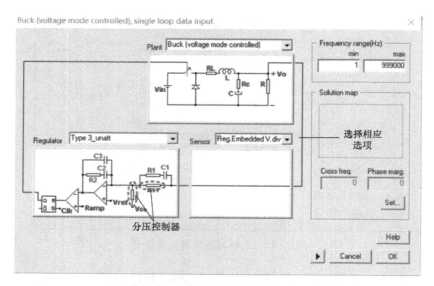

图 7.46　嵌入式电压采样网络界面

表 7.2　常用控制器的特性及其用途

类型	拓扑结构仿真模型	传输函数	伯德图	用途
双极点双零点控制器 Type 3 Regulator		$G_c(s) = \dfrac{K\left(1+\dfrac{s}{\omega_{01}}\right)\left(1+\dfrac{s}{\omega_{02}}\right)}{s\left(1+\dfrac{s}{\omega_{p1}}\right)\left(1+\dfrac{s}{\omega_{p2}}\right)}$ $\omega_{01} > \omega_{p1} > \omega_{02} > \omega_{p2}$		1）双极点单零点控制对象 2）谐振变换器电压环控制器 3）考虑输出电容 ESR 的 Buck 变换器
单极点单零点控制器 Type 2 Regulator		$G_c(s) = -\dfrac{K(1+s/\omega_0)}{s(1+s/\omega_p)},$ $\omega_0 < \omega_p$ $K = R_2/R_{11},$ $\omega_0 = 1/(R_2 C_2),$ $\omega_p = 1/(R_2 C_2)$		1）双极点控制对象 2）电流环控制器 3）隔离反激变换器 T431 控制器 4）忽略输出电容 ESR 的 Buck 变换器
PI 控制器 PI Regulator		$G_c(s) = -\dfrac{1+s/\omega_0}{sR_{11}C_2}$ $K = R_2/R_{11},$ $\omega_0 = 1/(R_2 C_2)$		1）单电压环控制器 2）隔离反激变换器 T431 控制器
单极点控制器 Single pole Regulator		$G_c(s) = -\dfrac{K}{1+s/\omega_p}$ $K = R_2/R_{11},$ $\omega_p = 1/(R_2 C_3)$		1）单极点控制对象 2）PFC 电压控制器

控制器的类型主要依赖于控制对象。在本例中，在考虑输出电容 ESR 影响时，电压控制 Buck 变换器的传输函数是一个双极点单零点函数，应选择双极点双零点控制器（Type 3 Regulator），以便获得合适的相位裕度和足够的带宽，如图 7.47 所示。需要指出的是，因为采用了嵌入式电压采样网络，所以还需要确定 R_{11} 的阻值以及 PWM 比较器的增益（G_{mod}）。$G_{\mathrm{mod}} = 1/U_{\mathrm{M}}$，$U_{\mathrm{M}}$ 是锯齿波峰-峰值，如图 7.48 所示。

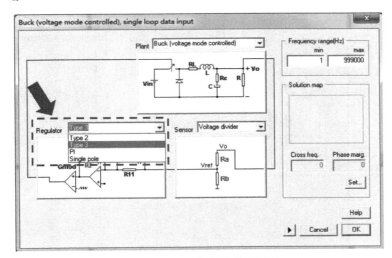

图 7.47 选择控制器类型界面

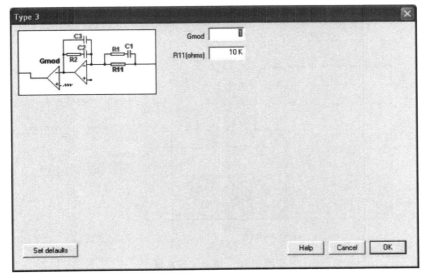

图 7.48 选择 PWM 增益 G_{mod} 和电压采样网络 R_{11} 阻值界面

7.7.4 设计穿越频率和相位裕度

步骤 5：选择穿越频率和相位裕度。当选定的控制对象、传感器和控制器的类型，SmartCtrl 自动进行小信号时域仿真，以便生成稳定工作区域（solution map）。扰动信号的频率范围为 1Hz～1MHz。随后，自动进入穿越频率和相位裕度设定界面，如图 7.49 所示。在这个设定界面，单击"Set"按钮后，程序自动显示稳定工作区域图，如图 7.50 所示。

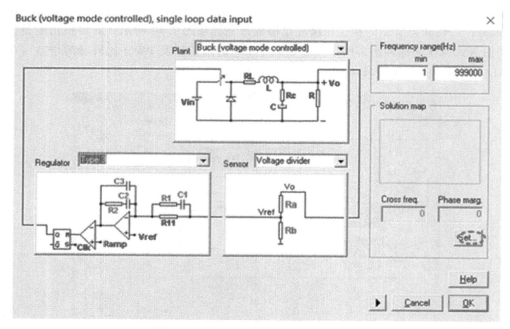

图 7.49　穿越频率和相位裕度设定界面

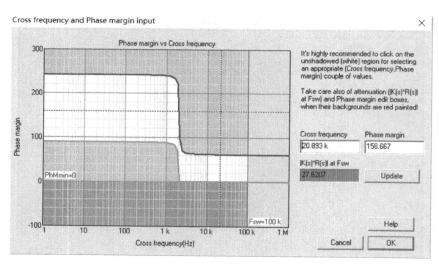

图 7.50　稳定工作区域

　　在稳定工作区域图中，x 轴是穿越频率，y 轴是相位裕度，图中"白色"的区域是稳定工作区域。换句话讲，白色区域内任何一点对应的穿越频率和相位裕度均能使系统稳定工作。对于 PWM 开关变换器，一般选择穿越频率 $f_c = f_s / (5 \sim 20)$，相位裕度为 $45° \sim 60°$，其中 f_s 是开关频率。根据这一原则，在右侧的编辑框中输入穿越频率和相位裕度的数值并单击更新（Update）按钮，或直接单击白色区域的某个点，程序将在白色区域内显示为红色点。在本例中，穿越频率为 4.4436kHz，相位裕度等于 49.1°。如果设计者认可这个设计结果，单击 OK 按钮后，程序将进入下一个步骤——控制环路的分析和优化。

7.7.5　系统优化与验证

步骤 6：控制环路的分析和优化。当穿越频率和相位裕度确定后，SmartCtrl 可以计算出控制器的参数，并评估控制回路的性能。SmartCtrl 提供了一种非常直观而简便的方法，包括控制对象与环路增益的伯德图、极坐标图和瞬态响应曲线，如图 7.51 所示。

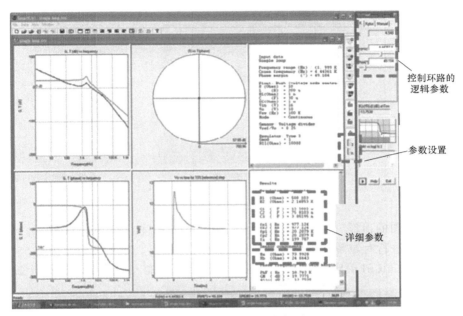

图 7.51　环路性能分析图

根据控制器的类型，SmartCtrl 提供了多种优化方法，以便计算控制器的最佳参数。在本例中，对于 Type3 控制器，Smart-Ctrl 提供了三种环路优化的算法。第一种是 K 系数法，通过改变穿越频率或相位裕度，改变直流增益 K，以优化系统设计；第二种是 K plus 法，分别调整穿越频率、相位裕度和直流增益 K 等三个参数优化系统；第三种是零极点配置方法，通过改变控制器零极点位置优化系统。图 7.52 展示了 K plus 优化方法显示框，含有 K 系数、穿越频率和相位裕度等三个优化游标尺。滑动任何一个游标尺，则如图 7.51 所示的系统性能分析图也随之改变。设计者可以通过滑动游标尺并观察系统的性能得到最优设计结果。

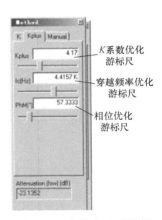

图 7.52　优化方法显示框

在图 7.53 所示的环路性能分析图中包含了参数扫描功能，如图 7.53a 所示，它包含了输入参数扫描器 I 按钮和控制器参数扫描器 R 按钮。单击 I 按钮，显示出各种输入参数，如图 7.53b 所示。当选定扫描参数后，滑动游标尺可进行参数扫描，系统的各种性能即随之改变。图 7.53c 展示了控制器的参数扫描。

步骤 7：仿真验证。在设计完成后，通常还需要进行时域仿真验证。因此，在图 7.51

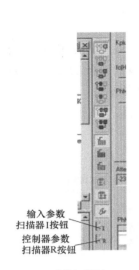

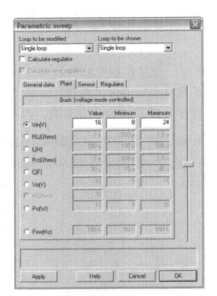

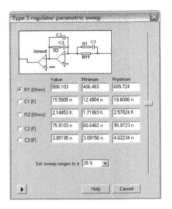

输入参数
扫描器I按钮
控制器参数
扫描器R按钮

a) I、R参数扫描按钮　　　　　b) 输入I参数扫描界面　　　　　c) 控制器R参数扫描界面

图 7.53　参数扫描按钮及其界面

所示环路性能分析图的顶部工具栏中，含有一个 PSIM 的图标，如图 7.54 所示。单击 PSIM 图标，SmartCtrl 将进行时域瞬态仿真，验证系统的时域指标。在本例中，图 7.55 中点画线框内的参数是由 SmartCtrl 确定的，包括电压采样网络和控制器。为了验证设计效果，令负

图 7.54　PSIM 图标

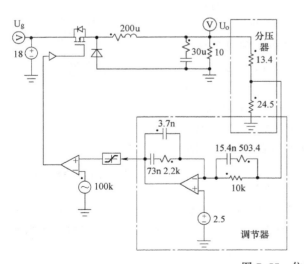

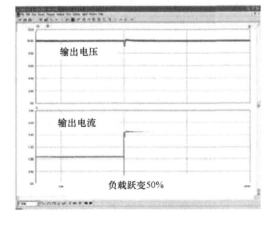

图 7.55　仿真验证

载电流跃变 50%，观察其输出电压的波形。电压输出时域波形表明，控制环路具有超调量小和调节时间短等优良性能。

习　题

7.1　闭环仿真一个 PFC 电路，输入交流电频率为 50Hz，电压分别为 90V、220V 和 260V 时，输出直流电压为 400V，输出功率为 250W，请按照外环为电压控制环，内环为平均电流控制环的结构仿真输入电流的电流波形、输出电压波形、输入电流的 THD 以及电路的 PF 值。

7.2　LLC 小信号特性的时域仿真，利用压控振荡器作为驱动源，驱动 LLC 电路，在压控振荡器的直流输入端叠加一个交流小信号，利用交流扫描技术仿真频率特性。

7.3　仿真一个正激电路，比较峰值电流控制和不带峰值电流控制的差别。

第 **8** 章

磁性器件设计

在开关变换器中，开关器件是灵魂，它决定了电能传输的方式是数字开关模式；控制系统是大脑，它控制着变换器的具体工作方式和反馈调节；磁性器件和电容元件是筋骨，它承载着能量的存储和转移。作为开关变换器的重要组成部分，磁性器件是影响开关变换器体积、质量和成本的重要因素，同时其设计方法和制作工艺也更为复杂，是开关变换器设计的难点和核心。本章将介绍开关变换器中磁性器件的基础知识和开关变换器中常见磁性器件的设计方法。

8.1 磁性器件的基础知识

8.1.1 铁心的磁特性及其工作状态

铁磁性的材料由铁磁性物质或亚铁磁性物质组成，在外加磁场的情况下，其内部必然产生相应的磁感应强度 B。磁感应强度 B 随磁场强度 H 变化所形成的曲线，被称为磁化曲线（B-H 曲线），它表征了磁性材料的磁特性，磁感应强度 B 与磁场强度 H 的关系为

$$H = \frac{B}{\mu} \tag{8.1}$$

式中，μ 是介质的磁导率，是表征磁场中磁介质导磁能力的物理量，决定了磁介质中磁感应强度和磁场强度的关系。

当铁心被外磁场反复磁化时，B-H 关系曲线即形成回线的形状，称为磁滞回线，如图 8.1 所示。一般用极限磁滞回线作为铁心的磁特性代表，如图 8.2 所示。

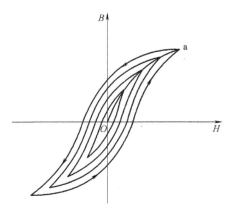

图 8.1 反复磁化形成的磁滞回线图

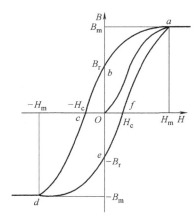

图 8.2 极限磁滞回线

从磁滞回线的形状可以看出：

1）B-H 曲线是非线性的，即铁心的磁导率 μ 是一个变量。

2）当磁场强度 H 足够大，达到 H_m 时，磁感应强度 B 达到最大值 B_m，继续增大 H，B 保持 B_m 不变，铁心进入饱和阶段，且在饱和阶段，B-H 关系是可逆的。

3）在不饱和阶段，B-H 关系是不可逆的，磁感应强度的上升和下降沿不同的曲线变化，即 B-H 关系为多值函数。

由基本磁化曲线可以得到静态磁导率曲线，如图 8.3 所示。从图中可以看出，磁导率 μ 并不是定值，它与磁性材料的工作状态密切相关，图中各点的切线斜率即为磁性材料在该点对应的磁导率，称为动态磁导率，用 μ_d 表示；H 为零时的磁导率称为初始磁导率，用 μ_i 表示；曲线取得最大值处的磁导率称为最大磁导率，用 μ_m 表示。

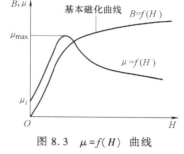

图 8.3　$\mu = f(H)$ 曲线

对于不同种类的铁心，其 B-H 曲线也各不相同，从磁滞回线的基本形状来区分，基本为三大类；

1）具有一般磁滞回线（如图 8.4a 所示）的铁心。

2）具有矩形磁滞回线（如图 8.4b 所示）的铁心。

3）具有平窄磁滞回线（如图 8.4c 所示）的铁心。

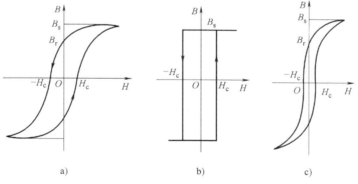

图 8.4　磁滞回线的典型形状

根据铁心在变换器中的励磁方式不同，其工作状态也分为三类：

1）铁心线圈的外加激励电压为纯交流变量，如推挽或桥式变换器中的主变压器，其正负半周的波形完全相同，没有直流分量。其工作时，磁感应强度在 $\pm B_m$ 之间变化，变化量 $\Delta B = 2B_m$，铁心工作在 B-H 曲线的四个象限中，如图 8.5 所示，铁心利用率高。此时铁心的铁损耗比较大，因为损耗与频率成正比，频率高时损耗尤为突出，应选择磁滞回线窄且电阻率较高的材料。使用中，选择高饱和磁导率材料可以减小铁心体积，选择高磁导率材料可以减小激励电流。

2）铁心线圈的外加激励电压为单向脉冲，这种脉冲一般为矩形，如单端正激变换器的主变压器、脉冲变压器等，磁感应强度变化量为 $\Delta B = B_m - B_r$，铁心工作在 B-H 曲线的第一象限中，如图 8.6 所示，磁心利用率较低。此时，铁心工作在局部磁滞回线，包含面积小，铁损耗较小，但磁导率低，应选择有效磁导率较高的材料。

3）通过铁心线圈的电流具有较大的直流分量，且叠加一定的交流分量，如直流滤波电感、储能电感等。此时，铁心也工作在局部磁滞回线，且 $\Delta B \ll B_{\mathrm{m}} - B_{\mathrm{r}}$，如图 8.7 所示，铁心利用率低，磁滞回线包含面积更小，铁损耗也更小。此类铁心常用于储能，为避免最大电流时铁心饱和，铁心必须加适当的气隙，或者选择宽恒磁导率合金铁心。

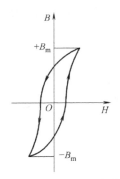

图 8.5　交变磁化曲线

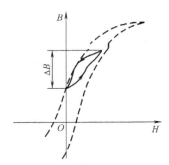

图 8.6　局部磁化曲线

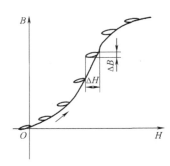

图 8.7　直流预磁化下磁化曲线

8.1.2　磁性材料常用的磁性能参数

（1）磁感应强度 B　磁感应强度也被称为磁通量密度或磁通密度，是描述磁场强弱和方向的物理量，它是矢量，在物理学中使用磁感应强度来表示磁场的强弱，在工程上用磁感应强度描述物质的磁化程度。常用符号 B 表示，国际单位制（SI）中的单位为 T（特斯拉），另一种常用单位是 Gs（高斯）。$1\mathrm{T} = 10^4 \mathrm{Gs}$。

（2）磁通量　在磁场中，通过一个截面积的磁力线的数量被称为磁通量，简称磁通，符号为 ϕ。在磁感应强度为 B 的匀强磁场中，垂直于磁力线方向的面积为 S 的截面，通过的磁通为：$\phi = BS$。

国际单位制（SI）中磁通量的单位是 Wb（韦伯）。

（3）磁场强度 H　磁场强度 H 是表征介质中磁场强弱的量，在磁感应强度 B 未被提出之前，人们使用磁场强度 H 表示磁场的强弱，磁感应强度相同时，磁场强度 H 的大小与介质的磁导率有关。

在恒定磁场中，磁场强度沿任何闭合环路积分仅与产生磁场的宏观传导电流有关，而与磁场中的磁介质无关，即

$$\oint H \mathrm{d}l = \sum I \tag{8.2}$$

国际单位制（SI）中磁场强度的单位是 A/m（安/米）。在高斯单位制中其单位是 Oe（奥斯特）。$1\mathrm{A/m} = 4\pi \times 10^{-3} \mathrm{Oe}$。

（4）磁导率 μ　磁导率 μ 是表征磁场中磁介质导磁能力的物理量，它与磁性材料的工作状态密切相关，可表示为 $\mu = B/H$。

常用的磁导率有真空磁导率 μ_0、相对磁导率 μ_{r}、初始磁导率 μ_{i}、最大磁导率 μ_{m}、动态磁导率 μ_{d}、有效磁导率 μ_{e} 等。一般磁介质中 μ 为变量，真空的磁导率为定值 $\mu_0 = 4\pi \times 10^{-7} \mathrm{A/m}$。

（5）矩形系数和矫顽力　磁饱和是磁性材料的一种物理特性，指的是导磁材料由于物

理结构的限制，所通过的磁通量无法无限增大，从而保持在一定数值的状态。一般情况下，磁性器件应避免进入磁饱和状态。

磁性材料磁化到饱和状态的磁感应强度称为饱和磁感应强度 B_s，从饱和状态去除外部磁场后，剩余的磁感应强度称为剩余磁感应强度 B_r。B_r/B_s 称为矩形系数，或者矩形比。磁性材料从饱和状态退出，继续被反向外磁场磁化，到磁感应强度 B 减小到 0，此时的磁场强度称为 H_c，称之为矫顽力。

具有高矩形系数，高矫顽力的铁心材料通常被称为硬磁材料或永磁材料，适合于制作永磁体，或制作具磁记录器件。具有小矩形系数，低矫顽力的铁心材料通常被称为软磁材料，适合于制作电感和变压器。开关变换器中的磁性材料设计以软磁材料为主。

（6）居里温度 T_c 铁磁物质的磁化强度会随温度上升而降低，当达到某一临界温度时，自发磁化消失，铁心变成一般的顺磁性物质，此临界温度被称为居里温度 T_c，它确定了磁性器件工作的上限温度。

（7）铁心损耗 P_c 铁心损耗是指磁性材料中由于存在交变或脉动磁场而引起的功率损耗，分为磁滞损耗 P_h 和涡流损耗 P_e 两部分，损耗以热的形式表现。

磁滞损耗 P_h 与工作状态的磁滞回线（见 8.1.2 节）面积和工作频率相关，随磁滞回线面积或工作频率增大而增大。涡流损耗 P_e 与磁性材料的体电阻相关，减小磁性材料的厚度及提高其电阻率可降低涡流损耗 P_e。

（8）电感因数 AL 电感因数 AL 的定义为具有一定形状和尺寸的铁心上每一匝线圈产生的自感量，即

$$AL = L/N^2 \tag{8.3}$$

式中，L 是装有铁心的线圈的自感量（H）；N 为线圈匝数。

电感因数的单位为 $10^{-9}H/N^2$。

8.1.3 功率变换器中常用铁心材料的性能及选用

功率变换器中使用铁心材料一般为软磁材料，主要可分为两大类：其一是带绕铁心，如硅钢片、坡莫合金、非晶及超微晶（也称纳米晶）等，基本为金属材料制成。其二是粉心类，如铁氧体、磁粉心等。

1. 带绕铁心

带绕铁心是合金材料轧制成的片状或带状金属，具有良好的导电性，但在交变磁场中极易在金属的截面上形成涡流损耗，为增加电阻减小损耗，需要使带绕铁心片很薄，叠层或卷绕制成铁心时，相邻层之间需要绝缘良好。常见材料及特性如下：

（1）硅钢片 硅钢片是一种含碳极低的硅铁软磁合金轧制的薄片，厚度一般在 0.1～0.5mm 之间，一般含硅量为 0.5%～4.5%。加入硅可提高铁的电阻率和最大磁导率，降低矫顽力、铁损耗和磁失效。饱和磁感应强度高，可达 2T。具有磁电性能好、易于批量生产和价格低等优点，因此在电力电子行业中得到广泛应用，如电力变压器、配电变压器和电流互感器等，适用于低频（一般 1kHz 以下）、大功率场合。

（2）坡莫合金 坡莫合金常指铁镍系合金，镍含量在 30%～90% 范围内，饱和磁感应强度一般在 0.6～1.0T 之间。通过适当的工艺，可以有效地控制磁性能，比如超过 10^5 的初始磁导率、超过 10^6 的最大磁导率、低到 2‰ 奥斯特的矫顽力、接近 1 或接近 0 的矩形系数等。

坡莫合金具有很好的塑性,可以加工成 $1\mu m$ 的超薄带及各种使用形态。适用于 100W 以下小型较高频率(400~8000Hz)变压器铁心、共模电感铁心及电流互感器铁心。

(3)非晶及超微晶 非晶及超微晶合金磁心制作工艺特殊,一般都添加了贵金属元素,相对价格较高。该类材料具有许多独特性能,比如钴基非晶具有极高初始磁导率(10kHz 下为 10^5 以上),超过 10^6 的最大磁导率,极低的矫顽力;铁基超微晶具有高饱和磁感应强度(1.2T),高初始磁导率(8 万),低矫顽力(0.32A/m),经纵向或横向磁场处理,可以得到高 B_r(0.9T)或低 B_r(0.1T)值等。广泛适用于各种变压器、电感器、磁放大器和漏电保护器中。

2. 粉心类

(1)铁氧体 铁氧体是以氧化铁为主的具有亚铁磁性的金属氧化物与辅料烧结制成的磁性材料。铁氧体材料为金属氧化物,因此其电阻率比单质金属或合金磁性材料大得多,而且还有较高的介电性能。根据配料不同,铁氧体通常可分为永磁铁氧体、软磁铁氧体和旋磁铁氧体三种,本书中主要介绍软磁铁氧体材料。

铁氧体材料具有较高的磁导率,磁导率随频率变化稳定,且成本低廉,制作方式适用于批量生产,因而,铁氧体材料被广泛应用于各类电源变压器、电感和互感器中。软磁铁氧体材料单位体积中储存的磁能较低,饱和磁感应强度也较低,使用中取最大磁感应强度一般不超过 0.3T,高频使用时所取最大磁感应强度更低,因此通常不应用于要求较高磁能密度的低频强电工况。铁氧体材料根据材料不同,高频特性差异很大,使用中必须根据使用频率选择合适的铁氧体材料。目前市场上的铁氧体铁心一般在 150kHz 以下都可以正常工作。

同时,铁氧体材料硬而脆,延展性极差,热稳定性也较差,因此使用中务必保证铁氧体所受机械应力不可过大,防止因冲撞、积压或热胀冷缩造成材料碎裂。

(2)磁粉心 磁粉心是铁磁性粉粒与绝缘介质混合压制而成的一种软磁材料。铁磁性粉粒颗粒极小,且被非磁性电绝缘材料隔离,因而可以隔绝涡流,使材料可以应用于高频工作环境。颗粒之间间隙较大,磁能密度低,因而饱和磁感应强度高,磁导率较低,磁导率变化减缓,恒磁导特性较好。磁粉心材料主要应用于高频电感中。

常见的磁粉心材料有铁粉心、铁硅铝粉心(FeSiAl)和坡莫合金粉心。

铁粉心材料由碳基铁磁粉及树脂构成,磁导率较低,价格低廉,但损耗较大,更适合于滤波应用。

铁硅铝心在铁中加入了硅(9%)和铝(6%),其磁滞伸缩系数接近于零,降低了将电磁能转化为机械能的能力,损耗较铁粉心降低了 80%,其材料中不含有机物,无老化,耐高温,工作温度可达 200℃,具有比钼坡莫合金粉心更高的直流偏压能力,且价格仅略高于铁粉心,性价比最高,得到广泛使用。

坡莫合金粉心典型产品有钼坡莫合金粉心(MPP)和高磁通粉心(HF),MPP 粉心损耗小,高频特性和恒磁导特性好,但价格十分昂贵,多适用于航空设备;HF 粉心磁导率较高,价格处于 MPP 粉心和铁硅铝粉心之间,但使用中易产生噪声。

3. 常用软磁铁心性能比较与选用

1)磁粉心与铁氧体材料的单位磁导率随 DC 磁场强度变大而降低,其变化曲线如图 8.8 所示。

2)磁粉心与铁氧体材料的初始磁导率百分比随频率变大而降低,其变化曲线如图 8.9 所示。

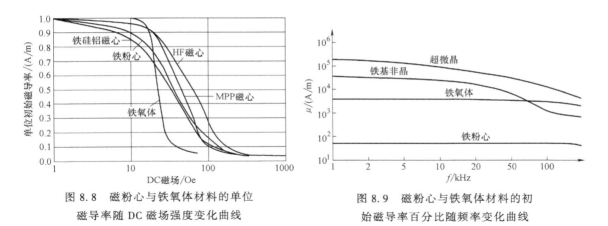

图 8.8　磁粉心与铁氧体材料的单位
磁导率随 DC 磁场强度变化曲线

图 8.9　磁粉心与铁氧体材料的初
始磁导率百分比随频率变化曲线

3）磁粉心与铁氧体材料的磁导率百分比会随温度变化，图 8.10 所示为某铁硅铝粉心的磁导率百分比随温度变化曲线。

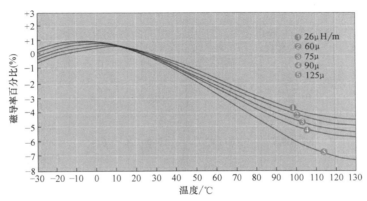

图 8.10　铁硅铝粉心的磁导率百分比随温度变化曲线

4）磁粉心与铁氧体材料的损耗随频率变化曲线如图 8.11 所示。

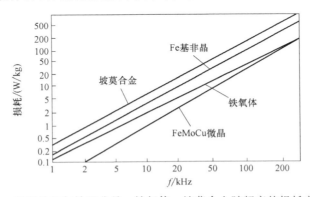

图 8.11　超微晶和与铁基非晶、铁氧体、坡莫合金随频率的损耗变化曲线

5）常用软磁铁心的性能比较见表 8.1。

6）常用软磁铁心的选用见表 8.2，画"√"者为可作为选用的参考。具体设计中需要根据具体参数数据和使用要求，考虑性价比等因素做出选择。

表 8.1 常用软磁铁心的性能比较

磁心	B_s/T	B_r/B_s	μ_r	$\mu_m(\times10^3)$	H_c/(A/m)	P_c/(mW/cm^3)	T_c/℃
铁粉心	1.4	低	22~100		300	1kHz,0.2T 时为 150 10kHz,0.2T 时为 1500	
MPP 粉心	0.75	低	14~550			20kHz,0.2T 时为 1.3 300kHz,0.2T 时为 45	
FeSiAl 粉心	1.05	低	60~125				
铁氧体	0.36	低	750~2300		15	25kHz,0.2T 时为 120	>140
高导铁氧体	0.38	低	5000~15000		6	100kHz,0.2T 时为 600	>130
功率铁氧体	0.51	低	1400~3000		14	200kHz,0.1T 时为 300 500kHz,0.05T 时为 310	215
硅钢	2.03	低,中	1000	40	30	50Hz,1.7T 时为 10 1kHz,1.0T 时为 150	740
1J51	1.6	低,中,极高	1000	150	15	10kHz,0.5T 时为 800	500
1J85	0.75	中,高	8×10^6	400	2.4	10kHz,0.5T 时为 750	400
铁基非晶	1.56	低,中,高		450	4	50Hz,1.3T 时为 1.5 1kHz,1.0T 时为 30 5kHz,0.2T 时为 230 10kHz,0.2T 时为 500	415
铁镍基非晶	0.8	中,高		520	0.6	10kHz,0.2T 时为 120 25kHz,0.2T 时为 580	360
钴基非晶	0.6	低,中,极高	10×10^6	1000	0.4	25kHz,0.2T 时为 40 100kHz,0.2T 时为 380 200kHz,0.1T 时为 340	300
铁基超微晶	1.25	低,中,高	4×10^6~8×10^6	600	1.6	20kHz,0.2T 时为 30 20kHz,0.5T 时为 220 50kHz,0.3T 时为 350 100kHz,0.3T 时为 1400	570

表 8.2 常用软磁铁心的选择

应用	铁粉心	MPP 粉心	FeSiAl 粉心	铁氧体	硅钢	坡莫合金	非晶合金
电源变压器				√	√	√	√
脉冲变压器			√	√	√	√	√
饱和变压器						√	√
磁放大器						√	√
饱和电感器						√	√
尖峰抑制器				√		√	√
噪声滤波器		√		√	√		√
电感器(开关电源)	√	√	√	√			√
共模噪声滤波器				√		√	√
差模电感器	√	√	√		√	√	√
EMI/RFI 滤波器		√	√	√			√
功率因数补偿器		√	√	√			√
电流互感器				√	√	√	√

8.2 功率变压器的设计

开关电源中的磁性器件设计主要是指变压器设计、储能电感设计及其他磁性器件（共模扼流圈等滤波器件，磁饱和电感等）设计。磁性器件设计十分复杂，是开关变换器设计的难点，设计一般分为三步：

（1）选择磁性材料的种类　根据电路拓扑、工作频率范围、工作温度等，确定其铁心的工作磁滞回线的区域和特性，从而选择铁心的基本类型和具体的磁心材料牌号，如选择铁粉心还是铁氧体，选择功率铁氧体还是高导铁氧体，选择 DMR40 还是 DMR90 牌号的磁材（见附录）。

（2）选择磁性材料的铁心形状和尺寸　根据输入和输出电压、输出功率、允许损耗、最大电压、最大电流和 EMI 要求等指标，确定铁心形状，并计算所需的铁心尺寸。根据铁心材料说明书选择铁心型号。常用的设计方法为面积相乘（AP）法和几何参数（KG）法。为保证变压器在规定的任何工况下均能正常工作，需要按最坏情况设计磁性器件。

（3）根据所选择铁心设计磁性器件　根据所选择铁心的参数和工作电气参数，结合加工工艺要求，确定绕线的类型、方式、截面积等并计算绕组的具体匝数，计算相应的其他参数，如变压器的励磁电感、气隙的长度等参数。在批量生产设计时，还应给出器件加工图和可行的误差控制要求等。

本节从功率变压器的设计开始，简要介绍磁性器件设计的过程。

8.2.1 功率变压器设计中应考虑的一般问题

开关电源中，功率变压器的主要功能是传输功率，并通过改变一次侧与二次侧匝数比，变换所传输电压与电流信号的数值。如果增加二次绕组的数目，则可以获得多路输出。此外，变压器具有隔离一、二次电信号的能力，能够满足隔离供电的需求。

设计变压器时，还需要注意一些事项。

1. 电路拓扑

开关电源的功率电路拓扑多种多样，不同拓扑中的变压器有不同的工作波形，工作特点迥异。通常根据铁心的工作状态，可分为双端功率变压器和单端功率变压器。

（1）双端功率变压器　在一个周期内，施加在变压器一次绕组电压为正负对称、无直流分量的纯交流信号。铁心工作在 B-H 曲线的四个象限中，如图 8.5 所示，铁心利用率高。常见的电路拓扑有全桥、半桥和推挽变换器。双端功率变压器需要注意的是，输入信号的直流分量会引起变压器的偏磁现象。

（2）单端功率变压器　变压器的一次绕组在一个周期内仅有单方向的电压脉冲，铁心的磁滞回线仅在第一象限，磁感应强度在最大磁感应强度 B_m 与剩余磁感应强度 B_r 之间变化，如图 8.2 所示。常见的电路拓扑有单管正激、双管正激等变换器。单端变压器使用需要注意的是铁心的退磁问题。

反激变压器的一次绕组虽然在一个周期内也仅有单方向的电压脉冲，但其实质是一个耦合电感，其设计归类于电感设计中，将在 8.3 节介绍。

开关电源的拓扑结构不但影响变压器的工作电气特性，同时也影响变压器绕线窗口的利用率。对于二次侧为桥式全波整流的全桥或半桥变换器，则变压器的一、二次侧在整个导通时间内均有电流流过，绕线窗口的利用率高。对于二次侧为带有中心抽头的全波整流的推挽变换器、半桥变换器和全桥变换器等，在导通期间，总有一个绕组无电流流过，绕线窗口的利用率降低。正激变换器变压器绕组和铁心仅有一半的利用率。

设计变压器时，首先需要确定工作频率。其次应根据开关电源的拓扑结构、工作条件等计算出变压器的电压、电流和功率等电气工作参数，供变压器设计使用。电感设计亦然。

2. 铁心材料和形状的选择

功率变压器的工作频率一般在 10~150kHz 甚至更高，要求铁心材料在高频时具有高的电阻率。同时也要求铁心材料饱和磁感应强度高，温度系数小。铁氧体因为价格低廉，铁心形式多样是高频变压器铁心首选材料。但因其饱和磁感应强度相对较低、温度稳定性差、易碎，在高温、冲击、振动大等环境条件及性能指标要求高的情况下，通常采用合金材料铁心，如钴基非晶合金和微晶合金等。

铁心形状也是另一个需要考虑的重要因素，其原则是漏磁小，易散热，易绕制等。一般要求铁心窗口应尽可能宽，有利于加大线圈宽度，减少线圈的层数，减少漏感，提高窗口利用率且方便绕线。

3. 铁心尺寸的选取

选定磁性器件的材料之后，应根据工作电气特性计算铁心的尺寸。下面介绍两种计算方法，AP（铁心窗口面积与截面积的乘积）法或 KG（铁心几何参数）法。

（1）AP 法原理　在具有铁心的线圈中，磁通量由励磁电流产生。若线圈匝数为 N，励磁电感量为 L_m，流过线圈的励磁电流为 i_m，工作频率为 f，开关周期为 T，则由法拉第定律可得到线圈两端电压 u 的表达式为

$$u = L_m \frac{di_m}{dt} = N \frac{d\phi}{dt} \tag{8.4}$$

又因为磁通量 $\Phi = BA_e$，B 为铁心的磁感应强度，A_e 为铁心有效截面积，则

$$L_m \frac{di_m}{dt} = NA_e \frac{dB}{dt} \tag{8.5}$$

用增量替代微分，得

$$L_m \Delta I_m = NA_e \Delta B \tag{8.6}$$

若初始电流为零，由此得到匝数的计算公式，即

$$N = \frac{L_m I_m}{BA_e} \tag{8.7}$$

式中，各量取国际单位制（SI），励磁电感量 L_m 的单位是亨利（H），励磁电流 i_m 的单位是安培（A），磁感应强度 B 的单位是特斯拉（T），铁心有效截面积 A_e 的单位是平方米（m^2）。

在电感设计时，分别用电感量 L 替代励磁电感 L_m、直流电流 I 替代最大磁化电流 I_m，得到计算电感的匝数的公式，即

$$N = \frac{LI}{BA_e} \tag{8.8}$$

式中，为了减少铁心的体积，应该取 $B = B_m$，$I = I_{max}$。

在变压器设计时，励磁电感 L_m 为一次绕组的电感量，但因为一、二次电流产生磁通互

相抵消，I_m 不等于一次侧的实际电流 I。

在开关电源中，对于变压器的任何一个绕组，假设其电压的幅值为 U，匝数为 N，占空比为 D，铁心有效截面积为 A_e，则式（8.4）可改写为

$$U = N\frac{\mathrm{d}\Phi}{\mathrm{d}t} \tag{8.9}$$

在半个开关周期内对式（8.9）求积分，得

$$UDT = N\Delta\Phi = N\Delta BA_e$$

式中，ΔB 为磁感应强度的摆幅，即磁感应强度的增量。又因为周期 $T = 1/f$，则有

$$N = \frac{DU}{A_e f\Delta B} \tag{8.10}$$

式（8.10）为开关电源中变压器绕组匝数的计算公式。在变压器设计时，为减小铁心体积，双端变压器中 $\Delta B = 2B_m$，单端变压器中 $\Delta B = B_m$。

定义铁心的窗口面积为 A_w，导线的电流密度为 J，有效的导线截面积 NI/J，窗口利用因数 k 等于有效的导线截面积与窗口面积的比值，则有

$$kA_w = \frac{NI}{J} \tag{8.11}$$

式中，I 是电流的有效值 I_{RMS}（A）。

若近似认为电感工作在 $B\text{-}H$ 曲线的线性部分，则定义 I_{max} 为最大电流，对应着最大磁感应强度 B_m，I_{min} 为最小电流，对应着剩余磁感应强度 B_r，由式（8.8）和式（8.11）可以得到电感的 A_P 参数公式，即

$$A_P = A_e A_w = \frac{LI_{max}I_{RMS}}{B_m Jk} = \frac{K_f LI_{max}^2}{B_m Jk} \tag{8.12}$$

式中，K_f 是将电流的有效值转换为峰值的波形系数。

当电流为恒定直流时，$K_f = 1$。在电感设计过程中，电流纹波不大时，可近似取 $K_f = 1$，当电流大幅度波动时，需要根据实际工作状况进行计算。

在每个周期内，电感传输的能量为

$$Q = \frac{1}{2}LI_{max}^2 - \frac{1}{2}LI_{min}^2 \tag{8.13}$$

在连续导电模式下，$\frac{1}{2}LI_{min}^2 \neq 0$，$\Delta B = B_m - B_r$，在断续导电模式下，$\frac{1}{2}LI_{min}^2 = 0$，此时假设电感输出功率为 P_o，铁心效率为 η，则 $P = P_o/\eta$，又 $Q = PT = P/f$，式（8.12）可以改写为

$$A_P = A_e A_w = \frac{2K_f P_o}{B_m Jkf\eta} \tag{8.14}$$

假设变压器输出功率为 P_o，铁心效率为 η，一次侧的输入功率 $P = P_o/\eta$，则由式（8.10）与式（8.11）可以得到变压器的 A_P 参数公式，即

$$A_P = A_e A_w = \frac{2PD}{\Delta BJkf} = \frac{2P_o D}{\Delta BJkf\eta} \tag{8.15}$$

需要说明的是，变压器的绕线方式会影响 A_P 参数。式（8.15）仅适用于一、二次侧都为单绕组结构的变压器，当变压器一、二次侧有一边为中心抽头结构，绕组的有效利用率减半，式（8.15）中的系数"2"相应的变化为"3"，若一、二次侧均为中心抽头结构时，系

数为"4"。

在设计磁性器件时，需要根据铁心的工作状况，选取合适的 B_m、J 和 k 值，从而求得需要的铁心 A_P 值。随后，在磁性材料手册中查找 A_P 值相比较接近铁心的型号作为最终设计。通常，选择铁心的 A_P 值略大于计算值。

（2）KG 法原理 KG 法增加了磁性器件的铜损耗，即将绕线的电阻损耗作为设计参考量。磁性器件损耗包括铁损耗 P_{Fe} 和铜损耗 P_{Cu}，当铁损耗等于铜损耗时磁器件总损耗较小。因此一般取铜损耗为磁性器件总损耗的 1/2，即 $P_{Cu} = P_{Fe}$。

铜损耗的大小由导线电阻和通过的电流决定，其表达式为

$$P_{Cu} = RI^2 = \rho \frac{N^2 l I_{RMS}^2}{k A_w} \tag{8.16}$$

式中，R 是导线电阻（Ω）；ρ 为导线的电导率（S）；l 为导线平均匝长度（m）。

变压器中，总铜损耗为各个线圈铜损耗之和，即 $P_{Cu} = P_{Cu1} + P_{Cu2} + \cdots + P_{Cun}$。

取 $B = B_m$，I 取 $I_{max} = I_{RMS}/K_f$，由式（8.8）和式（8.16）可以得到电感的 K_G 公式，即

$$K_G = k \frac{A_w A_e^2}{l} = \frac{\rho (K_f L I^2)^2}{B_m^2 P_{Cu}} = \frac{\rho K^2 P_o^2}{B_m^2 P_{Cu} f^2 \eta^2} \tag{8.17}$$

变压器一、二次侧都为单绕组时的 K_G 公式为

$$K_G = \frac{2\rho D^2 P_o^2}{\Delta B^2 P_{Cu} f^2 \eta^2} \tag{8.18}$$

当变压器一、二次绕组为中心抽头结构时，式中的系数"2"也需要有相应的变化。

由式（8.17）和式（8.18）可知，使用 KG 法设计磁性器件时，首先设定磁性器件的效率，估算出磁性器件铁损耗及铜损耗，再选取合适的 B_m、J 和 k 值，从而求得铁心 K_G 值。随后，在磁性材料手册中查找 K_G 值相比较接近铁心的型号作为最终设计。通常，选择铁心的 K_G 值略大于计算值。

AP 法和 KG 法都可以计算铁心参数，二者的计算结果基本一致。需要强调的是，变压器的公式中都有一个系数为"2"或更大的系数。这个系数与变压器的结构有关。

4. 工作磁感应强度的选取

工作磁感应强度选取的原则是铁心的体积最小和损耗最小，同时保证最坏工况不会饱和。

通常取磁性器件的效率 $\eta = 0.95$ 左右，取铁氧体铁心的最大磁感应强度不超过 0.3T，且随开关频率增加而减少。例如，100kHz 取 0.3T，200kHz 取 0.25T，300kHz 取 0.15T，500kHz 取 0.1T。一般而言，提高开关频率有利于减少磁性器件的体积，然而，当频率提升到 500kHz 后，由于可使用的最大磁感应强度显著下降，因此磁性器件体积将不会继续降低。

开关电源在启动时，容易产生过电压和过电流现象，这会对磁性器件产生较大冲击。为防止铁心饱和，需要适当增大铁心体积，同时使用软启动技术，消除冲击。

5. 导线的选取

磁性器件是由铁心及绕组组成，导线的选取至关重要。选择导线要确定导线的材料、绝缘形式、截面积和截面形状等系列参数。

一般使用铜导线绕制绕组，为减小导线损耗，也可使用镀银导线，极少情况下也会使用银或金导线。

由于绕组的绝缘电压可以从数十伏到数万伏，为避免导线间击穿短路，导线外必须有足够的绝缘层。绝缘层的材料和厚度极大影其绝缘强度。按照绝缘介质的不同，常见的导线有漆包线、高强度漆包线、李兹线、三层绝缘线等。绝缘层除了影响绝缘强度，还会影响导线的有效截面积。一根导线的绝缘层越厚，导线的有效截面积越小，而同类绝缘导线，导线越细，有效截面积比例越低。

导线的截面积与铜损耗直接相关，从而影响磁性器件的温升。通过选取合适的电流密度 J 控制导线的截面积。一般取 J 为 $3\sim10\mathrm{A/mm^2}$，在窗口面积受限时，如果导线短或散热条件好，J 可适当取高。在平面变压器中，如果使用 PCB 走线作为导线，一般按照 $3\sim10\mathrm{A/mm}$ 计算，折算为 J 可能超过 $100\mathrm{A/mm^2}$，因此必须有良好的散热设计。

导线电阻的公式为

$$R = \rho \frac{Nl}{A_{\mathrm{Cu}}} \tag{8.19}$$

式中，R 是导线电阻（Ω）；ρ 是电导率（S），l 是导线的平均匝长度（m）；N 是匝数，A_{Cu} 为导线截面积（$\mathrm{m^2}$）。

该电阻值并非一个常量，它会随着工作频率和温度的变化改变。随着工作频率而改变的现象被称为趋肤效应。表现为随频率升高，导线有效截面积减小，导线电阻 R 变大。当导线流过高频大电流时，经常使用多股细导线代替单股粗导线，以降低趋肤效应的影响，但这样做同时会降低铁心窗口利用率。

6. 铁心窗口利用率的选取

铁心窗口利用率受到制造工艺、绝缘强度和导线形状等诸多因素影响。为制造方便，多数磁性器件都使用绕线骨架，骨架会减少窗口有效面积，此外绝缘强度要求高时，导线绝缘层厚度也会增加，并且绕线层间需要加绝缘胶带，线圈端部需要留出足够的爬电距离，这会进一步减小磁心窗口利用率，再加上导线排列造成的截面积损失，一般实际窗口总利用率在 0.15~0.5 之间。良好的制造工艺能够避免绕线不当造成窗口面积的浪费并增加铁心窗口利用率，极限条件窗口利用率能够达到 0.7 以上。

8.2.2 全桥式变换器中变压器的设计

下面以图 8.12 所示的全桥变换器为例，介绍双端变压器设计方法。

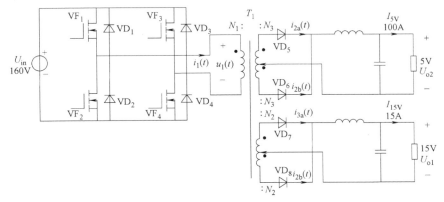

图 8.12 全桥变换器的主电路

全桥变换器的参数如下：

1）输入电压：直流 160V。

2）输出 1：5V，100A。

3）输出功率 1：500W。

4）输出 2：15V，15A。

5）输出功率 2：225W。

6）开关频率 f：75kHz。

7）开关管 VF 的占空比：0.375（稳态工作）。

8）变压器的效率：99%。

设计步骤如下：

1）选择铁心型号：根据变换器的拓扑结构和工作频率（75kHz），初步选择 DMR40 材料的铁氧体铁心。输出功率 725W，取总损耗约为 7.25W。因为效率较高，所以设计时应给出较大余量，取铜损耗 $P_{Cu}=2W$，略大于总损耗的 1/4，取 $\Delta B=0.25T$，即最大磁感应强度为 $B_m=0.125T$，使用 KG 法计算铁心参数，因为二次侧均为中心抽头结构，将式（8.18）中系数"2"调整为"3"，可得

$$K_G = k\frac{A_w A_e{}^2}{l} = \frac{3\rho D^2 P^2}{\Delta B^2 P_{Cu} f^2} = \frac{3\times1.732\times10^{-8}\times0.375^2\times729^2}{0.25^2\times2\times75^2\times10^6}m^5 = 552.27\times10^{-14}m^5 \approx 0.0552cm^5$$

取 $k=0.25$，查表可知，EE40 铁心 K_G 值为 $0.0911cm^5$，故选择 EE40 铁心。其窗口面积 $A_w \approx 1.6cm^2$，铁心有效截面积 $A_e = 1.35cm^2$，绕线平均匝长度 $l \approx 8cm$，磁路长度 $l_e = 7.56cm$，铁心体积 $V_e \approx 10.21cm^3$，电感因数 $A_L = 4000nH\pm25\%$。

2）确定匝数比：由变压器结构、输入电压和占空比的关系可得变压器理想情况匝数比，$N_1:N_2:N_3=U_1:U_2:U_3$，又 $U_1=U_{in}$，$U_2=U_{o1}/(2D)$，$U_3=U_{o2}/(2D)$，$N_1:N_2:N_3=120:15:5$；考虑桥臂开关管的压降以及整流二极管压降，可近似确定变压器匝比为 $N_1:N_2:N_3=110:15:5$。必须指出，在隔离变换器中，电压增益与占空比和匝数比两个变量有关，所以变压器的匝数比为一个近似的正整数，其误差可以通过占空比调节。

3）计算变压器匝数：由式（8.10）可得

$$N_1 = \frac{U_1 D}{A_e f \Delta B} = \frac{160\times0.375}{1.35\times10^{-4}\times75\times10^3\times0.25} = 23.7, N_2 = \frac{U_2 D}{A_e f \Delta B} = 3.23, N_3 = \frac{U_3 D}{A_e f \Delta B} = 1.08$$

匝数取整得到，$N_1=22$，$N_2=3$，$N_3=1$。

4）复核最大磁感应强度及其摆幅：由式（8.10）求取变压器最大磁感应强度的实际变化量，即

$$\Delta B = \frac{U_1 D}{N_1 A_e f} = \frac{160\times0.375}{22\times1.35\times10^{-4}\times75\times10^3}T = 0.2694T$$

最大磁感应强度 $B_m = \frac{1}{2}\Delta B = 0.135T$。需要说明的是，双端变压器通常无直流分量，工作区域是以 $B\text{-}H$ 曲线的原点为中心的对称区域。

5）计算导线截面积：根据变压器结构，应用式（8.15）计算变压器的各绕组的截面积为

$$A_{w1} = \frac{1}{3}A_w \approx 0.53\,\text{cm}^2, \quad A_{w2} = \frac{2P_2}{3P_1}A_w \approx 0.73\,\text{cm}^2, \quad A_{w3} = \frac{2P_3}{3P_1}A_w \approx 0.33\,\text{cm}^2$$

计算出各自的导线截面积，并参照 AWG 导线规格表选择具体导线型号。

$$A_{c1} = \frac{kA_{w1}}{N_1} \approx 0.006\,\text{cm}^2，应选用 AWG \# 19 导线。$$

$$A_{c2} = \frac{kA_{w2}}{2N_2} \approx 0.092\,\text{cm}^2，应选用 AWG \# 8 导线。为提高窗口利用率，可以考虑使用扁平$$

导线或多股细线，否则会造成绕线困难，甚至绕线空间高度不足。

$$A_{c3} = \frac{kA_{w3}}{2N_3} \approx 0.014\,\text{cm}^2，应选用 AWG \# 16 导线，或选用两股 AWG \# 19 导线并绕。$$

查 AWG 导线规格表可得导线直径，计算得到导线的电流密度 $J \approx 12\,\text{A/mm}^2 > 10\,\text{A/mm}^2$，取值偏大。

6）复核估算损耗——计算铁损耗 P_{Fe} 和铜损耗 P_{Cu}：DMR40 材料铁氧体铁心材料的损耗曲线如图 8.13 所示。其对应磁通密度摆幅为 0.135T，当工作频率为 75kHz 时，比损耗约 150mW/cm^3。由此可计算铁心的铁损耗 P_{Fe} 为

$$P_{Fe} \approx 0.135 \times 10.21\,\text{W} \approx 1.38\,\text{W}$$

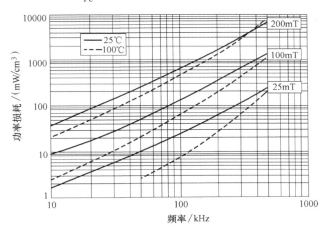

图 8.13　DMR40 材料铁氧体铁心的损耗曲线

用式（8.19）分别计算三个绕组的铜损耗，求和后得到总铜损耗 P_{Cu}。在计算过程中，可以使用实际电流，也可以使用根据工作状态求出的电流有效值。使用实际电流值计算时，需要考虑占空比的影响。对于二次侧的电流值，如果没有专用的续流二极管，还要考虑续流电流的影响，此时续流电流会同时流过二次绕组的两个支路。计算出的 P_{Cu} 为

$$P_{Cu} = R_1 I_1^2 + R_2 I_2^2 + R_3 I_3^2$$

$$= 1.732 \times 10^{-8} \times 0.08 \times \left[\frac{22 \times 4.56^2 \times 0.75}{0.5667 \times 10^{-6}} + \frac{1 \times (100^2 \times 0.75 + 50^2 \times 0.25 \times 2)}{8.37 \times 10^{-6}} + \frac{3 \times (15^2 \times 0.75 + 7.5^2 \times 0.25 \times 2)}{0.5667 \times 2 \times 10^{-6}} \right]\text{W}$$

$$\approx 3.01\,\text{W}$$

因此，变压器总损耗为 $P_L = P_{Fe} + P_{Cu} \approx 4.39\,\text{W}$。

如果考虑温升带来的影响，P_{Fe} 会略有下降，而考虑导线的趋肤效应，P_{Cu} 会有较大升

高。导线半径小于趋肤深度时，电阻受趋肤效应影响变化不明显，在 75kHz 时导线趋肤深度约 0.24mm，AWG＃19 导线的半径约为 0.45mm，故交流阻抗约有 30%左右上升，P_{Cu} 会略高于 4W，总损耗 P_{tot} 约为 5.5W，小于 7.25W，基本满足设计要求。

7) 计算励磁电感 L_m：电感计算公式为

$$L_m = \frac{\mu N_1{}^2 A_e}{l_e} \tag{8.20}$$

式中，磁导率 μ 并不稳定，计算并不方便，故通常使用经验公式，即

$$L_m = N_1{}^2 A_L \tag{8.21}$$

代入 A_L 值，得 $L_m = N_1^2 A_L = 1.936\text{mH}\times(1\pm25\%)$。也可同时求出二次侧的参考电感量分别为 $4\mu H$ 和 $36\mu H$。

8) 给出加工方案和检测方法：加工方案要着重考虑绕组的绕线顺序和布局，保证绕组宽度和高度不会超出绕线窗口和绕线骨架的限制。

8.2.3 单端正激式变换器中变压器的设计

本节以图 8.14 所示的单端正激变换器为例，介绍单端正激变压器的设计方法。

正激变换器的参数如下：

1) 输入电压：直流 200V。

2) 输出电压/电流：5V/50A。

3) 输出功率：250W。

4) 开关频率 f_s：50kHz。

5) 变压器的效率：95%。

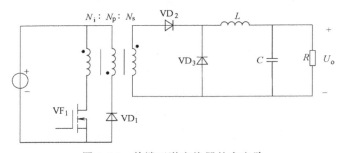

图 8.14 单端正激变换器的主电路

下面给出设计步骤。

1) 确定变压器匝数比：由于单端正激变换器的变压器需要退磁绕组，故有三个绕组：一次绕组 N_p、退磁绕组 N_i 和二次绕组 N_s。通常取 $N_p = N_i$，则理想占空比 D 小于 0.5。取 $D = 0.45$。因为输出电压、输入电压和占空比满足

$$\frac{N_s}{N_p} = \frac{U_o}{D U_i} \tag{8.22}$$

因此可得变压器理想情况电压比为 $N_p : N_i : N_s = 90 : 90 : 5$；考虑二次侧开关管的压降和二次侧整流二极管压降，可近似确定变压器电压比为 $N_p : N_i : N_s = 80 : 80 : 5$。

2) 选择铁心型号：根据电路拓扑结构和工作频率 50kHz，初步选择 DMR40 材料铁氧体

铁心。输出功率 250W，电感总损耗约为 12.5W，取铜损耗 $P_{Cu} = 6.25W$，取 $\Delta B = B_m = 0.15T$，这里使用 AP 法计算铁心参数。因为退磁绕组不处理功率，所以只需考虑该绕组对窗口利用率的影响，不需要考虑其对 AP 法公式中功率系数的影响。取 $k = 0.2$，$J = 3A/mm^2$，由式（8.15）可得

$$A_P = A_e A_w = \frac{2P_o D}{B_m J k f \eta} \approx 5.26 \times 10^{-8} m^4 = 5.26 cm^4$$

查 EE 铁氧体铁心型号尺寸表计算可得 EE50 铁心的 A_P 值约为 $5.98cm^4$，选择 EE50 铁心。其窗口面积 $A_w \approx 2.6cm^2$，铁心有效截面积 $A_e = 2.28cm^2$，绕线平均匝长度 $l \approx 10cm$，磁路长度 $l_e = 9.59cm$，铁心体积 $V_e \approx 24.934cm^3$，电感因数 $A_L = 5000nH \pm 25\%$。

3）计算变压器匝数，由式（8.10）可得

$$N_p = N_i = \frac{U_i D}{A_e f \Delta B} = 52.6，\quad N_s = 2.92$$

匝数取整得到：$N_p = N_i = 54$，$N_s = 3$。

4）复核最大磁感应强度及其摆幅：由式（8.10）可得，最大磁感应强度及其摆幅为

$$B_m = \Delta B = \frac{U_i D}{N_p A_e f} = \frac{200 \times 0.45}{54 \times 2.26 \times 10^{-4} \times 50 \times 10^3} T = 0.1475T$$

5）计算导线截面积：考虑到变压器的结构，取退磁绕组的电流等于一次电流的 $\frac{1}{10}$，$I_i \approx 0.1 I_p$，结合式（8.15）可得计算变压器的各绕组的截面积为

$$A_{wp} = A_{ws} = 0.45 A_w \approx 1.17cm^2，\quad A_{wi} = 0.1 A_w \approx 0.228cm^2$$

接下来计算出各个的导线截面积，并参照 AWG 导线规格表选择具体导线型号：

$A_{cp} = \dfrac{k A_{wp}}{N_p} \approx 0.39mm^2$，应选用 AWG # 22 导线；

$A_{cs} = \dfrac{k A_{ws}}{N_s} \approx 7.8mm^2$，应选用 AWG # 9 导线，也可考虑使用 7 股 AWG # 17 导线；

$A_{ci} = \dfrac{k A_{wi}}{N_i} \approx 0.093mm^2$，应选用 AWG # 28 导线。

查 AWG 导线规格表可得导线直径，由此可计算出导线的电流密度 $J \approx 6A/mm^2$，取值合理。

6）复核估算损耗——计算铁损耗 P_{Fe} 和铜损耗 P_{Cu}

由图 8.13 所示 DMR40 材料铁氧体磁心材料的损耗曲线可知，当工作频率为 50kHz，磁感应强度的摆幅为 0.075T 时，其比损耗约 $30mW/cm^3$。由此可计算铁心的铁损耗 P_{Fe} 为

$$P_{Fe} \approx 0.03 \times 24.934 W \approx 0.75W$$

由式（8.19）分别计算三个绕组的损耗，求和后得到铜损 P_{Cu} 为

$$
\begin{aligned}
P_{Cu} &= R_p I_p^2 + R_s I_s^2 + R_i I_i^2 \\
&= 1.732 \times 10^{-8} \times 0.1 \times 0.45 \times \left[\frac{54 \times 2.95^2}{0.3247 \times 10^{-6}} + \frac{3 \times 50^2}{7 \times 1.026 \times 10^{-6}} + \frac{54 \times 0.295^2}{0.0804 \times 10^{-6}} \right] W \\
&\approx 1.99W
\end{aligned}
$$

因此，变压器的总损耗为 $P_L = P_{Fe} + P_{Cu} \approx 2.74W$。

如果考虑温升和趋肤效应的影响，总损耗 P_{tot} 约为 3.4W，远小于 12.5W，满足设计要求。故可以选择小一些的铁心。若选择 $J = 8A/mm^2$，则可选择 EE40 铁心，此时 $N_p = N_i =$ 80，$N_s = 5$，$B_m = 0.133T$，$A_{wp} = A_{ws} = 0.72cm^2$，$A_{wi} = 0.16cm^2$，一次侧选用 AWG # 26 导线，二次侧选用 AWG # 13 导线或两股 AWG # 16 导线，退磁绕组选用 AWG # 32 导线，$P_{Fe} = 0.33W$，$P_{Cu} = 6.48W$，$P_L = 6.81W$，考虑温升和趋肤效应的影响，总损耗 P_{tot} 约为 9W，也能满足设计要求，但由于磁心体积减小，而损耗也就增加。

7）计算励磁电感 L_m：由式（8.21）计算一次绕组和退磁绕组的励磁电感 L_m，即

$$L_m = N_p^2 A_L = 60^2 \times 5\mu H \times (1 \pm 25\%) = 18mH \times (1 \pm 25\%)$$

同时求出二次侧的参考电感量为 $35\mu H$。若选择 EE40 磁心，则 $L_m = 40mH \times (1 \pm 25\%)$，二次侧的参考电感量为 $100\mu H$。

8）给出加工方案和检测方法：即确保绕组宽度和高度不会超出绕线窗口和绕线骨架的限制。

8.3　功率电感的设计

在开关电源中，电感通常起到存储能量和续流的作用，使开关管关断后，输出电流能够连续。电感与滤波电容一起构成低通滤波器，提取直流分量，减小输出电压和电流的纹波。最常用的电感有直流滤波电感和耦合电感。与变压器相比，主要差异如下：

1）变压器功能是传输能量，而电感的功能则是存储能量和续流。

2）变压器的电感量是检验其性能的一个参量，允许有一定的误差，而电感的电感量却是保证其正常工作的主要参数，允许误差范围极小。

3）铁心的磁导率远大于空气，磁阻很小，不利于存储能量，而气隙的磁阻远大于铁心，能够存储较大的磁能。所以变压器的铁心一般无气隙，而电感的铁心通常必须有气隙。可以认为电感在气隙中存储能量，气隙越大，电感的储能能力越强，同时铁心的电感系数也越小。因此，气隙的微小变化将会引起电感量大幅度变化。

4）气隙使得电感铁心的 B-H 曲线的斜率远低于变压器铁心，相当于横向拉伸 B-H 曲线，使其磁导率 μ 显著减少。通常，电感工作在磁感应强度 B 较大区域，靠近非线性区。因此，随磁场强度 H 增大，μ 值明显下降，表现为电感量下降。工程上一般允许电感量的下降率小于 30%。

因此，在电感的设计中，通常选择自带气隙的粉心类铁心，或者为铁氧体材料开一个固定的气隙。粉心类铁心的气隙是固定的，电感一致性好，但因其形状多为环状，会造成绕线困难和窗口的利用率下降。铁氧体材料多为两部分拼接而成，可以在拼接处使用低导磁材料，如绝缘胶带等制作气隙，也可以磨掉部分中心磁柱，形成中心气隙。铁氧体铁心绕线方便，但气隙加工比较麻烦，且一致性差。

工程中需要特别关注电感的平均电流和电流纹波值，以确保其工作在 B-H 曲线的非饱和区，防止磁导率下降过多。本节将通过三个实例介绍输出滤波电感和单端反激式变压器（实质为耦合电感）的设计。

8.3.1　输出滤波电感的设计

本小节以图 8.15 所示的 BUCK 变换器为例，介绍输出滤波电感设计方法。

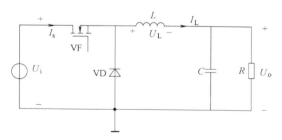

图 8.15　BUCK 变换器

假设 BUCK 变换器工作在电流连续导电模式，主要参数如下：

1）输入电压：160~220V。

2）输出电压：110V。

3）输出电流：5~11A。

4）最大输出功率：1210W。

5）开关频率 f：100kHz。

6）电感量 L：0.15mH。

7）电感效率：大于 99%。

设计步骤如下：

1）**计算电感工作参数**：假定电感工作在连续导电模式，由占空比公式求取其变化范围，即

最大占空比
$$D_{\max} = \frac{U_o}{U_{i\min}} = \frac{110}{160} = 0.6875$$

最小占空比
$$D_{\min} = \frac{U_o}{U_{i\max}} = \frac{110}{220} = 0.5$$

电感电流的纹波 ΔI_L 的计算公式为

$$\Delta I_L = \frac{U_o(1-D)T}{L}$$

当 $D = D_{\min}$ 时，即输入电压最高时，电流纹波达到了最大值，即

$$\Delta I_{L\max} = \frac{U_o(1-D_{\min})T}{L} \approx 3.67\text{A}$$

对应峰值电流 $I_{\max} = I_{o\max} + \Delta I_{L\max}/2 = (11 + 3.67/2)\text{A} \approx 12.83\text{A}$，有效值电流 I_{RMS} 近似为 $I_{o\max}$。

2）**选择铁心**：根据上述磁材选择原则，初步选择 DMR40 材料的铁氧体铁心。因为输出功率 1210W，取 1% 损耗，总损耗约为 12.1W。取电感损耗 $P_L = 4\text{W}$，$B_m = 0.3\text{T}$，因为是独立电感，所以 $k = 0.6$，取 $J = 3\text{A/mm}^2$，由式（8.12）的 AP 法计算铁心参数，即

$$A_P = A_e A_w = \frac{L I_{\max} I_{RMS}}{B_m J k} = \frac{0.15 \times 10^{-3} \times 12.83 \times 11}{0.3 \times 3 \times 10^4 \times 0.6}\text{m}^4 \approx 3.92 \times 10^{-8}\text{m}^4 = 3.92\text{cm}^4$$

查 EE 铁氧体铁心型号尺寸表计算可得 EE50 铁心 A_p 值约为 5.93cm^4，故选择 EE50 铁心，其窗口面积 $A_w \approx 2.6$cm^2，铁心有效截面积 $A_e = 2.28$cm^2，绕线平均匝长度 $l \approx 10$cm，磁路长度 $l_e = 9.59$cm，铁心体积 $V_e \approx 24.934$cm^3。

3）计算电感匝数：由式（8.8）可得匝数为

$$N = \frac{LI_m}{B_m A_e} = \frac{0.15 \times 10^{-3} \times 12.83}{0.3 \times 2.28 \times 10^{-4}} \approx 28.14$$

取整得到实际匝数：$N = 29$。

4）复核最大磁感应强度及其摆幅：由式（8.8）计算出电感铁心的最大磁感应强度，即

$$B_m = \frac{LI_m}{NA_e} = \frac{0.15 \times 10^{-3} \times 12.83}{29 \times 2.28 \times 10^{-4}}T \approx 0.291T,$$

和磁感应强度变化量，即

$$\Delta B = \frac{L\Delta I_{Lmax}}{NA_e} = \frac{0.15 \times 10^{-3} \times 3.67}{29 \times 2.28 \times 10^{-4}}T \approx 0.083T。$$

根据电感的气隙公式，有

$$l_g = \frac{\mu_0 N^2 A_e}{L} \tag{8.23}$$

则气隙为 $l_g \approx 1.606$mm。

5）计算导线截面积：导线的截面积为

$$A_e = \frac{kA_w}{N} \approx 5.38\text{mm}^2。$$

参照 AWG 导线规格表，应选用 AWG #10 导线，但此导线线径过粗，绕制困难且趋肤效应严重。为减少趋肤效应，提高窗口利用率，改选 10 股 AWG #20 导线，它刚好可以绕制 10 层，每层 29 匝。此时电流密度 $J \approx 2$A/mm^2，若感觉电流密度较低，则可以适当减少绕线并联的股数。

6）复核估算损耗，分别计算铁损耗 P_{Fe} 和铜损耗 P_{Cu}：由图 8.13 可知，当频率为 100kHz，磁感应强度的摆幅为 0.042T 时，DMR40 材料铁氧体铁心的比损耗约为 50mW/cm^3。因此，铁心的铁损 P_{Fe} 为

$$P_{Fe} \approx 0.05 \times 24.934\text{W} \approx 1.25\text{W}$$

由式（8.16）和式（8.19）计算出的最大负载时的 P_{Cu} 为

$$P_{Cu} = RI^2 = \rho \frac{Nl I^2}{A_{Cu}} = \frac{1.732 \times 10^{-8} \times 0.1 \times 29 \times 11^2}{10 \times 0.5189 \times 10^{-6}}\text{W} \approx 1.17\text{W}。$$

因此，该电感满载总损耗为，$P_L = P_{Fe} + P_{Cu} \approx 2.42$W。

如果考虑温升和趋肤效应的影响，则总损耗 P_{tot} 约为 3W，满足设计要求。

7）给出加工方案和检验方法：在保证匝数正确时，也应确保电感量误差小于允许值，误差范围常取 1%~3%。同时应确保绕组宽度和高度不会超出绕线窗口和绕线骨架的限制。

8.3.2 单端反激式变换器中变压器的设计

本小节以图 8.16 所示的反激（FLYBACK）变换器为例，介绍储能电感设计方法。

反激变换器主要参数如下：

1）输入电压：250～380V。

2）输出电压：5V。

3）输出电流：15A。

4）开关频率 f：100kHz。

5）电感效率：>99%。

设计步骤如下：

1）计算变压器的工作参数：反激变换器中的磁性
器件是变压器，具有一次侧和二次侧，但其实质上是

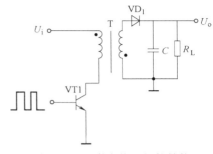

图 8.16　反激变换器拓扑结构

一个耦合电感。一般情况下，反激变压器工作于电流断续状态，需要设计一次侧电感量 L_p
和匝数比。

在传统的设计中，为了消除次谐波振荡，反激变换器的占空比 D 理想值选择为 0.5，使
得二次侧的反射电压 U_R 等于输入电压，这会使开关管的耐压值至少为输入电压的 2 倍。考
虑到寄生电感造成的电压尖峰，开关管需要选取 800V 或 1200V 耐压，造成开关器件选型困
难且损耗较大。最近的反激电路设计中，设定反射电压 U_R 为一个较小的固定值（市电输入
时常取为 100V），降低了开关管的耐压要求，即可以选择耐压值为 500V 和 600V 的 MOS 管，
大大方便了开关管的选型，有利于减少导通损耗。然而，减少反射电压也会对电路产生一系
列的影响，例如使得匝数比变小、最大占空比变窄、铁心利用率降低、电感量变小、电流变
化量增加、铁心的铁损耗增加及输入电流 EMI 增大。

设一次电流最大值为 I_{pk}，在非连续导电模式下，有 $\Delta I = I_{pk}$，变压器在每个周期传输能
量为

$$Q = \frac{1}{2}LI_{pk}{}^2 = PT \tag{8.24}$$

由式（8.24）可知，$LI_{pk} = U_i DT$，故峰值电流公式为

$$I_{pk} = \frac{2P}{U_i D} = \frac{2P_o}{U_i D\eta} = \frac{2U_o I_o}{U_i D\eta} \tag{8.25}$$

占空比为

$$D = \frac{U_R}{U_i + U_R} \tag{8.26}$$

忽略开关管和二极管的压降，变压器的匝数比为

$$\frac{N_p}{N_s} = \frac{U_R}{U_o} \tag{8.27}$$

因为在输入电压最低时，反激变换器的占空比和最大平均电流、最大峰值电流都达到其
极值，为最坏工况，故应以输入电压最低为基准设计变压器，最大占空比为

$$D_{max} = \frac{U_R}{U_{imin} + U_R} \tag{8.28}$$

峰值电流的最大值为

$$I_{pkmax} = \frac{2P_o}{U_{imin} D_{max} \eta} \tag{8.29}$$

一次侧电感的最大值为

$$L_{\max} = \frac{U_{\text{imin}} D_{\max} T}{I_{\text{pkmax}}} = \frac{U_{\text{imin}}{}^2 D_{\max}{}^2 T\eta}{2U_o I_o} \qquad (8.30)$$

选取反射电压 U_R 为 100V，代入数值求得 $N_p : N_s = 100 : 5$，$D_{\max} = 2/7$，$I_{\text{pkmax}} = 2.1\text{A}$，$L_{\max} = 340\mu\text{H}$。取 $L = 300\mu\text{H}$，由式（8.24）可修正 $I_{\text{pkmax}} = 2.38\text{A}$，$D_{\max} = 0.2856$。考虑开关管和二极管压降后，修正变压器的匝数比为 $N_p : N_s = 90 : 5 = 18 : 1$。

2）选择铁心型号：因为开关频率为 100kHz，初步选择 DMR40 材料的铁氧体铁心。输出功率 75W，取变压器的总损耗 0.75W 和铜损耗 $P_{\text{Cu}} = 0.25\text{W}$，取 $B_m = 0.3\text{T}$，对应峰值电流 $I_{\max} = I_{\text{pkmax}}$，取 $k = 0.2$ 和 $J = 3\text{A/mm}^2$，由式（8.12）AP 法计算铁心参数（一、二次侧结构，系数再乘以 2），即

$$A_P = A_e A_w = \frac{2LI_{\max}I_{\text{RMS}}}{B_m Jk} = \frac{2K_f LI_{\max}{}^2}{B_m Jk} = \frac{2 \times 0.3 \times 10^{-3} \times 2.38^2}{\sqrt{3} \times 0.3 \times 3 \times 10^6 \times 0.2}\text{m}^4 \approx 1.09 \times 10^{-8}\text{m}^4 = 1.09\text{cm}^4$$

由式（8.14）同样可以求得铁心 A_P 参数，即

$$A_P = A_e A_w = \frac{4K_f P_o}{B_m Jkf\eta} = 0.962\text{cm}^4$$

可选择 EE34 铁心，A_P 值为 1.264cm^4，其窗口面积 $A_w \approx 1.62\text{cm}^2$，铁心有效截面积 $A_e = 0.78\text{cm}^2$，绕线平均匝长度 $l \approx 6.92\text{cm}$，磁路长度 $l_e = 6.94\text{cm}$，铁心体积 $V_e \approx 5.41\text{cm}^3$。

3）计算变压器的匝数：由式（8.8）可得，$N_p = \dfrac{LI_m}{B_m A_e} = \dfrac{0.3 \times 10^{-3} \times 2.38}{0.3 \times 0.78 \times 10^{-4}} \approx 30.5$

$$N_s = \frac{U_o}{U_R} N_p = 1.70$$

匝数取整，得到 $N_p = 36$，$N_s = 2$。

4）复核最大磁感应强度及其摆幅：由式（8.8）计算出电感铁心的最大磁感应强度及其摆幅为

$$B_m = \Delta B = \frac{LI_{\text{pkmax}}}{N_p A_e} = \frac{0.3 \times 10^{-3} \times 2.38}{36 \times 0.78 \times 10^{-4}}\text{T} \approx 0.246\text{T}$$

计算气隙为

$$l_g = \frac{\mu_0 N_p{}^2 A_e}{L} \approx 0.423\text{mm}$$

5）计算导线截面积：一次侧导线的截面积为

$$A_{cp} = \frac{kA_w}{2N_p} \approx 0.45\text{mm}^2$$

因此应选用 AWG # 21 导线。

二次侧导线的截面积，$A_{cs} = \dfrac{kA_w}{2N_s} \approx 8.1\text{mm}^2$

因此应选用 AWG # 9 导线，也可使用 19 股 AWG # 21 导线替代。

导线的电流密度 $J \approx 2\text{A/mm}^2$。电流密度较低，可以适当减少绕线的并联股数。

6）复核估算损耗，分别计算铁损耗 P_{Fe} 和铜损耗 P_{Cu}：由图 8.12 可知，当频率为

100kHz，磁感应强度的摆幅为 0.123T 时，DMR40 材料铁氧体铁心的比损耗约为 $200\mathrm{mW/cm^3}$。因此，铁心的铁损耗 P_{Fe} 为

$$P_{\mathrm{Fe}} \approx 0.2 \times 5.41\mathrm{W} \approx 1.082\mathrm{W}$$

由式（8.19），分别计算两个绕组的损耗，并求和得到铜损耗 P_{Cu} 为

$$P_{\mathrm{Cu}} = R_{\mathrm{p}}I_{\mathrm{p}}^2 + R_{\mathrm{s}}I_{\mathrm{s}}^2$$

$$= 1.732 \times 10^{-8} \times 0.0692 \times \left[\frac{36 \times 2.38^2 \times \left(\frac{1}{\sqrt{3}}\right)^2 \times 0.2856}{0.4116 \times 10^{-6}} + \frac{2 \times 15^2 \times 0.7144}{19 \times 0.4116 \times 10^{-6}} \right]\mathrm{W}$$

$$\approx 0.106\mathrm{W}$$

因此，该电感满载总损耗为 $P_{\mathrm{L}} = P_{\mathrm{Fe}} + P_{\mathrm{Cu}} \approx 1.188\mathrm{W}$。

如果考虑温升和趋肤效应的影响，总损耗 P_{L} 约为 1.22W，大于 0.75W，不满足设计要求。

在断续工作模式，变压器要实现 0.99 的效率几乎是不可能的，极限效率为 0.98。相反，在连续导电模式，同样选择变压器的匝数比为 $N_{\mathrm{p}} : N_{\mathrm{s}} = 90 : 5 = 18 : 1$，$B_{\mathrm{m}} = 0.3\mathrm{T}$，$D_{\mathrm{max}} = 2/7$，取 $L = 1\mathrm{mH}$，可得 $\Delta I = 0.714\mathrm{A}$，$I_{\mathrm{pk}} = I_{\mathrm{max}} = 1.407\mathrm{A}$，$I_{\mathrm{min}} = 0.707\mathrm{A}$，$N_{\mathrm{p}} = 72$，$N_{\mathrm{s}} = 4$，$B_{\mathrm{m}} = 0.314\mathrm{T}$，$\Delta B_{\mathrm{m}} = 0.159\mathrm{T}$，$l_{\mathrm{g}} = 0.353\mathrm{mm}$，$A_{\mathrm{cp}} = 0.27\mathrm{mm^2}$，使用 AWG # 23 导线，$A_{\mathrm{cs}} = 4.05\mathrm{mm^2}$，也可使用 7 股 AWG # 19 导线替代。$P_{\mathrm{Fe}} = 0.43\mathrm{W}$，$P_{\mathrm{Cu}} = 0.258\mathrm{W}$，$P_{\mathrm{L}} = 0.69\mathrm{W}$，考虑温升和趋肤效应的影响，总损耗 P_{tot} 约为 0.76W，效率高于电流断续状态，可接近 0.99 的效率。

7）给出加工方案和检验方法。

8.3.3 使用环形粉心类铁心设计电感

粉心类铁心中，铁硅铝铁心因性价比较高，目前应用最为广泛。比较常见的铁硅铝铁心有 Kool Mu 系列铁心、CSC 系列铁心和 KS 系列铁心等。KS 系列铁心尺寸的定义如图 8.17 所示，磁环的型号为 KS25-125A，其中，"KS" 表示铁硅铝（sendust）黑色铁心，"25" 表示外径（25in，1in = 0.0254m），"125" 表示相对初始磁导率，A 表示等级，通常也即涂层。

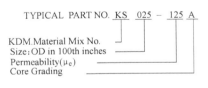
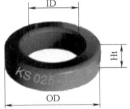

KDM Material Mix No.
KS：Sendust Cores(Black)
KSF：Si-Fe Cores(Blue)
KNF：Neu Flux Cores(Brown)
KH：High Flux Cores(Khaki)
KM：MPP Cores(Gray)
l_e：平均磁路长度(Mean Magnetic Path Length)
A_e：横截面积(Cross Section Area)
V：磁心体积(Core Volume)
W：窗口面积(Window Area)

图 8.17 铁硅铝铁心的外形尺寸定义

图 8.18 所示为 KS 系列铁心的磁导率与频率曲线，图中给出了相对初始磁导率为 $26\mu\mathrm{H/m}$、$40\mu\mathrm{H/m}$、$60\mu\mathrm{H/m}$、$75\mu\mathrm{H/m}$、$90\mu\mathrm{H/m}$ 和 $125\mu\mathrm{H/m}$ 6 种铁心的频率特性曲线，由图可知，相对初始磁导率高的铁心频率特性较差。如果允许磁导率下降到 95%，则磁导率为 125 时的最高工作频率约为 1MHz，磁导率为 $90\mu\mathrm{H/m}$ 时的最高工作频率约为 2MHz，磁导率为 $75\mu\mathrm{H/m}$ 时的最高工作频率约为 3MHz，其余 3 种铁心的最高频率超过 10MHz。KS

系列铁心磁导率与直流磁场强度的曲线如图 8.19 所示，磁导率越高的铁心，允许直流磁场强度越小，根据安培定律，允许最大安匝数也比较小。

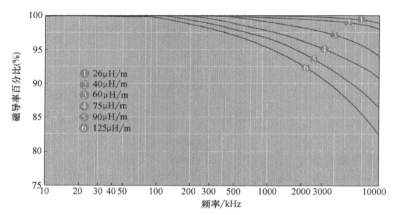

图 8.18 铁硅铝铁心磁导率与频率关系曲线

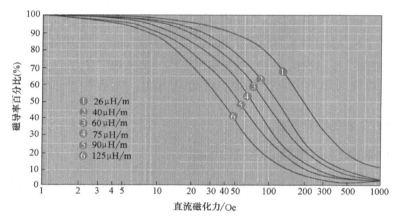

图 8.19 铁硅铝铁心磁导率与直流磁场强度的关系曲线

注：1Oe=7958A/cm

图 8.20 所示为典型损耗曲线，其中纵轴为比损耗，单位是 mW/cm^3，横轴为峰值磁感应强度，单位是高斯，参量为工作频率。图 8.20 给出了 1kHz、10kHz、50kHz、100kHz、200kHz 和 300kHz 6 个工作频率的损耗曲线。其中图 8.20a 所示为磁导率为 26μH/m 和 40μH/m 的损耗曲线，图 8.20b 所示为磁导率是 60μH/m、75μH/m、90μH/m 和 125μH/m 的损耗曲线。

环形粉心类铁心具有固定的气隙，使用它们设计电感的过程相对简单。下面以 KS 系列的铁硅铝铁心为例，设计如图 8.15 所示 BUCK 变换器的滤波电感。

1）选择铁心的磁导率：已知电感工作频率为 100kHz，为了避免电感量下降，由图 8.18 可知，可选择 26μH/m 至 90μH/m 系列铁心。综合考虑直流磁场和损耗等因素，选择比较常用的 60μH/m 铁心。要保证电感在最大电流时电感量稳定，要求磁导率的百分率大于70%。由图 8.19 可知，直流磁场强度需要小于 55Oe，折合为 4376A/m。

2）计算铁心的 A_p 值：因为是环形铁心，取 $k=0.2$，电感量给出 30% 余量，计算可得

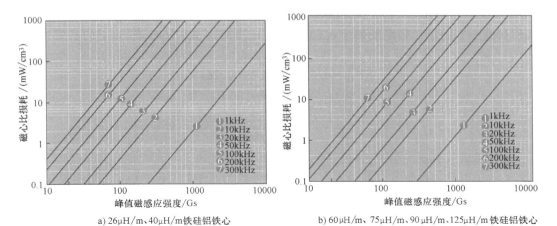

a) 26μH/m、40μH/m铁硅铝铁心　　　　　b) 60μH/m、75μH/m、90μH/m、125μH/m铁硅铝铁心

图 8.20　典型铁硅铅磁心损耗曲线

注：$1T = 10^4 Gs$

$$A_P = A_e A_w = \frac{LI_{max}I_{RMS}}{B_m Jk} = \frac{0.15 \times 1.3 \times 10^{-3} \times 12.83 \times 11}{0.3 \times 3 \times 10^4 \times 0.2} m^4 \approx 15.29 \times 10^{-8} m^4 = 15.29 cm^4$$

这里选择两个 KS184-060A 铁心并联使用，其内径（*ID*）为 24.1mm，外径（*OD*）为 46.7mm，高度（*Ht*）为 18mm。并联后窗口面积 $A_w \approx 4.56 cm^2$，铁心有效截面积 $A_e = 4.07 cm^2$，磁路长度 $l_e = 11.1 cm$，A_P 值为 $18.55 cm^4$，铁心体积 $V_e = 45.22 cm^3$，电感因数 $A_L = 135 nH$。

3）计算电感的匝数：其匝数为

$$N = \sqrt{\frac{L}{A_L}} = \sqrt{\frac{0.15 \times 1.3 \times 10^{-3}}{135 \times 10^{-9}}} \approx 38$$

4）计算导线截面积：其截面积为

$$A_c = \frac{kA_w}{N} \approx 2.4 mm^2$$

应选用 AWG # 14 导线，也可使用两股 AWG # 17 导线替代，导线需要绕两层，平均每匝绕线长度大约为 7cm。

应用安培定律计算满电流输出的直流磁化力，得到

$$H = NI/l_e = (38 \times 11)/0.111 A/m \approx 3760 A/m$$

约合470e，由图 8.19 可知，磁导率百分率约为 75%，即静态电感量约为 195μH，动态满载电感量约为 146μH。

5）复核最大磁感应强度及其摆幅：由式（8.8）可近似计算出电感铁心的最大磁感应强度，即

$$B_m = \frac{LI_m}{NA_e} = \frac{0.15 \times 1.3 \times 10^{-3} \times 12.83}{38 \times 4.07 \times 10^{-4}} T \approx 0.162 T,$$

磁感应强度的摆幅，即

$$\Delta B = \frac{L\Delta I_{Lmax}}{NA_e} = \frac{0.15 \times 1.3 \times 10^{-3} \times 3.67}{38 \times 4.07 \times 10^{-4}} T \approx 0.0463 T。$$

6）复核估算损耗——分别计算铁损耗 P_{Fe} 和铜损耗 P_{Cu}：由图 8.20b 可知，铁心材料在频率 100kHz，磁感应强度摆幅为 0.023T 时，比损耗约 50mW/cm³。由此可计算铁心的铁损耗 P_{Fe}，即

$$P_{Fe} \approx 0.05 \times 45.22W \approx 2.261W$$

由式（8.16）和式（8.19）计算出最大负载时的 P_{Cu} 为

$$P_{Cu} = RI^2 = \rho \frac{NlI^2}{A_{Cu}} = \frac{1.732 \times 10^{-8} \times 0.07 \times 38 \times 11^2}{2 \times 1.026 \times 10^{-6}}W \approx 2.72W$$

因此，该电感满载总损耗为 $P_{tot} = P_{Fe} + P_{Cu} \approx 5W$。

如果考虑温升和趋肤效应的影响，总损耗 P_{tot} 约为 5.5W，小于 11W，满足设计要求。

8.4 小结

本章简单介绍了开关电源中功率磁性器件的设计。它的驱动信号为序列方波脉冲，设计中应注意以下事项：

1）在开关变换器中，功率电感和变压器以存储或传送能量为主要任务，需防止铁心饱和，并选择磁导率比较稳定，线性度好，磁滞回线窄的材料，以降低损耗。

2）开关电源中变压器的激励为方波电压，电流也近似为方波电流，可以使用电流瞬时值进行分析，无需转化为有效值，但需要考虑占空比的加权。

3）开关电源中功率电感的激励为方波电压，电流具有一定的纹波，分析电流需要区分有效值和最大值，选择最大磁感应强度时需要用最大值，而计算损耗和平均功率时需要用有效值。

4）设计磁性器件时，应对其电气工作特性有充分了解，使用公式时，应根据工作状态适度调节公式中的系数和参考量。设计中，应以最差工作状态固定工作点设计磁性器件，实际电路中，磁性器件工作点并不是恒定的，设计中占空比、最大磁感应强度等应留有余量，使得器件输入输出波动时，电路可以通过反馈调节磁性器件工作点稳定输出。

5）匝数比对变压器的效率和性能会产生很大的影响，需要合理设计，并使实际匝数比尽可能接近设计值。

6）估算铁心铁损耗时，应以磁感应强度的变化范围而不是最大磁感应强度来确定损耗比，所估算铁心铁损耗并不是准确值。实际中，以不同的电压波形造成相同的磁感应强度的变化范围，造成的损耗并不相同，使用铁心损耗比曲线确定的损耗比数值也很难做到准确。

7）磁性器件的铜损耗和铁损耗是一对互相制约的量。铁心选定后，一个参量增大，另一个参量必定减小，应以总损耗最小进行优化。

8）磁性材料设计的计算中，本章一律采用国际标准单位制。注意：使用 AP 法计算时，A_P 值的量纲为 m^4；使用 KG 法计算时，K_G 值的量纲为 m^5，通常铁心截面积 A_e、铁心窗口面积 A_w、导线截面积 A_c 的常用单位为 cm^2 或 mm^2。

习　　题

8.1 已知一个电感的参数为：电感量 $L = 200\mu H$，直流平均电流 $I = 4A$，从下列 3 种铁心中选择合适的

磁心，使用 AP 法设计该电感，计算出线圈匝数、铜损耗和气隙长度（已知 $\rho = 1.724 \times 10^{-8} \Omega \cdot m$，$\mu_0 = 4\pi \times 10^{-7} H/m$，计算中 B 取 0.27T，填充系数 k 取 0.3）。

铁心 A：$A_e = 0.33cm^2$，$A_w = 0.15cm^2$，$l = 2.2cm$

铁心 B：$A_e = 0.94cm^2$，$A_w = 0.53cm^2$，$l = 5.2cm$

铁心 C：$A_e = 1.78cm^2$，$A_w = 0.96cm^2$，$l = 13.2cm$

8.2　若题 8.1 中的电感纹波电流 $\Delta I = 2A$，工作频率 100kHz，其输出侧电压为 100V，从题 8.1 的 3 种铁心中选择合适的铁心，设计该电感，并计算电感的效率（磁心损耗比为取 60mW/cm³）。

8.3　已知题 8.2 所述电感所在电路为 Buck 变换器，求出电路的输入电压和占空比。使用 EE 铁氧体和铁硅铝铁心分别设计该电感，比较两种设计的结果。

8.4　一个反激变换器输入直流电压范围 24～72V，输出 5V、4A，工作频率 20kHz，设计该反激变压器，要求效率大于 97%。

8.5　题 8.4 中的一个反激变换器若工作频率分别改变为 50kHz、100kHz、200kHz 及 300kHz，设计该反激变压器，并比较设计结果。

8.6　一个单端正激变换器输入直流电压为 80V，输出 5V、40A，工作频率 100kHz，设计该正激变压器，要求效率大于 97%。

8.7　一个全桥变换器，输入直流电压为 80V，输出 5V、40A，工作频率 100kHz，二次绕组为中心抽头结构，设计该正激变压器，要求效率大于 97%。

8.8　一个全桥变换器，输入直流电压为 80V，输出 5V、40A，工作频率 100kHz，二次绕组为单线圈全波整流结构，设计该正激变压器，要求效率大于 97%。

第9章

PFC 电路及其 EMC

目前，开关变换器已经得到了广泛的应用，本章主要介绍功率因数校正（PFC）电路，并简单介绍与其紧密相关的 EMC 技术。

9.1 PFC 电路概述

所有的"在线"开关电源都是从公共电网汲取能量，将其转换为负载所需的直流电压。在第4章给出了一个完整开关电源的结构框图，如图4.1所示。下面将其功率变换部分简化为图9.1所示的结构。整流器/PFC功能模块将公共电网的交流电能转换为直流能量，它是公共电网与开关变换器的接口电路，其性能将影响公共电网的运行与电能质量。

9.1.1 整流电路的理想模型

对于理想的整流电路，应具有以下三个特征。

1) $\lambda = 1$，即电压和电流无畸变、无相差，对于图9.1所示的单相电源，设电网电压和电流皆无高频谐波，分别表示为

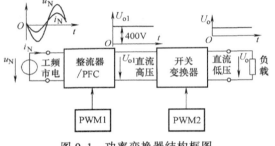

图 9.1 功率变换器结构框图

$$u_N = U_{Nm}\sin\omega t \qquad (9.1a)$$

$$i_N = I_{Nm}\sin\omega t \qquad (9.1b)$$

式（9.1）表明电流 i_N 与电压 u_N 同频同相且无失真现象，即负载为一个线性阻性电路。

对传统的开关电源而言，整流电路如图9.2所示。因为开关变换器要求输入电压 U_{o1} 是一个平滑的直流电压。全桥整流电路将电网的交流能量变为一个波动非常大的直流能量，滤波电容 C_o 将其变为一个平滑的直流。然而，整流器是一个非线性电路，滤波电容是一个电容性负载，并非一个线性电阻性负载，所以电流会发生畸变，如图9.2b所示。在此工况下，功率因数定义为

$$\lambda = \frac{\sum_{n=1}^{\infty} P_n}{S} = \frac{P_1 + \sum_{n=2}^{\infty} P_n}{S} \qquad (9.2)$$

式中，P_1 是基波功率（W）；S 是视在功率（V·A）。

在理想工况下，电网电压不存在高次谐波，因此高次谐波功率等于零，只有基波功率 P_1 存在，表示为

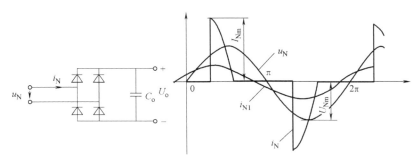

a) 全桥整流电路　　　　　b) 输入电压和电流波形

图 9.2　全桥整流电路及其波形

$$\lambda = \frac{P_1}{S} \tag{9.3}$$

$$P_1 = U_1 I_1 \cos\varphi_1 \tag{9.4a}$$

$$S = UI = U_1 I \tag{9.4b}$$

将式（9.4）代入式（9.3），得

$$\lambda = \frac{P_1}{S} = \frac{I_1}{I}\cos\varphi_1 = \mu\cos\varphi_1 \Big|_{\mu=\frac{I_1}{I}} \tag{9.5}$$

式中，I 是输入的总电流（A）；I_1 是基波电流（A）；φ_1 是基波电流与电压的相位差。式（9.5）表明，功率因数 λ 是由基波的相移因数 $\cos\varphi_1$ 和电流的正弦因数 μ 的乘积。正弦因数 μ 的定义式为

$$\mu = \frac{I_1}{I} = \frac{I_1}{\sqrt{I_1^2 + \sum_{n=2}^{\infty} I_i^2}} = \frac{1}{\sqrt{1 + \mathrm{THD}^2}} \tag{9.6a}$$

$$\mathrm{THD} = \sqrt{\sum_{n=2}^{\infty} (I_i/I_1)^2} \tag{9.6b}$$

式中，THD 是电流总谐波失真。

由式（9.6a）可知，THD 值越小，则 μ 值越高。理想工况是电流无高次谐波分量，即 THD = 0，μ = 1，功率因数的表达式变为

$$\lambda = \mu\cos\varphi_1 \Big|_{\mu=1} = \cos\varphi_1 \tag{9.7}$$

式（9.7）表明，在正弦电路中，功率因数可用基波相移因数 $\cos\varphi_1$ 表示。这就是传统功率因数的定义式。

在图 9.2a 所示电路中，若用一个线性电阻替代滤波电容 C_o，则式（9.7）变为

$$\lambda = \mu\cos\varphi_1 \Big|_{\mu=1,\varphi_1=0} = 1 \tag{9.8}$$

由此可见，功率因数校正（PFC）技术的目的是使输入电流正弦化和等效电阻线性化。当 λ = 1，电网对整流电路仅提供有功功率。

2）输出电压恒定 U_{o1} = 常数，在第 6 章已经述及，对于开关变换器，如果输入电压波动范围太大，会导致系统难以稳定，由此引出了宽输入电压开关变换器的稳定性问题。为了避免宽输入电压范围的不稳定性问题，整流电路的理想模型要求其输出电压基本恒定。

3）能够快速调节输出电压，使其具有良好的动态特性　如图 9.1 所示，整流器的负载为开关变换器，开关变换器的负载也许是高速数字电路，例如 CPU，而且一些高速的 CPU 会以 GHz 频率工作，因此要求整流电路具有快速调节能力。

9.1.2　传统整流电路存在的问题

传统整流电路如图 9.2a 所示。当输入电压无高次谐波时，输入电流波形如图 9.2b 所示，由图可知，在整流二极管的非线性和容性负载的共同作用下，电流出现了严重的失真，计算结果是电流正弦因数 μ 为 0.6~0.7，输入功率因数 λ 为 0.5~0.6，由于开关电源是一个量大面广的用电设备，因此会给电网造成严重的危害。

图 9.3 所示为传统整流电路输入电压和输入电流波形及其输出电流的频谱分布，由图可知：

1）输入电流只有奇数次谐波，没有偶次谐波。

2）高次谐波幅度按指数曲线衰减，其中 3 次谐波占比高达 77.5%，高次谐波主要集中在低频段。

3）THD = 95.6%，谐波失真非常严重，λ = 0.683，无功功率相当大。

9.1.3　IEC 61000-3-2D 类谐波标准

随着开关电源技术的普及与广泛应用，传统整流器带来的谐波问题日益突出。为此，国际电工技术委员会制定了有关规定，强制要求接入电网的开关电源类产品必须满足相应标准，以减少对电网的谐波污染，由此产生的 IEC 61000-3-2D 类谐波标准见表 9.1，许多国家也制定更加严格的标准，以促进国内电源技术的提高。开关电源制造厂家为了使其产品满足国际标准，进入国际市场，往往采用如图 9.1 所示的标准两级结构。在标准两级结构中，第一级是 PFC 级，通常采用

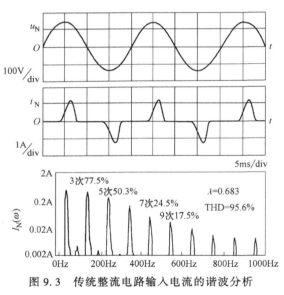

图 9.3　传统整流电路输入电流的谐波分析

Boost 变换器，其任务是实现输入电流的正弦化，并为后级开关变换器提供稳定直流电压。第二级就是开关变换器。标准化结构的优点是，两级电路解耦控制，易于调试，技术相对成熟，缺点是整机效率较低、成本比较高，适合于大功率应用场合。

表 9.1　IEC 61000-3-2D 类谐波标准

谐波次数 n	3	5	7	9	11	13	15≤n≤39
相对值/（mA/W）（按有效值计）	3.40	1.90	1.00	0.50	0.35	0.296	3.85/n
最大值/A（按有效值计）	2.30	1.14	0.77	0.40	0.33	0.21	2.25/n

对于计算机电源和电子镇流器以及各种适配器而言，产品市场竞争力的最重要指标是效

率和性价比，此外的另外一个重要原因是，IEC 谐波标准中给出了两类标准，即相对值标准和最大值标准。对于小功率电源，由于输入电流比较小，更容易满足最大值标准。基于上述两个原因，单级 PFC 电路应运而生，它是将两级电路集成为一级的单管电路（single-stage single-switch，4S 电路）。本书主要讲述两级标准结构的有关内容，对单级 PFC 电路有兴趣的读者可另行参考其他有关资料。

9.2　有源 PFC 电路

9.2.1　有源 PFC 电路的拓扑结构

传统在线开关电源使用了如图 9.2 所示整流电路。为了给后级开关变换器提供一个近似平滑的直流电压，在整流器的输出端口并联一个容量较大的滤波电容。在滤波电容和二极管非线性的共同作用下，输入电流会变为周期性尖峰脉冲，产生丰富的高次谐波，对电网造成严重的污染。因此，对于如图 9.2 所示整流电路而言，得到平滑直流输出电压与输入电流正弦化之间存在着一对不可调和的结构性矛盾。协调这对矛盾的方法是，在整流器与输出电容之间再插入一个电路，令其输入端等效为一个纯电阻，保证输入电流的为正弦波，输出端提供恒定的直流电压。新插入的电路被称为有源 PFC 电路（active power factor correction，APFC），如图 9.4 所示。

由图 9.4 所示 APFC 的拓扑结构可见，在整流桥与滤波电容之间插入了 Boost 变换器。其原因如下：

1）Boost 变换器是一个升压电路，所以即使在正弦输入电压过零点附近，仍然可以从电网汲取能量。这是实现输入电流正弦化的必要条件。

2）Boost 变换器具有输入电流连续的优点，可以减少脉动电流对电网的干扰，类似的拓扑还有 Cuk 变换器和 Sepic 变换器。

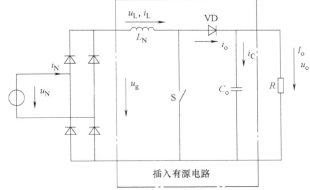

图 9.4　APFC 的拓扑结构

3）全球电网主要分为 110V 和 220V 两种电压规格，使用 Boost 变化器可以使 APFC 输入电压有效值的范围扩展到 85~264V，以适应全球的主要电网。

4）输出电压范围规定为 360~400V，避免后级开关变换器工作在宽输入电压范围工况，有利其稳定性。

5）电感 L_N 一般为几十到数百微亨，由此产生的无功功率可以与输出电容 C_o 交换，所以电路不会向电网注入无功功率。

9.2.2　APFC 电路的工作原理

（1）APFC 电路的理想模型　理想条件如下：

1）假设输入电压为无畸变的正弦信号，表示为 $u_N = U_{Nm}\sin\omega t$，则整流电路的输出电压

为 $u_g = U_{Nm}|\sin\omega t|$。

2）假设输入端的功率因数 $\lambda = 1$，则输入电流与输入电压是同频同相的，表示为 $i_N = I_{Im}\sin\omega t$，则整流器的输出电流等于电感 L_N 的电流，$i_L = |i_N| = I_{Im}|\sin\omega t|$。

3）假设输出电压恒定，表示为 $u_o = U_o$。

4）假设整个电路无功率损耗，则输入功率等于输出功率，$u_N i_N = U_o i_o$。

输出电流表示为

$$i_o = \frac{u_N i_N}{U_o} = \frac{U_{Nm}I_{Nm}}{U_o}\sin^2\omega t = I_o(1-\cos 2\omega t) \tag{9.9a}$$

式中，I_o 定义为

$$I_o = \frac{U_{Nm}I_{Nm}}{U_o} \tag{9.9b}$$

输出瞬态功率 p_o 为

$$p_o = U_o I_o(1-\cos 2\omega t) \tag{9.10a}$$

平均输出功率 P_o 为

$$P_o = \frac{1}{T}\int_0^T i_o u_o \mathrm{d}t = U_o I_o \tag{9.10b}$$

整流器输出电压、电感电流和输出功率的波形分别如图 9.5a 和图 9.5b 所示。

由式（9.9a）可知，追求输入电流正弦化理想目标的代价是 APFC 的输出电流中含有直流分量 I_o 和 2 次谐波电流。输出电流的波形如图 9.5c 所示。在图 9.4 所示电路中，输出电流的表达式为

$$i_o = I_o + i_c = I_o - I_o\cos 2\omega t \tag{9.11a}$$

式中，电阻上电压等于直流输出电压，即

$$U_o = I_o R \tag{9.11b}$$

流过电容的电流为

$$i_c = -I_o\cos 2\omega t \tag{9.11c}$$

输出电压的交流分量等于电容上的交流电压，即

$$u_o = \frac{-I_o\sin 2\omega t}{2\omega C_o} \tag{9.11d}$$

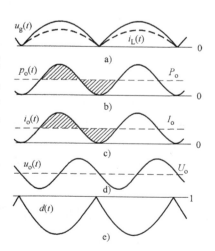

输出电压如图 9.5d 所示，由图可知，输出电压的波形是在直流分量上叠加了一个二次谐波。通常，C_o 的电容值很大，可以忽略交流成分的影响，认为输出电压为一个恒定的直流电压。但在设计电压控制环时，二次谐波不能忽略，否则会使输入电流出现较严重的失真。

（2）APFC 电路的工作原理　假设电路的开关频率足够高、电感 L_N 足够大，以至于使 L_N 工作在 CCM 模式；假设输出电容 C_o 足够大、输出电压的直流分量足够大，以至于使输出电流 i_o 二次谐波在电容产生的谐波电压可以忽略不计，输出电压保持恒定。这种情况下，仍以图 9.4 所示的 APFC 电路为例，介绍其工作原理。在

图 9.5　APFC 的主要波形

$[0, DT_s]$ 时间区间内，开关 S 闭合，等效电路如图 9.6a 所示，由图可知，电感电压等于整流电压 u_g，从电网汲取能量，电感电流的变化率为

$$\frac{\mathrm{d}i_L}{\mathrm{d}t} = \frac{u_g}{L_N} = \frac{U_{Nm}}{L_N} |\sin\omega t| \qquad (9.12a)$$

由于电感电压和电流的方向一致，所以电感处在充磁状态。在输出侧，输出电压依靠电容 C_o 放电维持。

在 $[DT_s, T_s]$ 的时间区间内，开关 S 断开，续流二极管 VD 导通，等效电路如图 9.6b 所示，由图可知，电感电压等于 $(U_o - u_g)$，电感电流的变化率为

$$\frac{\mathrm{d}i_L}{\mathrm{d}t} = -\frac{U_o - u_g}{L_N} = -\frac{1}{L_N}(U_o - U_{Nm} |\sin\omega t|) \qquad (9.12b)$$

因为 Boost 变换器是一个升压电路，$U_o > u_g$，电感电流下降，将已存储在电感中的能量泄放给输出电容和负载，因此电容 C_o 处在充电状态。

假定电感工作在 CCM 模式，则电感电流的瞬时值是在平均值 i_L 的基础上叠加了一个纹波，如图 9.6c 所示，由图可知，在整流电压峰值点附近，在一个高频周期 T_s 内，电感电流的净增量 Δi_L 远远小于平均值 i_L，所以可以认为电感进入准稳态，则伏秒平衡原理近似成立。由此得到

$$u_g DT_s = (U_o - u_g)D_o T_s, u_g = U_{Nm} |\sin\omega t|$$

即

$$D_o = \frac{U_{Nm} |\sin\omega t|}{U_o} \qquad (9.13a)$$

$$D = 1 - \frac{U_{Nm} |\sin\omega t|}{U_o} \qquad (9.13b)$$

由式（9.13）可见，在整流电压的过零点，占空比达到最大值 1，在整流电压的峰值点附近，占空比到达最小值，如图 9.6d 所示。因此，APFC 电路采用了 SPWM 技术，即占空比随整流电压变化而反向变化。

9.2.3 APFC 电路的控制原理

控制电路需要完成如下任务：

1）实现电感 L_N 电流 i_L 跟踪整流电压 u_g，实现输入电流的正弦化。

2）调节输出直流电压 u_o，确保在宽输入电压范围内保持输出基本稳定。

3）减少输入电压宽范围变化对电压环的影响。

（1）控制电路的结构　图 9.7 所示为 APFC 电路 SPWM 控制的原理图，其中点画线框内是控制电路。由图可知，控制电路中含有电流内环和电压外环。电流内环是由电流误差放大器 C/A、比较器 A、驱动

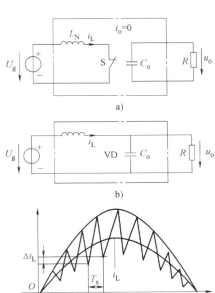

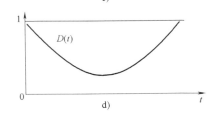

图 9.6　APFC 等效电路及其主要波形

电路等组成。反馈量是误差电流采样电阻 R_s 的电压 u_{rI}，它正比于电感电流 i_L，内环的设定值为 U_{rI}，由电压外环提供。电压外环是由电压误差控制器 V/A 和乘法器以及电流内环组成。

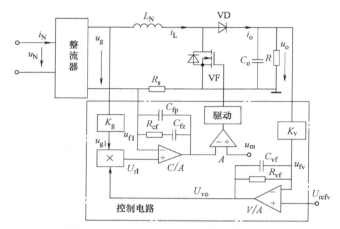

图 9.7　APFC 电路 SPWM 控制的原理图

（2）电流内环的跟踪功能　电流内环的功能是，令 R_s 的电流（或电感电流）跟踪整流电压 u_g。因为 u_g 是一个全波整流的正弦信号，所以电流环隶属于波形控制，其设定值 U_{rI} 含有正弦信号的波形因子 u_{g1} 和 V/A 的输出 u_{vo} 提供的幅度因子，表示为

$$U_{rI} = U_{vo} u_{g1} \tag{9.14a}$$

电流反馈量为

$$u_{fI} = i_L R_s \tag{9.14b}$$

因为电流误差控制器 C/A 采用 PI 控制，假定对于 100Hz 信号的增益趋近于无限大，则在稳态时，C/A 的误差信号等于零，即反馈量等于设定值，即

$$u_{fI} = U_{rI} \tag{9.15a}$$

$$i_L = \frac{U_{vo} u_{g1}}{R_s} \tag{9.15b}$$

式中，U_{vo} 是电压误差放大器的输出电压，稳态时是一个常数。

式（9.15）表明，电感电流 i_L 具有跟踪整流电压 u_{g1} 的能力，实现了输入电流的正弦化。

（3）输出电压的自动调节　电压误差放大器 V/A 的反馈网络是一个电阻和电容组成的并联网络，并联电容的目的是对输出电压的二次谐波电压进行移相控制，以免出现谐波失真，这在 9.3.3 节将详细论述。所以在电压环的定性分析过程中，V/A 可以认为是一个反相放大器，其反馈量 U_{fv} 是 PFC 电路输出电压 U_o 的采样值，设定值为一个直流量 U_{refv}。

由式（9.13a）可知，当输入电压突然增加，若系统没有调节能力或来不及调节，仍然维持现有 D_o 值，则输出电压随之上升，反馈电压 U_{fv} 随之上升，经过反相电压放大器后，使得 V/A 的输出量 U_{vo} 减少，导致电流环的设定值 U_{rI} 减少。因为假定 D_o 值维持不变，则电流反馈信号 U_{fI} 维持不变，则误差量 $\Delta U_{eI}<0$，电流误差放大器中的反馈电容积分，使得电

流控制器的输出电压增加。由于比较器 A 的反相作用，占空比 D 减少，而 D_o 增加。D_o 增加促使输出电压减少，最终维持输出电压不变；占空比 D 减少将导致输入电流 i_L 的高频平均值减少，以维持输入功率保持不变。因此，电压环的功能主要是通过控制输入功率稳定输出电压。当负载加重时，输出电压降低，输入电流的高频平均值 i_L 增加，输入功率增加，维持输出电压基本稳定。

9.3 典型 CCM-APFC 电路

APFC 电路已经得到了广泛应用与普及，并成为开关电源的基础技术之一。在 9.1.3 节已经述及，大中功率开关电源采用如图 9.1 所示的标准两级结构，第一级是 PFC 电路、第二级是开关变换器，在小功率开关电源中多采用单级 PFC 电路，将两级电路集成为一级 4S 电路。相对而言，标准两级结构的应用更为广泛。在标准结构中，单相 PFC 电路通常要求适应全球电网，其输入电压有效值范围为 85~264V，常有 50 和 60Hz 等两种频率，其输出电压一般在 360~400V 之间的直流。本节介绍 UC3854 及其控制的 Boost 型 APFC 电路。9.4 节简述 L6551 及其控制的 Flyback 型 APFC 电路。另外，CCM-APFC 电路的控制电路设计一直是 PFC 电路的难点，本节将详细研究平均电流控制环路设计和电压控制环路设计。

9.3.1 UC3854 控制 APFC 电路的工作原理

UC3854 是一种平均电流控制模式的恒频率 PWM 芯片，开关频率高达 200kHz，芯片具有稳定性高与失真低等一系列特点，适应于大功率 APFC 电路的控制。芯片功能齐全，提供了 7.5V 的基准电压，具有软启动、供电电压保护和过电流保护等功能，并采用了平均电流控制和输出电压控制。该芯片为一系列产品，UC3854N 是基本型，UC3854AN 和 UC3854BN 为改进型，改进型芯片仅在参考电压值、启动电压等几处稍有变动，使用方法几乎一致。图 9.8 所示为 UC3854N 的内部结构图。图 9.9 所示为 250W 的 UC3854N 控制的 Boost 型 CCM-APFC 电路图。

（1）供电端　第 1 脚 GND 是接地端，第 15 脚 VCC 是电源端。内部含有滞回比较器构

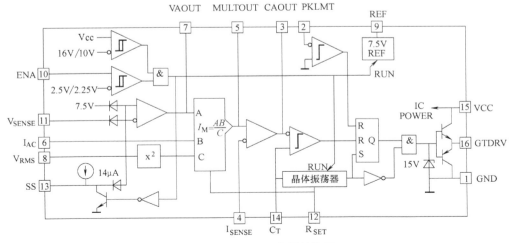

图 9.8　UC3854N 内部结构图

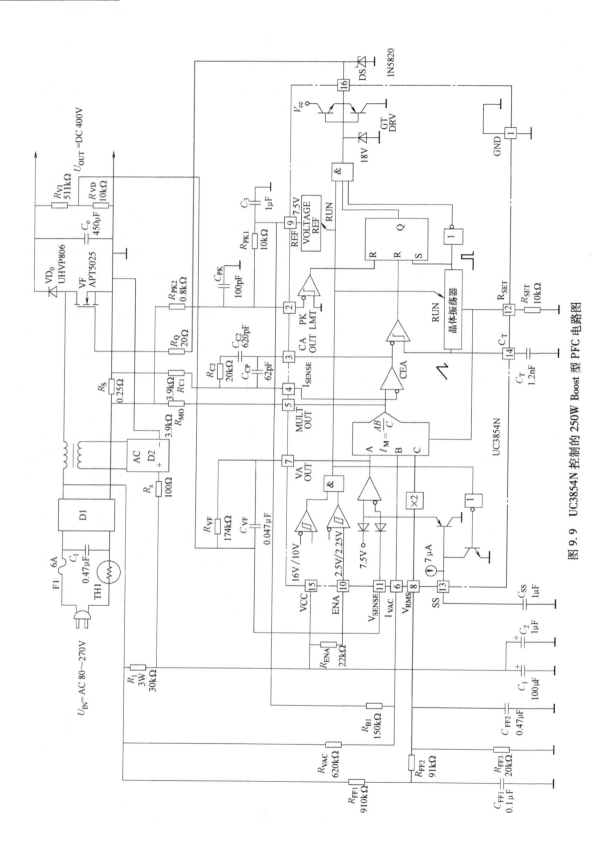

图 9.9　UC3854N 控制的 250W Boost 型 PFC 电路图

成的欠电压锁定保护功能。当供电电压高于启动电压，芯片开始工作；当供电电压低于最低工作电压，芯片停止工作。UC3854N 和 UC3854AN 启动电压较高，正常供电电压一般应低于启动电压，使用时需要启动电路，UC3854BN 启动电压低，不需要启动电路。

当芯片供电正常时，第 9 脚 REF 提供 7.5V 基准电压。

（2）振荡器 芯片的工作频率由第 14 脚 C_T 和第 12 脚 R_{SET} 设定，且在 C_T 上产生锯齿波作为高频载波信号。振荡频率公式为

$$C_T = \frac{1.25}{R_{SET}f_s} \tag{9.16}$$

（3）输出级 第 16 脚 GTDRV 是驱动脉冲的输出端，输出级采用推挽电路，驱动电流的峰值可以达到 1A。

（4）使能端与软启动端 第 10 脚 ENA 是使能端，高电平有效。第 13 脚 SS 是软启动端，需要外接软启动电容 C_{SS}，由内部 14μA 的电流源为其充电，使得 SS 端的电压逐步升高。在系统启动阶段，SS 端电压低于电压环参考电压，电压环的参考电压被 SS 脚电压钳位，以防止启动过程开关变换电路的过冲现象和控制器的饱和现象，使得系统逐步有序地进入稳态。当 SS 端的电压高于电压环的参考电压后，软启动完成。

（5）电压误差放大器 第 11 脚 V_{SENSE} 和第 7 脚 VAOUT 分别是放大器的反相输入端和输出端，同相输入端内置了一个参考电压，UC3854N 为 7.5V，UC3854AN 和 UC3854BN 为 3V。误差电压放大器是电压控制外环的控制器，V_{SENSE} 的电压是 APFC 电路输出电压的采样值，采样网络是电阻 R_{VI} 和 R_{VD} 组成分压器。输出 VAOUT 脚电压，为电流内环设定值提供幅度因子。

（6）电网电压有效值采样端 第 8 脚 V_{RMS} 是整流电压有效值采样端。全波整流输出电压经过二级 LPF 后，得到电网电压的有效值。该有效值经过二次方电路后送入芯片内部乘法器作为分母，以抵消电网电压有效值变化对电压环的影响，满足 $85 \sim 264 U_{rms}$ 宽输入电压范围的要求。二级 LPF 的参数满足

$$C_{FF1}R_{FF2} = C_{FF2}R_{FF3} = \frac{1}{2\pi f_p} \tag{9.17}$$

式中，f_p 是 LPF 的截止频率，取 $f_p = 0.3f_g$，使得 3 次谐波电流约为 1.5%，f_g 是电网频率。对于不同的输入电压范围，需要合理调节 R_{FF1}，改变滤波器的分压比，使第 8 脚电压在有效电压范围内。改进型芯片的有效电压范围更宽。

（7）波形形状因子采样端 第 6 脚 I_{AC} 或 I_{VAC} 是波形形状因子采样端。在整流器输出端与第 6 脚之间跨接电阻 R_{VAC}，得到 $I_{AC} \approx U_g/R_{VAC}$。$I_{AC}$ 中含有整流电压的波形形状信号，将其送至内部乘法器作为电流设定值的波形形状因子。为了防止整流电压过零点附近产生交越失真，UC3854N 的第 6 脚（I_{VAC}）的电压为 6V，需要在第 6 脚与第 9 脚 REF 之间跨接一个补偿用电阻 R_{B1}（其值为 R_{VAC} 的 1/4），以便提供静态工作点。UC3854AN 和 UC3854BN 的 I_{VAC} 引脚电压为 0.5V，不需要补偿。

（8）内置乘法器 乘法器有三路输入：

1）A 路为 VAOUT 引脚的电压。它是 APFC 电路输出电压采样值，经过电压误差放大器后，给出电流设定值的幅值信号。由于 APFC 电路输出电压中含有直流分量和二次谐波分量，需要误差电压放大器对其移相，使其与整流电压同频同相，否则二次谐波分量将引起电

流的谐波失真。

2）B 路为 I_{VAC} 引脚电流，是整流电压的波形形状因子，该电流的有效值通常取 $300\mu A$ 左右。

3）C 路为 V_{RMS} 端，是电网电压有效值的采样值，经过二次方运算器送入乘法器作为分母。第 5 脚 MULTOUT 是乘法器的输出端，为电流环提供电流设定值，通常取 $150\mu A$ 左右峰值，$I_{MULTOUT}$ 的表达式为

$$I_{MULTOUT} = \frac{kI_{VAC}(U_{VAOUT}-1)}{U_{VRMS^2}}, \quad (\text{UC3854N})$$

$$I_{MULTOUT} = \frac{kI_{VAC}(U_{VAOUT}-1.5)}{U_{VRMS^2}}, \quad (\text{UC3854AN 或 UC3854BN}) \qquad (9.18)$$

（9）电流误差放大器　第 4 脚（I_{SENSE}）经过电阻 R_{C1} 接地，第 5 脚（MULTOUT）为乘法器输出端，经电阻 R_{MO} 连接到电流采样电阻 R_S。考虑 R_S 的电流方向，电流取样电压为负值。R_{C1} 和 R_{MO} 是大小相等的电阻，形成差分放大器，减小电流采样信号的共模干扰。参考电流 $I_{MULTOUT}$ 在电阻 R_{MO} 上产生正电压，而 R_S 两端的电流取样电压为负电压，两个电压大小接近，方向相反。因此，进入稳态后，R_{MO} 上的正电压略小于 R_S 的负电压，使得电流误差放大器第 3 脚（CAOUT）输出电压为整流电压的反相信号，类似于图 9.6d 所示波形，对应 PWM 驱动信号的占比波形如图 9.6d 所示。

（10）驱动脉冲形成的过程　在每个周期开始时，振荡器输出一个窄脉冲，令 S = 1，使得 RS 触发置 1，输出正脉冲，开关管导通，电感电流开始增加，而采样电阻 R_S 两端的电压开始下降，放大器 CAOUT 端的输出电压也随之下降。CAOUT 端与 C_T 端上的锯齿波是 PWM 比较器的两个输入。在一个周期起始点，因为 CAOUT 端的电压大于 C_T 端的电压，PWM 比较器输出低电平。随后 CAOUT 端的电压随电感电流增加而下降，而 C_T 端的电压线性上升。当 CAOUT 端的电压等于 C_T 端上的电压时，PWM 比较器输出高电平，令 R = 1，使得 RS 触发器置 0，停止输出正脉冲。

（11）第 2 脚的 PKLMT 峰值电流保护端　RS 触发器的另一个 R 端连接到峰值电流保护比较器的输出端。峰值电流保护比较器的输入端，即 PKMLT 端的信号是 R_S 两端的取样电压与 7.5V 参考电压共同的分压值，当 PKMLT 端的信号小于零时，则关断驱动信号。调节 R_{PK1} 和 R_{PK2} 电阻可以调整保护值的大小，设置的保护值应有一定的余量。

9.3.2　平均电流控制的环路设计

（1）平均电流控制器-误差电流放大器的理想要求

1）因为整流波形中含有主要成分为直流分量。因此，直流增益应为无限大，以消除静态误差。

2）由表 9.1 可知，IEC 61000-3-2D 类谐波标准的最高次谐波限定为 39 次谐波。若电网频率为 $50\sim60Hz$，则整流后基波的频率为 $100\sim120Hz$，3 次谐波的频率为 $300\sim360Hz$，最高次谐波的频率为 $3.9\sim4.68kHz$。因此电流控制器至少在 100Hz～5kHz 范围内具有平坦的幅频特性和线性相频，以消除误差电流放大器产生幅度与相位失真。

3）为了消除开关频率产生干扰，在大于开关频率 f_s 的区域，幅频特性要有明显衰减。

基于上述理想要求，在所示的常用控制器中，选择单极点单零点控制器，如图 9.10 所示。

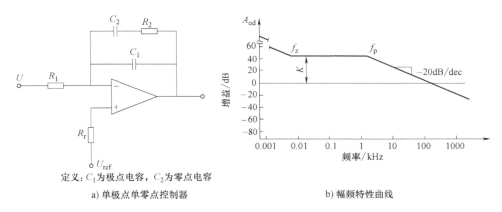

定义：C_1 为极点电容，C_2 为零点电容

a) 单极点单零点控制器　　　　　　　　　b) 幅频特性曲线

图 9.10　单极点单零点控制器及其幅频特性

单极点单零点控制器的传递函数为

$$G_{ca}(s) = \frac{K_c(1+s/\omega_z)}{s(1+s/\omega_p)}$$

$$K_c = \frac{R_2}{R_1}, \omega_z = \frac{1}{R_2 C_2}, \omega_p = \frac{1}{R_2 C_1} \tag{9.19}$$

在图 9.9 所示的 APFC 电路中，误差电流放大器 CEA 的拓扑结构与单极点单零点控制器完全相同。

（2）平均电流控制的斜坡匹配准则　为研究平均电流控制环的稳定性，将平均电流控制环从图 9.9 所示电路中分离出来，形成平均电流控制环的等效电路，如图 9.11 所示。在等效电路中，将原电路中由比较器、振荡器、RS 触发器、逻辑电路和输出级等组成的 PWM 替换为理想 PWM 比较器 A 和驱动器。这种替换未改变原电路的逻辑关系和数量关系。另外，图 9.11 中 I_{cp} 表示乘法器的输出电流，它是电流环的设定值。

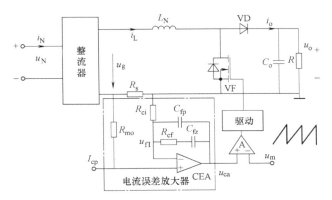

图 9.11　平均电流控制环的等效电路

为了研究平均电流控制的特殊问题——谐波匹配准则，这里简单分析平均电流环的动态控制过程。在每个周期开始，放大器输出电压 u_{ca} 大于锯齿波电压 u_m，比较器 A 输出高电平，经过驱动电路后，令开关管 VF 导通。因为电感工作在 CCM 模式，VF 导通后，电感电流 i_L 开始增加，采样电阻 R_s 的电位开始下降，经过误差电流放大器 CEA，使其输出 u_{ca} 下

降。当 $u_{ca} = u_m$ 时，A 输出低电平，VF 停止工作，二极管 VD 导通。对于 Boost 变换器，续流二极管 VD 导通后，电感电流开始下降，斜率为 $(U_o - U_g)/L_N$，R_s 的电位开始增加，经过 CEA 后，u_{ca} 开始增加。也就是说，在 VD 续流区间，A 的两个输入端电压均处在上升阶段，由此引出了斜波匹配问题。斜波匹配的准则是，误差放大器输出信号的上升斜率一定要小于等于锯齿波的上升斜率，否则电流环将会出现次谐波振荡。

（3）平均电流控制器设计

已知参数：$U_o = 400\text{V}$，$R_s = 0.25\Omega$，$L_N = 1\text{mH}$，$f_s = 100\text{kHz}$，$U_m = 5.2\text{V}$。

电感电流下降斜率为

$$(U_o - u_g)/L_N$$

式中，U_o 和 u_g 分别是 APFC 的输出电压和整流电压。在整流电压过零点，下降斜率最大，是最坏工况，为

$$U_o/L_N$$

锯齿波的斜率为

$$U_m/T_s$$

式中，U_m 和 T_s 分别是锯齿波的峰-峰值和振荡周期。

斜波匹配公式为

$$\frac{U_o}{L_N} R_s G_{ca} \leqslant U_m f_s$$

式中，G_{ca} 是放大器的增益。

最大增益公式为

$$G_{ca} = \frac{\hat{u}_{ca}}{\hat{u}_{R_s}} = \frac{U_m f_s L_N}{U_o R_s} \tag{9.20}$$

式（9.20）为误差电流放大器在中频段的最大增益公式。由此得到电流控制器中频段的设计方法。

令单极点单零点控制器的中频增益 K_c 为

$$K_c = G_{ca} = \frac{U_m f_s L_N}{U_o R_s} = \frac{5.2 \times 100 \times 10^3 \times 1 \times 10^{-3}}{400 \times 0.25} = 5.2$$

取 $R_{ci} = R_{mo} = 3.9\text{k}\Omega$，则反馈电阻 R_{cf} 为

$$R_{cf} = K_c R_{ci} = 5.2 \times 3.9\Omega = 20.28\text{k}\Omega$$

取标称值，$R_{cf} = 20\text{k}\Omega$。

开关变换器的小信号模型为

$$G_{cRs} = \frac{\hat{u}_{Rs}}{\hat{u}_{ca}} = \left(\frac{1}{U_m}\right)\left(\frac{U_o}{sL_N}\right)R_s \tag{9.21}$$

式中，$\frac{1}{U_m}$ 是 PWM 的小信号模型；$\frac{U_o}{sL_N}$ 是电感电流斜率模型；$\left(\frac{U_o}{sL_N}\right)R_s$ 是采样电阻 R_s 电压的上升斜率。

令 $s = j\omega$，由式（9.20）和式（9.21），得到最大增益条件下环路增益模的表达式为

$$|T(f)| = |G_{ca}G_{cRs}| = \left(\frac{U_m f_s L_N}{U_o R_s}\right)\left(\frac{U_o}{U_m 2\pi f L_N} R_s\right) = \frac{f_s}{2\pi f} \tag{9.22}$$

由式（9.22）得到最大穿越频率 f_{cmax} 为

$$|T(f_c)| = \frac{f_s}{2\pi f_c} = 1$$

$$f_{cmax} = \frac{f_s}{2\pi} = \frac{100}{2\pi} kHz = 15.9kHz$$

在设计中，穿越频率应小于 f_{cmax}，选取穿越频率 $f_c = 12.5kHz$。为了在穿越频率点获得 45°的相位裕度，令控制器的零点频率等于穿越频率，则零点电容 C_{fz} 为

$$C_{fz} = \frac{1}{2\pi f_c R_{cf}} = \frac{1}{2\pi \times 12.5 \times 10^3 \times 20 \times 10^3} F = 636.6pF$$

取标称值，$C_{fz} = 620pF$，对应的穿越频率为 12.8kHz，则相位裕度略超过 45°。

为了避免极点频率对相位裕度的影响，应将误差放大器的极点频率设置在 $10f_c$，则电容 $C_{fp} = C_{fz}/10 = 62pF$。这些参数与图 9.9 所示电路图中误差电流放大器的参数完全一致。

（4）频率特性

功率级的传递函数为

$$G_{cRs} = \frac{\hat{u}_{Rs}}{\hat{u}_{ca}} = \frac{U_o R_s}{j2\pi f U_m L_N} = \frac{400 \times 0.25}{j2\pi f \times 5.2 \times 1 \times 10^{-3}} = \frac{3.06 \times 10^3}{jf} \tag{9.23}$$

误差放大器-电流控制器的传递函数为

$$G_{ca}(s) = \frac{K_c(1 + s/\omega_z)}{s(1 + s/\omega_p)} \tag{9.24}$$

由 $K_c = 5.2$，$\omega_z = 2\pi f_c$，$\omega_p = 20\pi f_c$ 可得，$f_c = 12.5kHz$。

环路增益的传递函数为

$$T(s) = G_{ca}(s)G_{cRs}(s) \tag{9.25}$$

用式（9.23）、式（9.24）和式（9.25）绘制电流环的三条频率特性，如图 9.12 所示。应该指出，误差放大器的中频区间为 12.8 ~ 128kHz，这是不甚合理的，因为原设计要求中频段为 100Hz ~ 5kHz，目的在于使得 3 次谐波到 39 次谐波得到等比例放大，消除幅度失真。主要原因在于 100Hz 零点频率太低，制约了穿越频率。有兴趣的读者可自行探讨，提出改进方案。

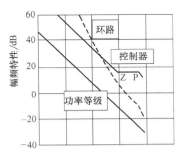

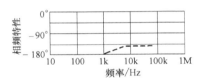

图 9.12 电流环路的
频率特性曲线

9.3.3 APFC 电路电压环设计

为研究电压外环的控制特性，将电压环从图 9.9 中分离出来，形成电压控制环的等效电路，如图 9.13 所示。在等效电路中，将原电路电流误差放大，PWM 和驱动电路等部分替换为电流控制器。电流控制器的设定值为乘法器的输出电流 i_{cp}，反馈信号为电流采样电阻 R_s 两

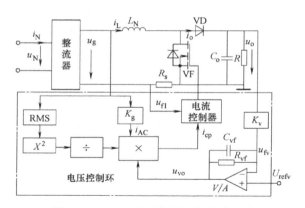

图 9.13　APFC 电压控制环的等效电路

端电压。

（1）开关变换器二次谐波的波形与相位　图 9.14 所示为 APFC 电压环的主要波形。整流器输出电压、电感电流和输出功率的波形分别如图 9.14a 和图 9.14b 所示。APFC 的输出电流中含有直流分量 I_o 和二次谐波电流，波形如图 9.14c 所示。对照图 9.14a 与图 9.14c 可知，二次谐波电流的最小值点与 U_g 和 i_g 的过零点相同。然而当二次电流流过电容 C_o 后，输出端产生二次谐波电压的最小值却滞后了 90°，如图 9.14d 所示。在图 9.13 所示电路中，电压控制器 V/A 是一个反相放大器。因此，二次谐波电压通过 V/A 后，其输出首先要移相 180°。

（2）电压控制器的传递函数　电压控制器的传递函数为

$$G_{ca}(s) = -\frac{K_c}{(1+s/\omega_p)}, \quad \omega_p = \frac{1}{R_{vf}C_{vf}} \qquad (9.26)$$

若二次谐波的频率 $2\omega_g$ 大于或等于 10 倍的极点频率 ω_p，则极点附加的相移等于 90°。整个移相公式为

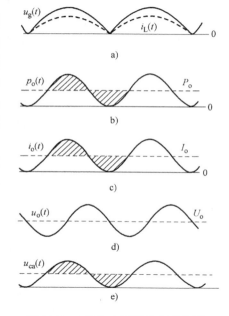

图 9.14　APFC 电压环的主要波形

$$i_o \xrightarrow{\;C_o\;} 90° \xrightarrow{\text{反相器}(\pi)} 270° \xrightarrow{\text{反馈网络}(\pi/2)} 2\pi \qquad (9.27)$$

由式（9.27）可知，电压控制器输出二次谐波电压的最小值与 i_o 和 u_g 的过零点重合，如图 9.14e 所示。可以消除二次谐波引起的相位误差。

（3）电流控制器的设定值　在图 9.9 所示电路中，在整流器输出端与第 6 脚之间跨接电阻 R_{VAC}，得到波形形状因子 I_{AC}，表示为

$$i_{AC} \approx \frac{u_g}{R_{VAC}} = \frac{U_{Nm}|\sin\omega t|}{R_{VAC}} = K_g U_{Nm}|\sin\omega t|$$

式中含有电网电压的幅值信息 U_{Nm}，在图 9.13 中，$K_g = 1/R_{VAC}$。

根据图 9.14d 所示，APFC 二次谐波输出电压的表达式为

$$u_o = \frac{-U_{Nm}I_{Nm}\sin 2\omega t}{2\omega C_o U_o}$$

式中也含有电网电压的幅值信息 U_{Nm}，经过电压控制器放大后，其输出 u_{vo} 也一定含有幅值信息 U_{Nm}。

在图 9.9 所示电路中，整流电压经过二阶 LPF 后，得到电网电压有效值 U_{RMS}，再经过二次方计算器，得到有效值的二次方值。在图 9.13 所示电路中，"RMS" 表示提取电网电压的有效值信息，"X^2" 表示有效值的二次方运算，除号 "÷" 表示取倒数。

将乘法器输出电流公式，即式（9.18）改写为

$$I_{cp} = \frac{ki_{AC}(u_{vo}-1)}{U_{RMS}^2}$$

由上面分析可知，分子的 i_{AC} 和 u_{vo} 中均含有电网电压有效值的信息，分母为有效值的二次方，恰好抵消分子中的有效值。所以结果不含电网电压有效值的信息。这种处理后，电压环的环路增益与电网电压的有效值无关。这是前馈的主要作用。

（4）电压控制器　通常为了稳定输出电压，电压控制器采用 PI 和 PID 控制器。然而在 APFC 电路中则是用 LPF 作为电压控制器，这带来的问题是：

1）不能实现无净差控制。换句话讲，改变负载或输入电压，输出电压总会有一定的变化。

2）无法抑制输出电压中二次交流谐波的影响。

上述问题也是 APFC 电路的本质特征所致。如果希望通过电压控制稳定输出并消除二次谐波的影响是不可能的。因此，对于 APFC 电路而言，实现输入电流正弦化与稳定输出电压是一对不可协调的矛盾。

9.4　临界模式的 APFC 电路

当 Boost 变换器工作在临界模式时，可以消除二极管反向恢复特性引起的功率损耗。因此，近年来临界工作模式受到了工业界的普遍关注。L6561 是一种临界电流控制模式的变频率 PFC 控制芯片，典型应用有 Boost 型 PFC 电路和 Flyback 型 PFC 电路。图 9.15 所示为 L6561 的内部结构图，图 9.16 所示为 L6561 控制的 Boost 型 PFC 电路，图 9.17 是 Flyback 型 PFC 电路。

9.4.1　L6561 介绍

L6561 具有结构简单和临界工作模式等良好的特性。下面介绍各引脚的功能。

（1）供电端　第 8 脚 VCC 为供电电源端，第 6 脚 GND 是接地端。芯片内置一个 20V 稳压二极管构成过电压保护，滞回比较器构成欠电压保护电路，使其在低供电电压时不启动；VCC 电压经过内部稳压器产生 7V 电压和 2.5V 基准电压，为内部电路供电。

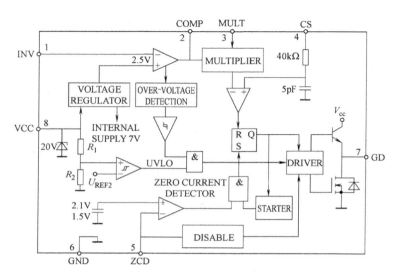

图 9.15　L6561 的内部结构图

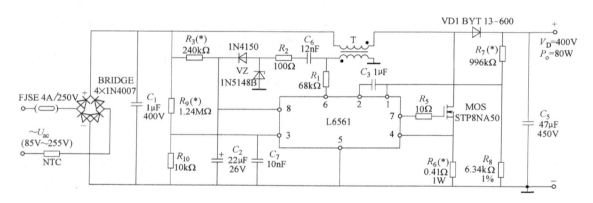

图 9.16　L6561 控制的 Boost 型 PFC 电路图

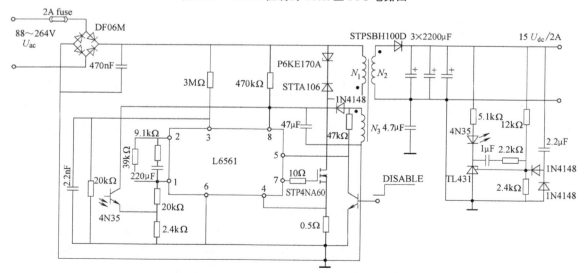

图 9.17　L6561 控制的 Flyback 型 PFC 电路图

（2）输出端　第 7 脚 GD 是驱动脉冲输出端，最大驱动电流 400mA。输出级仍为推挽电路，但不同于常规驱动电路，其上管为晶体管，下管为 MOS 晶体管。因为 L6561 工作在临界模式，当开关管开启后，漏极电流缓慢上升，而在 CCM 模式则要求漏极电流陡升，另一个原因是，由于场效应晶体管的寄生电容受控于 U_{DS}，在开启过程中，极间电容的容值由小向大变化，而在关断过程容值是由大向小变化，使得开启时间略小于关断时间。鉴于上述原因，人们希望开启时间应大于关断时间。一般而言，晶体管的开关速度要低于场效应晶体管，所以输出级这种结构良好地匹配了开启时场效应管电流缓慢上升，而关断时希望场效应管迅速关断的工况。

（3）误差电压放大器　第 1 脚 INV 是反相端，第 2 脚 COMP 是输出端，同相端内置一个 2.5V 的参考电压。在第 1 脚与第 2 脚之间跨接一个电容或阻容网络形成反馈网络，输出端为乘法器提供含有 APFC 电路输出电压信息的幅度因子，有效范围为 2~5.8V。在图 9.16 所示 Boost 型电路中，第 1 脚 INV 与 APFC 输出电压的采样电阻网络直接相连。在图 9.17 所示 Flyback 电路中，输出采样信号通常经过 TL431 和光电晶体管传输到第 1 脚 INV 端。

（4）乘法器　第 3 脚 MULT 是输入电流波形形状因子的采样端，与第 2 脚提供的幅度因子相乘产生输入电流波形的设定值信号，以便输入电流跟踪整流电压。

（5）峰值电流采样端　第 4 脚 CS 是开关管峰值电流采样端，内部的能够低通滤波器剔除电流尖峰干扰。当第 4 脚 CS 的电压高于乘法器输出的设定值时，比较器输出高电平，令 R = 1，RS 触发器置 0，芯片的输出级为低电平，关断开关管。

（6）电感电流过零检测端　第 6 脚 ZCD 是电感电流过零检测端，当电感电流变为零的瞬间，电感两端电压由正值变为零，使得内部的零电流比较器输出高电平，令 S = 1，RS 触发器置 1，芯片的输出级为高电平，使得开关管开启。

9.4.2　临界模式 Boost-PFC 的工作原理

类似于 UC3842/3/4/5 系列控制器芯片，L6561 内部不设振荡器，需要与开关变换器共同配合才能形成振荡，使得功率场效应晶体管周期性通、断。下面以图 9.16 为例，结合图 9.15，介绍 L6561 控制的 Boost-PFC 的工作原理。由于 Flyback 电路就是带电气隔离的 Boost 电路，所以二者工作原理相同，不再赘述。

当电感电流变为零瞬间，变压器 T 二次电压等于零，通过 R_1 电阻，使得第 5 脚 ZCD 的电压变为零，导致内部零电流比较器输出高电平，令 S = 1，RS 触发器置 1，芯片的输出级输出高电平，使得 MOS 管导通。整流器的输出电压-整流电压 U_g、变压器 T 的一次侧电感 L_N、MOS 管 D、S 极和电流采样电阻 R_6 形成回路，使得电感电流以 U_g/L_N 的斜率上升，电感电流的表达式为

$$i_L(t) = \frac{U_g}{L_N} t \tag{9.28}$$

采样电阻 R_6 的电压为

$$u_{R6}(t) = i_L(t) R_6 = \frac{U_g R_6}{L_N} t \tag{9.29}$$

当 $t = t_{on}$ 时，第 4 脚 CS 端，即 R_6 两端电压等于乘法器输出电压的设定值 U_{fl}，内部比较器输出高电平，令 R = 1，RS 触发器置 0，芯片输出级输出低电平，关断 MOS 管。

在 MOS 开关管关断瞬间，电感电流值为

$$i_L(t_{on}) = \frac{U_g}{L_N} t_{on} \qquad (9.30)$$

当 MOS 管关断后，续流二极管 VD1 导通，电感电流表示为

$$i_L(t) = \frac{U_g}{L_N} t_{on} - \frac{U_o - U_g}{L_N}(t - t_{on}) \qquad (9.31)$$

在式 (9.31) 中，由于 Boost 电路的输出电压 U_o 大于输入电压 U_g，电感电流开始下降。当 $t = T_s$ 时，电感电流下降为零，表示为

$$i_L(T_s) = \frac{U_g}{L_N} t_{on} - \frac{U_o - U_g}{L_N}(T_s - t_{on}) = 0$$

在电感电流变为零瞬间，变压器 T 的二次电压等于零，导致第 5 脚 ZCD 的电压变为零，芯片的输出级输出高电平，使得 MOS 开关管重新导通，即临界工作模式。如此周而复始的往复，使得 MOS 管在导通与截止之间周期变换，形成振荡。每振荡一次，开关变换器从电网中汲取能量，并传递给负载。所以开关变换器就像一个能量桶，在 MOS 导通阶段，从电网汲取能量，在二极管续流阶段，将从电网中汲取的能量传输给输出电容和负载。

由式 (9.31) 可得

$$\frac{U_o}{U_g} = \frac{1}{D_o}, \quad D_o = \frac{T_s - t_{on}}{T_s} \qquad (9.32)$$

由式 (9.32) 得到 D_o 的表达式为

$$D_o = \frac{U_g}{U_o} \qquad (9.33)$$

式 (9.33) 表明，二极管的续流时间随整流电压 U_g 变化。在整流电压过零点，二级管的续流时间最短，在整流电压的峰值点，二级管的续流时间最长，所以工作临界模式的 PFC 电路仍然采用 SPWM，即正弦脉宽调制技术，使得输入电流正弦化。

深入研究后不难发现，在临界电流工作模式，L6561 控制的 PFC 电路工作在定脉冲宽度工作模式，即在负载和电网电压幅度固定工况，在每个开关周期内，导通脉冲的宽度相同，但截止时间是不同的。

9.5　开关变换器的 EMC 技术及降噪声处理方法

电磁兼容（Electromagnetic Compatibility，EMC）有两个含义：一是一种科学，是研究在有限的空间、时间和频谱资源条件下，各种用电设备（广义还包括生物体）可以共存，并不致引起降级的一门科学；二是一种性质，它指的是设备或系统在其电磁环境下能正常工作，并且不对该环境中任何事物构成不能承受的电磁骚扰的能力。

与线性电源相比，开关电源虽然具有高效率的优点，但是工作时有较大的电压、电流变化率，会产生大量的谐波等骚扰信号（EMI），容易干扰系统的通信等功能，引起误动作，以及造成可恢复或不可恢复的损害，这降低了系统的可靠性。开关电源的 EMC 技术可以降低开关电源产生的噪声并提高其抗干扰能力。

9.5.1 EMC 简介

构成电磁兼容现象的三要素为：电磁骚扰，敏感设备和耦合途径。

（1）电磁骚扰 各种电子设备在工作时，所处的环境中有各种各样的不需要的电磁信号，这些信号对系统的工作没有必要作用，我们称之为电磁骚扰。在多数情况下，这些信号不会对系统工作造成影响，那么它只是电磁骚扰，是一种有可能引起系统性能降低的客观存在信号，当信号幅值过大或频率和谐波与系统某些敏感部件谐振频率接近时，信号会对系统产生不良影响，造成系统的性能下降，此时该信号就被称为电磁干扰。造成性能下降不良后果的信号才被称为电磁干扰，否则其仅仅为电磁骚扰。如果用可测量的量（如电压）来描述这一现象，则只能称之为骚扰电压，而不是干扰电压。

（2）敏感设备 电子系统中容易受到骚扰信号影响的部位或设备，称之为敏感设备。电子系统中往往有一些敏感点，容易受到骚扰且产生不良后果，如布线不合理的反馈放大器输入输出、功率器件驱动等部位等，如果受到轻微的干扰，就会对系统造成较大的影响，降低性能甚至直接损毁系统，如防护不到位的控制系统和通信模块，受到骚扰后容易产生错误指令，影响系统性能。

（3）耦合途径 低频率的电磁骚扰信号多通过电子电路传播，称之为传导骚扰，频率较高的信号多通过空间耦合传播，称之为辐射骚扰。传播骚扰信号的实体电子电路和空间路径都是耦合途径。实体电子电路上的信号容易处理，可以通过插入滤波器等手段进行削弱，降低危害，而空间耦合的骚扰信号处理比较困难，一般使用电磁屏蔽方法切断传播途径。

它们之间的相互作用如图 9.18 所示。

目前，各种换流设备的数量越来越多、容量也越来越大，非线性用电设备纷纷接入电网，将其产生的谐波电流注入电网，使公用电网的电压波形发生畸变，电能质量下降，威胁电网和各种电气设备的安全经济运行。设备工作的电磁环境变差，骚扰信号越来越多，对设备提出电磁兼容性能的要求，规定电磁兼容的标准刻不容缓。目前，已有大量电磁兼容国际标准被提出，如用电设备国际谐波标准

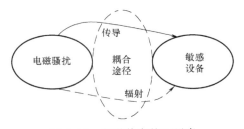

图 9.18 电磁兼容的三要素

IEC61000-3-2、电磁兼容测试标准 IEC61000-4-5 等，我国也颁布了相应的国家标准。

为满足电磁兼容标准，需要对设备进行电磁兼容处理。进行电磁兼容处理的目的在于：

1）在复杂的电磁环境中，减少相互间的电磁骚扰，使各种设备能正常运转，减轻恶劣的电磁环境对人类及生态产生不良的影响。

2）使产品的各个模块可以共存，不致引起相互骚扰。

3）使产品能够通过电磁兼容试验。

9.5.2 常用 EMC 技术

电磁兼容技术可以分为电网侧处理技术和设备侧处理技术，也可按所处理信号的频率段分低频段（直流~10kHz）EMC 技术、中频段（10kHz~150kHz~30MHz）EMC 技术和高频段（大于 30MHz）EMC 技术。

（1）电网侧处理技术　电网侧处理技术多为低频 EMC 技术，主要处理电网信号的无功功率和谐波。这些信号主要通过实体电子电路传播，具有较大的信号幅值和能量，常见处理技术有无功补偿、电力线滤波器等。

无功补偿用于处理非电阻性负载使电网产生的无功功率，通过检测电网中电压电流的数值和相位，确定电网中无功功率的大小，在相位偏差大于一定数值时，接通无功补偿支路，使电网电流相位恢复到可接受范围。因为电网侧多为电感性，因此无功补偿支路多为电容值可调整的电容性支路。为保证无功补偿的性能，补偿时需要实时检测。

电力线滤波用于处理非线性负载使系统产生的低频谐波，典型的无源电力线滤波器结构如图 9.19 所示，其支路特性为单调谐滤波器，对相应的某一谐波频率信号具有低阻抗，对其他谐波呈高阻抗，从而吸收该次谐波。实际应用中，电力线滤波器结构多样，可以多支路并联使用。还有有源电力线滤波器，通过产生幅度相同、相位相反的谐波抵消电网谐波。

（2）设备侧处理技术　设备侧处理技术包含全频段 EMC 技术，低频段处理技术如 LC 滤波技术、PFC 技术，中频段处理技术主要为 EMI 电源滤波器，高频段处理技术主要为电磁屏蔽技术。本节主要讲述 EMI 电源滤波器。

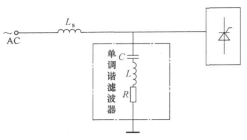

图 9.19　无源电力线滤波器结构图

EMI 电源滤波器是由电感、电容组成的无源器件，起两个低通滤波器的作用，分别衰减共模噪声和差模噪声。其常见结构如图 9.20 所示，图 9.20a 所示为普通交流单相滤波器，图 9.20b 所示为差模增强型交流单相滤波器。图 9.20a 所示结构中含有共模扼流圈和差模、共模电容，不包含专门的差模电感，工作时由共模扼流圈的漏感起差模电感的作用；图 9.20b 所示结构中包含两个专门的差模电感，可以增强差模滤波效果。EMI 电源滤波器能在阻带（通常大于 10kHz）范围内衰减射频能量而让工频无衰减或很少衰减地通过，是电子设备设计工程师控制传导骚扰和辐射骚扰的首选工具。

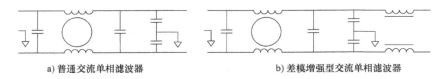

a) 普通交流单相滤波器　　　　　　　　b) 差模增强型交流单相滤波器

图 9.20　EMI 电源滤波器的常见结构

EMI 电源滤波器所衰减的共模噪声和差模噪声的特征和危害原理如下：

差模噪声又称线间感应噪声、对称噪声、串模噪声、常模噪声或横向噪声等。如图 9.21 所示，噪声往返于两条线路间，N 为噪声源，R 为受扰设备，U_N 为噪声电压，噪声电流 I_N 和信号电流 I_S 的路径在往返两条线上是一致的。差模噪声电流直接叠加在系统正常的工作电流上，会形成额外的电流应力，干扰控制系统，

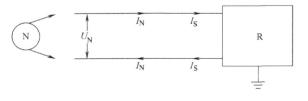

图 9.21　差模噪声耦合路径示意图

影响系统的正常工作。

共模噪声又叫地感应噪声、纵向噪声或不对称噪声。如图 9.22 所示，噪声侵入线路和
地线间。噪声电流在两条线上各流过一
部分，以大地为公共回路，而信号电流
只在往返两条线路中流过。形成这种干
扰电流的原因有三个：一是外界电磁场
在电缆中的所有导线上感应出来电压
（这个电压相对于大地是等幅同相的），
它会产生电流；二是由于电缆两端的设
备所接的地的电位不同所致，在这个电
压的驱动下产生电流；三是设备上的电
缆与大地之间有电位差，这样电缆上会有共模电流。

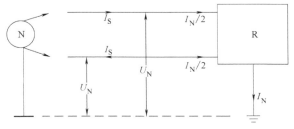

图 9.22　共模噪声耦合路径示意图

共模电流本身并不会对电路产生影响，但如果设备在其电缆上产生共模电流，则电缆会
产生强烈的电磁辐射，造成设备不能满足电磁兼容标准中对辐射发射的限制要求，或对其他
设备造成干扰。在电路不平衡的情况下，共模电流会转变为差模电流（电压），对电路产生
影响。

EMI 电源滤波器结构为低通网络，关键参数为插入损耗、能量衰减、截止频率等特性。
插入损耗的定义为

$$L_{in} = 20\lg \frac{U_1}{U_2} \tag{9.34}$$

式中，L_{in} 是插入损耗（dB）；U_1 是信号源通过滤波器在负载阻抗上建立的电压（V）；U_2
是不接滤波器时信号源在同一负载阻抗上建立的电压（V）。

插入损耗的大小随工作频率不同而改变，且与滤波器的网络参量、源端及负载端的端接
阻抗有关。插入损耗随频率的变化称频率特性或衰减特性，可用对数幅频特性 $20\lg A$ 来表
示。在抗干扰技术中又称为衰减系数（单位 dB），即

$$衰减系数 = 20\lg \left| \frac{U_o(j\omega)}{U_i(j\omega)} \right| \tag{9.35}$$

式中，U_o 是滤波器的输出信号（V）；U_i 是滤波器的输入信号（V）；ω 为信号的角频率
（rad/s）。

EMI 电源滤波器的安装需要注意以下几点：EMI 电源滤波器必须保证接地（或机壳）
良好，接地阻抗小；输入线与输出线尽量分开，避免骚扰信号耦合；滤波器输入线在机壳内
的长度尽量短，避免接受骚扰信号。

9.5.3　开关变换器的降噪声处理

电网侧和设备侧 EMC 方法主要应对的是电网与设备，设备与设备之间的 EMI 骚扰，而
设备内部各个模块之间，也需要 EMC 措施来保障设备内部各模块的安全共存。开关变换器
内部的 EMI 骚扰信号远大于线性电源，设计时必须进行降噪声处理，以降低骚扰信号的幅
值，增强抗干扰能力，保障系统的安全可靠工作。

开关电源中，主电路的高频开关工作，产生了高 dU/dt 和 di/dt 信号，成为高强度的高

频电磁骚扰信号源。这些骚扰信号可以通过电路传导传播，也可以通过空间辐射传播。传导传播可以使用滤波电路抑制，削减比较容易，辐射传播的抑制相对困难，需要从减小发射，降低接收和限制辐射传播途径多方面着手。下面简述几种开关变换器中常用的降噪声处理方法。

（1）低通滤波　开关变换器中，额外增加 LC 低通滤波器是一种削减骚扰强度的常用手段。

对于 Buck 变换器、Flyback 变换器等电路，其输入电流为脉冲电流，会对前级电路造成较大的 EMI 骚扰，此问题可以通过增加输入 LC 滤波器来改良。其电路结构图如图 9.23a 所示，输入电流变化效果示意如图 9.23b 所示。

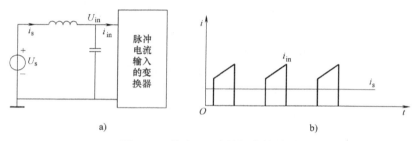

图 9.23　输入 LC 滤波网络效果图

增加的输入 LC 低通滤波器参数必须合理配置，一般情况下，其低通滤波器截止频率为开关频率的 1/5 左右。截止频率过高，可能引起系统振荡，起不到滤波效果；截止频率过低，会影响系统的相应速度，且过大的 LC 参数会增加系统成本，还可能增加损耗。增加的 LC 低通滤波器选用的电感，电感量不宜过大，选用的电容应选择低 ESL 和 ESR 的电容。

开关变换器输出直流电压上具有开关频率的高频纹波，幅度过大时，后级电路不能接受。此时可以在两级电路之间增加 LC 滤波网络，对前级输出电压进行二次滤波，可以大幅度削减输出纹波幅度到后级敏感电路可以接受的范围，注意增加的 LC 滤波网络信号不可以进入反馈回路。所增加的 LC 低通滤波器截止频率应接近开关频率，L 和 C 的值都比较小，L 值对纹波幅度削减影响较大，选用的电容也应选择低 ESL 和 ESR 的电容。

（2）适当减缓开关速度　开关变换器中，开关器件开关瞬间的速度越快，产生的 EMI 骚扰信号越强，并且开关波形可能出现较大的振荡信号，开关变慢时，EMI 骚扰信号减弱，振荡信号减弱或消失，但会造成开关损耗增加。在允许的范围内，适当增加开关管的驱动电阻，可以减缓开关速度，降低 EMI 骚扰信号强度。

（3）吸收电路　开关变换器内部的开关器件在开关瞬间出现的震荡及尖峰是 EMI 骚扰信号的重要来源之一。其成因一般是电路寄生电感与开关器件结电容形成了欠阻尼谐振。可使用 RC、RCD 等吸收回路，改变振荡的固有频率，增加回路阻抗，大幅削减振荡幅度和振荡持续时间，从而降低 EMI 骚扰。

浪涌保护器，如压敏电阻、瞬态抑制二极管等也是一种吸收回路，可以对外界干扰造成的瞬态浪涌过压或过流进行保护。

（4）退耦合电路　开关变换器的控制回路中，为抑制各个控制模块之间的互相干扰，经常使用退耦合电路。最简单的退耦合电路由退耦合电容组成，一般使用电解电容和小容量的独石电容配合使用，安装在芯片供电引脚与接地引脚之间，配合引线电感形成各芯片独立供电的效果，使各芯片供电回路近似只有直流回路，减少各芯片由供电引起的互相干扰，芯片直流电流由电解电容提供，瞬态电流由并联独石电容提供。必要时，供电线上还可以增加小阻值电阻、电感和二极管等，以增强退耦合能力。在单片机、DSP 等数字处理器附近，退耦合电路要求更高，可能需要多级退耦合设计，退耦合电容的位置及布线都有更多要求。

（5）电气隔离　电气隔离使各个模块电路尽可能独立，能够减少电路之间的互相干扰，因此，电气隔离是一个有效的抗干扰手段。开关电源中，经常使用变压器、光电耦合器件或继电器等器件，使用磁信号、光信号、机械手段等传递信号，隔断电气连接，使不同的电流回路各自独立，降低互相干扰。

（6）减小回路面积　电子设备中存在大量的寄生电容和电感，任何两个导电体之间都有寄生电容，任何一段导线都有寄生电感，任何一个回路都是发射和接收信号的天线，这些都或多或少都会对电子设备的性能产生影响。在开关变换器的电路布局中，减小电流回路面积是一个有效的 EMC 手段。

功率电路回路是一个强的骚扰信号发射源，电流回路相当于发射天线，面积越大，发射骚扰信号能力越强。减小功率电路回路面积，可以尽可能地降低功率电路回路发射的骚扰信号。

对于控制回路来说，电流回路相当于接收天线，面积越大，接收的骚扰信号幅度就越大，工作状态越容易被干扰。减小控制电路回路面积，可以有效提高控制回路的抗干扰能力。

（7）合理的电路布线　电源的电流回路中，总有大量的回路难以实现隔离，此时，合理的电路布线可以降低系统各个回路的互相骚扰。除了尽量降低电流回路面积外，还应注意以下事项：

功率电路或携带高压信号的电路是强的骚扰源，易受干扰的控制回路应尽可能远离这些回路，当互相靠近不可避免时，应尽可能使两种线路回路方向为交叉关系，不要让线路平行，尽可能降低寄生的电容，降低骚扰信号的耦合。

电压信号的传递电路不宜过长，必须长距离传输时，应配合匹配的 RC 低通网络，滤除电路上的骚扰。

接地线是最大的公共连接线，线路长度大且形状复杂，其上附带的骚扰信号极多，应特别注意接地线的合理布置。应避免不同电流回路共用接地线的现象，特别注意功率回路不能和控制回路共用接地线，应各自电流回路的接地线分别布好后，再用等电势线一点连接。如果使用大面积敷地，应避免在功率回路使用，控制回路敷地也要远离功率回路。另外，接地线分布应尽可能使用树状分叉布线，避免接地线成环状。

习　题

9.1　某电路输入级为全桥整流电路，输入电压为 220V 交流电压，未使用 PFC 技术之前，输入电流为脉冲电流，有效值为 6.5A，输出功率为 1000W，插入 PFC 级之后，电路输出功率不变，输入电流波形近似为正弦波，且与输入交流电压同相，有效值为 4.7A。

1）假设电路中所有元器件为理想元器件，即电路效率为 100%，计算并比较该电路加入 PFC 电路前后的功率因数及总 THD 的值；

2）电路中元器件为实际元器件，整流桥的 4 个二极管导通电压为 1.8V，输入端串联的取样电阻及电路电阻等效为 0.1Ω，加入 PFC 级后，PFC 电路增加的的开关管和二极管损耗为 6W，假设电路其他部分损耗不变，计算加入 PFC 电路后电路损耗的变化。

9.2 在图 9.9 所示的 UC3854 控制的 Boost 型 PFC 电路中，已知输入交流电压范围 $U_{in} = 80 \sim 270V$，频率 50Hz，输出直流电压 $U_o = 400V$，输出功率为 $P_o = 250W$，工作频率 $f = 100kHz$，电感 $L = 2.5mH$，输出电容 $C_o = 450\mu F$，假设电路工作后，功率因数达到理想值 1，电路整体效率 $\eta = 0.95$。

1）$U_{in} = 270V$，计算满载输出时电感 L 的电流有效值 I_{L1}、控制脉冲的最小占空比 D_{min1} 和电感电流峰值 I_{Lpek1}；

2）$U_{in} = 270V$，计算满载输出时，芯片第 8 脚输入电压 U_{RMS}，第 6 脚输入电流 I_{VAC}，已知 $R_{MO} = 3.9k\Omega$，电流取样电阻 $R_S = 0.25\Omega$，计算此时第 5 脚输出电流 $I_{MULTOUT}$，并由式（9.18）计算此时电压反馈环路输出电压值 U_{VAOUT}；

3）$U_{in} = 270V$，计算电感电流维持在 CCM 工作状态的最小负载功率；

4）$U_{in} = 80V$，计算满载输出时电感 L 的电流有效值 I_{L2}、控制脉冲的最小占空比 D_{min2} 和电感电流峰值 I_{Lpek2}；

5）$U_{in} = 80V$，计算电感电流维持在 CCM 工作状态的最小负载功率；

6）$U_{in} = 80V$，计算满载输出时，芯片第 8 脚输入电压 U_{RMS}，第 6 脚输入电流 I_{VAC}，第 5 脚输出电流 $I_{MULTOUT}$，并由式（9.18）计算此时电压反馈环路输出电压值 U_{VAOUT}；

7）电流峰值保护电路中 $R_{PK1} = 10k\Omega$，$R_{PK2} = 1.8k\Omega$，计算电路的峰值保护电流值，比较其与 I_{Lpek2} 的关系。

9.3 如图 9.16 所示，L6561 控制的 Boost 型 PFC 电路中，已知输入交流电压范围 $U_{in} = 85 \sim 265V$，频率 50Hz，输出直流电压 $U_o = 400V$，输出功率为 $P_o = 80W$，电感 $L = 1mH$，输出电容 $C_o = 47\mu F$，假设电路工作后，功率因数达到理想值 1，电路整体效率 $\eta = 0.95$，

1）$U_{in} = 220V$，计算满载输出时电感 L 的电流有效值和电感电流峰值，并计算此时电路的最低工作频率；

2）$U_{in} = 220V$，计算半载输出时电感 L 的电流有效值和电感电流峰值，并计算此时电路的最低工作频率；

3）$U_{in} = 90V$，计算满载输出时电感 L 的电流有效值和电感电流峰值，并计算此时电路的最低工作频率；

4）$U_{in} = 90V$，计算半载输出时电感 L 的电流有效值和电感电流峰值，并计算此时电路的最低工作频率。

9.4 如图 9.23 所示的脉冲电流输入的 DC-DC 变换器，输入电流为 i_{in}，增加了 LC 滤波网络后，输入电流为 i_s，已知的 i_{in} 频率为 100kHz，占空比为 0.5，有效值为 5A，设 LC 滤波网络的电容为 $1\mu F$，设计合适的 L 参数，使 i_s 的电流纹波幅值小于 0.2A，并计算 LC 滤波网络的截止频率。

附　录

附录 A　功率锰锌铁氧体材料牌号对应表

国家或地区	公司名称	材料牌号															
		DMR30	DMR40	DMR44	DMR47	DMR24	DMR28	DMR90	DMR95	DMR96	DMR55/	DMR50/	DMR51	DMR52	DMR73	DMR70	DMR71
中国大陆	TDG	TP3	TP4	TP4A	TP4D	TP4E/TPB15		TP4E/TPB15	TP4W/TPW33		TP4S	PT5			TD5A	TH2	TD5B
	FENGHUA	PG252	PG232	PG242				PG182A	PG312		PG192				HB502		
日本	TDK	PC30/PC32	PC40	PC44	PC47			PC90	PC95			PC50			DN45		
	NICERA	NC-1M	NC-2H	2H-M4/2H-M5		BM30/BM40		BM27/BM29	3H		2M	5M			4B	2B	3B
	FDK（FUJI）	6H10	6H10/6H20	6H40/6H41					6H60			7H10					
	HITACHI	ML24D	ML25D			MB28D		MB19D	ML30D/ML32D			ML14D			MQ40D	MQ25D	
	NEC-TOKIN		BH2	BH1		BH3	BH7				BH5	B40					
	JFE	MB1	MB3	MB4		MB1H			MBT1			MC2					
	TOMITA	2E6	2G8	2E8		2N6					2H8				2H5		2N3
欧洲	FERROXCUBE	3C30&3C34&3C90	3C94			3C92		3C96	3C95	3C97	3F3	3F35			3E28	3B7	3B46, 3S5
	EPCOS	N41	N67, N72	N87, N97		N92			N95			N49			T57	N48	N45

（续）

国家或地区	公司名称	材料牌号										
欧洲	KOLEKTORMAGMA (ISKRA)	25G	45G	65G					75G,76G		16G,26G	27G
	VOGT	Fi324	Fi328	Fi325					Fi327			
	KASCHKE	K2006	K2008/K2500									
	AVX（THONSON）	B1	F1		B3/B5/B7			F2	F4		A9	A8
韩国	ISU	PM5	PM7	PM11	BM14		PM12	FM4	FM5		SM43T	BM30
	SAMWHA	PL-5	PL-7	PL-13L	PL-15	PL-HB	PL-13	PL-F1			SM-23T	
	YOUNGHWA		YP-2	YP-3								
美国	FAIR-RITE		78						79			
	MAGNETICS		P				T	R				
	STEWARD									36		
	MMG-NEOSID	F5A/F5C	FB2/FB3/F45		F44				F45/F47	F65	F9Q	
	ACME	P2	P4	P41	P42	P44	P46	P5	P51	N2	N4	N42
中国台湾	ENCORE（大冶）		NP1	NP2						N5X		
	Huoh Yow（华佑）	KI24	KI40	KI44/KI45	KI20B		KI33W	KI15F		KM40Q	KM25	KM30T
	TAK（铁研）		TP40									
印度	COSMO	CF196	CF138	CF139	CF122							

附录 B　高导锰锌氧铁氧体材料牌号对应表

国家或地区	公司名称	材料牌号							
		R4K/R5K	R6K/R7K	R10K	R10K	R10K	R12K	R15K	R15KTF
中国大陆	东磁（DMEGC）TDG	TS5/TL5	TS7/TL7	TS10/TL10	TS10/TL10	/	TS13/TL13	TS15	TL15
	FENGHUA	HS502	HS702	HS103B	HS103A/HG10	/	HS123	HG153	/
日本	TDK	HS52	HS72	HS10	HS5C2	/	/	HS5C3	15H
	NICERA	NC-5Y	NC-7	NC-10H	10TB	/	12H	15H	15H
	FDK（FUJI）	2H04,2H06	2H07	2H10	/	/	/	2H15	2H15
	HITACHI	MQ40D/MQ53D	MP70D	MP10T	MD10T	MQ10T	/	/	MP15T
	NEC-TOKIN	5H	7H	10H	/	/	12H	/	15H
	JFE	MA055/MAT05	MA070/MA085	MA100	/	/	MA120	MA150	MA150
	TOMITA	2G4/2G4B	2G1	2E2B	2H2A	/	2H2B	2H1	2H1
欧州	FERROXCUBE	3E25/3E27	3E27	3E5	3E55	/	3E6	3E7	3E7
	EPCOS	N30/T65	T36/T37/T44	T38	T38	/	T42	T46	T46
	KOLEKTOR	19G,22G,23G	42G,23G	12G	12Gi	/	32G	/	52G
	VOGT	Fi340,Fi360	/	Fi410	Fi410	/	Fi412	/	Fi415
	KASCHKE	k5500/k6000	k8000	k10000	k10000	/	k12000	/	k15000
	NEOSID	F-860	F-938	/	/	/	/	/	F-942
	AVX（THONSON）	A5/A6	A3/A4	A2	/	/	A1+	A0+	/
韩国	ISU	HM2A	HM3/HM3A	HM5A	/	/	/	/	/
	SAMWHA	SM-50/SM-60	SM-70S	SM-100	/	/	/	SM-150	/
	YOUNGHAW	YH-5	YH-8	YH-10	/	/	/	/	/
美国	FAIR-RITE	75	/	76	76	/	/	/	/
	MAGNETICS	J	/	W	W	/	/	/	H
	STEWARD	35/56	39/42	40	40	/	/	/	/
	MMC-NEOSID	F82/F16/F10/	FT7	F39	FTA	/	/	FTF	FTF
	FERRONICS	B	/	T	T	/	/	V	V

（续）

国家或地区	公司名称	材料牌号							
		A05	A07	A10	A101	A102	A121	A15	A151
中国台湾	ACME	A05	A07	A10	A101	A102	A121	A15	A151
	ENCORE(大冶)	N05	N07	N10	/	/	/	/	/
	Huoh Yow(华佑)	KM50	KM70	KM100	/	/	/	/	/
	TAK(铁研)	T5	T7	T10	/	/	/	/	/
印度	COSMO	CF190/CF191/CF195	CF197	CF199	/	/	/	/	/

附录 C 镍锌铁氧体材料牌号对应表

国家或地区	公司名称	材料牌号											
		DN5H	DN10H	DN30B;DN30L	DN35H;DN40B;DN40L	DN50B;DN50L	DN65H	DN80H;DN75L;DN80L	DN85H	DN120L	DN150H	DN160L	DN200L
中国大陆	东磁(DMEGC)	DN5H	DN10H	DN30B;DN30L	DN35H;DN40B;DN40L	DN50B;DN50L	DN65H	DN80H;DN75L;DN80L	DN85H	DN120L	DN150H	DN160L	DN200L
日本	TDG	M9	TN12B	TN25G	TN40H/40L	TN45B	TN65H/65B	TN80L	TN90H	TN120L	TN150P	TN150P	TN200B
	TDK	/	Q5B	L14H;L11H	L2H;L20H	L13H		L18H;L7H		L17H	L6		L68
	HITACHI	/	ND12S	NL30S	NL40S	NL45S		NL80S;NB80S		NL12D	NR15D	DL16D	NP20D
	FDK	G35;K26	K14	L19H	K34;L51	L52H	K32;L52	L58;L47H			L62		L68
	TOMITA	6D2	5H2		4D4		3A5	3A4			3A8		3A7
韩国	ISU	/	YM01	YM02	YM02			NM8		NM13			
	SAMWHA	/	SM-2C		NL-81		SN-065	SN-08L	T-314	SN-12L		SN-16L	SN-20
	HUOH YOW	/		T13S;T13SH	T12S;T12SH;T8SH	TL70H		TL80		TL12D	H6L		

（续）

国家或地区	公司名称	材料牌号											
		L4	L5	B30	B45	B60		K081		K12		K15	K20
中国台湾	ACME												
	HUOH YOUW	H9	H8C	TB48	T12SH;TB46	T8SH	H5	TL70	TL10D		H6A;H6L		T25S
	FYE	Y8B	Y8C		F3B;C4	F4D	C5A		C5C		C6		
	TAK	M9D1	M61	DL6	DL5;MGB1	DI4			I43	I6A	I8A		
欧洲	EPCOS							K10			K7		M13
	FERROXCUBE	4D2	4C65	4B1;4B3	/		4S2	4A11		4A15;8C11	/		4S60
美国	Steward		25					28	26	24		27;38	
	Eair-Rite	67	61	52	51	44	33	43				31	

参 考 文 献

[1] 蔡宣三，龚绍文. 高频功率电子学：直流-直流变换部分 [M]. 北京：科学出版社，1993.

[2] 叶慧贞，杨兴洲. 开关稳压电源 [M]. 北京：国防工业出版社，1990.

[3] 李宏. 电力电子设备用器件与集成电路应用指南：第1册 电力半导体器件及其驱动电路 [M]. 北京：机械工业出版社，2001.

[4] 童福尧，冯培悌. 功率 MOSFET 使用中应注意的问题 [J]. 机电工程，1994（3）：52-56.

[5] ERICKSON R W, MAKSIMOVI Ĉ D. Fundamentals of Power Electronics [M]. 2nd ed. Dordrecht：Kluwer Academic Publishers，2001.

[6] 蔡尚峰. 自动控制理论 [M]. 北京：机械工业出版社，1991.

[7] 陈伯时. 电力拖动自动控制系统 [M]. 北京：机械工业出版社，2006.

[8] 杨自厚. 自动控制原理 [M]. 2版. 北京：冶金工业出版社，1987.

[9] BROWN M. 开关电源设计指南：原书第2版 [M]. 徐德鸿，译. 北京：机械工业出版社，2004.

[10] 张卫平. 开关变换器的建模与控制 [M]. 北京：机械工业出版社，2019.

[11] ANG S, OLIVA A. 开关功率变换器——开关电源的原理、仿真和设计：原书第3版 [M]. 张懋，徐德鸿，张卫平，等译. 北京：机械工业出版社，2014.

[12] 张卫平. 绿色电源：现代电能变换技术及应用 [M]. 北京：科学出版社，2002.

[13] 张卫平，张英儒. 现代电子电路原理与设计 [M]. 北京：原子能出版社，1997.

[14] 白同云，吕晓德. 电磁兼容设计 [M]. 北京：北京邮电大学出版社，2001.

[15] 蔡宣三. 开关型功率变换器的控制 [J]. 电源世界，2002，5（6）：56-63.

[16] 张卫平，吴兆麟. 电流控制型 PWM 开关变换器的稳定性研究 [J]. 电力电子技术，1999（5）：18-20.

[17] 慕丕勋，冯桂林. 微机开关电源显示器电路图集 [M]. 北京：电子工业出版社，1995.

[18] 吴兆麟. 电力电子电路的计算机仿真技术 [M]. 杭州：浙江大学出版社，1998.

[19] 陈建业. 电力电子电路的计算机仿真技术 [M]. 北京：清华大学出版社，2003.

[20] 陆治国. 电源的计算机仿真技术 [M]. 北京：科学出版社，2001.

[21] 管致中，沙玉钧. 电路、信号与系统：下册 第一分册 [M]. 北京：人民教育出版社，1979.

[22] 刘胜利. 正激变换器副边同步整流与同步续流专用控制器 STSR2 应用电路详解（1）[J]. 电源世界，2004（6）：58-62.

[23] 郝成，郝云飞，张怡. LLC 谐振型 DC-DC 变换器在微电网系统中的应用 [J]. 工业控制计算机，2019，32（10）：153-155.

[24] 唐宁. 功率驱动器 IR2110 自举电路分析及应用 [J]. 微处理机，2018，39（4）：25-28.

[25] 周晨松，沈颂华. UC3724/3725 功率 MOSFET 驱动电路芯片组的应用 [J]. 测控技术，2001（5）：53-54，57.

[26] 刘莉. SiC MOS 器件和电路温度特性的研究 [D]. 西安：西安电子科技大学，2008.

[27] 崔梅婷. GaN 器件的特性及应用研究 [D]. 北京：北京交通大学，2015.

[28] 魏伟伟. GaN 器件开关特性分析及应用研究 [D]. 马鞍山：安徽工业大学，2019.

[29] 赵斌. SiC 功率器件特性及其在 Buck 变换器中的应用研究 [D]. 南京：南京航空航天大学，2014.

[30] 张雷. 大容量碳化硅 MOSFET 模块及变流器应用关键技术研究 [D]. 北京：中国矿业大学，2019.

[31] WM C, MCLYMAN T. Transformer and Inductor Design Handbook [M]. 4th ed. New York：CRC Press，2011.

［32］ CUK S, MIDDLEBROOK R D. Coupled-inductor and other extensions of a new optimum topology switching DC-to-DC converter ［C］// IEEE. Industry Applications Society Annual Meeting. Piscataway: IEEE Press, 1977.

［33］ GEFER A. SEPIC Regulator with Zero Input Ripple Current ［J］. Engineer IT Electronics Technical, 2006 (8): 42-44.

［34］ KISLOVSKI A, REDL R, SOKAL N. Dynamic Analysis of SwitchingMode DC/DC Converters ［M］. New York: Van Nostrand Reinhold, 1991.

［35］ MITCHELL D. DC-DC Switching Regulator Analysis ［M］. New York: McGraw Hill, 1988.

［36］ NICULESCU E, NICULESCU M, PURCARU D. Modelling the PWM Zeta converter in discontinuous conduction mode ［C］// IEEE. The 14th IEEE Mediterranean Electro technical Conference. Piscataway: IEEE Press, 2008.

［37］ VUTHCHHAY E, BUNLAKSANANUSORN C. Dynamic modeling of a Zeta converter with state-space averaging technique ［C］//IEEE. 5th International Conference on Telecommunications and Information Technology. Piscataway: IEEE Press, 2008.

［38］ NILSSON J. Electric Circuits ［M］. 3rd ed. Boston: Addison-Wesley, 1990.

［39］ PALCZYNSKI J. Versatile Low Power SEPIC Converter Accepts Wide Input Voltage Range ［M］. Dallas: Unitrode, 1999.

［40］ RIDLEY R. Analyzing the SEPIC converter ［J］. Power Systems Design Europe, 2006 (11): 14-18.

［41］ CÛK S, MIDDLEBROOK R. DC-to-DC Switching Converter: US-PATENT-4184197 ［P］. 1980-01.

［42］ CÛK S, MIDDLEBROOK R. Advances in Switched-mode Power Conversion ［J］. TESLAco, Pasadena, 1982 (1): 169.

［43］ GU W, ZHANG D. Application Note1484: Designing A SEPIC Converter ［M］. Santa Clara: National Semiconductor Corporation, 2006.